高等职业教育计算机系列教材

计算机信息素养

成奋华　主　审

段琳琳　陈兴威　谭见君　主　编

康佳梁　杨　灿　廖　珂

王永忠　张　翔　徐赛华　副主编

电子工业出版社
Publishing House of Electronics Industry
北京·BEIJING

内 容 简 介

本书介绍互联网相关的基本知识共有 7 个项目，具体内容包括信息时代与信息素养、信息需求与信息检索、计算机基础知识、计算机网络与信息安全、文档编辑——Word 2019、数据统计与分析——Excel 2019、信息展示——PowerPoint 2019。读者能够通过项目案例完成相关知识的学习和技能的训练，每个项目案例都来自企业工程实践，具有典型性、实用性、趣味性和可操作性。

本书结构编排合理，案例典型实用，内容图文并茂，语言通俗易懂，适合作为计算机公共基础课程及相关专业的教材，同时可供参加全国计算机等级考试的人员和参加全国计算机信息素养大赛的人员参考。

未经许可，不得以任何方式复制或抄袭本书之部分或全部内容。
版权所有，侵权必究。

图书在版编目（CIP）数据

计算机信息素养 / 段琳琳，陈兴威，谭见君主编. —北京：电子工业出版社，2021.9
ISBN 978-7-121-41833-4

Ⅰ. ①计… Ⅱ. ①段… ②陈… ③谭… Ⅲ. ①电子计算机－高等学校－教材 Ⅳ. ①TP3

中国版本图书馆 CIP 数据核字（2021）第 169596 号

责任编辑：徐建军　　文字编辑：王　炜
印　　刷：三河市龙林印务有限公司
装　　订：三河市龙林印务有限公司
出版发行：电子工业出版社
　　　　　北京市海淀区万寿路 173 信箱　邮编 100036
开　　本：787×1092　1/16　印张：14.5　字数：371.2 千字
版　　次：2021 年 9 月第 1 版
印　　次：2025 年 9 月第 10 次印刷
定　　价：55.00 元

凡所购买电子工业出版社图书有缺损问题，请向购买书店调换。若书店售缺，请与本社发行部联系，联系及邮购电话：(010) 88254888，88258888。
质量投诉请发邮件至 zlts@phei.com.cn，盗版侵权举报请发邮件至 dbqq@phei.com.cn。
本书咨询联系方式：(010) 88254570，xujj@phei.com.cn。

前言 Preface

2021年4月1日教育部办公厅关于印发《高等职业教育专科信息技术课程标准（2021年版）》（简称国标）中强调：信息技术已成为经济社会转型发展的主要驱动力，是建设创新型国家、制造强国、网络强国、数字中国、智慧社会的基础支撑。升级改造通识课程教学内容，推进数字化升级改造，构建未来技术技能，增强学生信息技术、数字技术应用基础能力，提升国民信息素养，对全面建设社会主义现代化国家具有重大意义。

通过学习本课程，能够增强信息意识、提升信息素养、促进数字化创新与发展能力、树立正确的信息社会价值观和责任感，为其职业发展、终身学习和服务社会奠定基础。

"计算机信息素养"是高等职业院校大一新生必修的计算机公共基础课程，所涉及的学生人数多、专业面广、影响大，是后继课程学习的基础。利用计算机进行信息的提炼获取、分析处理、传递交流和开发应用的能力是21世纪高素质人才所必须具备的技能。

本书介绍互联网相关的基础知识包括信息时代与信息素养、信息需求与信息检索、计算机基础知识、计算机网络与信息安全、文档编辑——Word 2019、数据统计与分析——Excel 2019、信息展示——PowerPoint 2019，共7个项目。本书具有以下特点。

（1）体现"项目引导、任务驱动"的教学特点。从实际应用出发，以信息素养能力的培养和现代办公应用为主线，采用"项目引导、任务驱动"的方式，按照工作过程来组织和讲解知识，提高学生的职业技能和职业素养水平。

（2）体现"教、学、做"一体化的教学理念和实践特点。围绕信息素养和现代办公应用构建教材体系，以学到实用技能、提高职业素养能力为出发点，注重学生信息意识的培养和提高学生综合应用能力。以"做"为中心，"教"和"学"都围绕着"做"展开，在学中做，在做中学，从而完成知识学习、技能训练和提高职业素养的教学目标。

（3）本书体例采用项目和任务的形式，每个项目都包含若干个任务。教学内容的安排由易到难，使学生能够通过项目的学习，完成相关知识的学习和技能的训练。

本书由湖南科技职业学院人工智能学院计算机基础教研室和金华职业技术学院公共基础学院联合组织策划，由湖南科技职业学院的段琳琳、金华职业技术学院的陈兴威和湖南科技职业学院的谭见君担任主编，由湖南科技职业学院的康佳梁、杨灿、廖珂和金华职业技术学院的王永忠、张翔、徐赛华担任副主编。其中，项目1由谭见君和杨灿编写，项目2由段琳琳编写，项目3由廖珂编写，项目4由康佳梁编写，项目5由张翔和徐赛华编写，项目6由王永忠编写，项目7由陈兴威编写。另外，湖南科技职业学院人工智能学院计算机基础教研室的邓小军参与部分章节内容的编写工作。全书由湖南科技职业学院的成奋华主审，由段琳琳和陈兴威统稿。

为了方便教师教学，本书配有电子教学课件，请有此需求的教师登录华信教育资源网（www.hxedu.com.cn）注册后免费下载。如果有问题，可在网站留言板留言或与电子工业出版社联系（E-mail：hxedu@phei.com.cn）。

由于作者水平有限，书中难免会有纰漏之处，敬请各位专家与读者批评指正。

编 者

目 录
Contents

项目 1　信息时代与信息素养 (1)
 任务 1　信息时代的到来 (1)
  1.1.1　信息技术的五次革命 (2)
  1.1.2　信息时代的"信息" (3)
  1.1.3　数据、信息与知识 (4)
 任务 2　新一代信息技术 (5)
  1.2.1　大数据 (6)
  1.2.2　云计算 (7)
  1.2.3　人工智能 (9)
  1.2.4　物联网 (10)
  1.2.5　区块链 (11)
 任务 3　信息素养与职业道德 (12)
  1.3.1　信息社会面临的挑战 (12)
  1.3.2　信息素养及培养途径 (14)
  1.3.3　个人素养与行业行为自律 (15)
  1.3.4　职业道德与相关法律知识 (17)
  拓展训练 (18)

项目 2　信息需求与信息检索 (19)
 任务 1　信息资源 (19)
  2.1.1　信息资源的概念 (20)
  2.1.2　信息资源的分类 (21)
  2.1.3　信息需求的分析与表达 (22)
 任务 2　信息检索的基本策略 (25)
  2.2.1　选择合适的信息检索系统 (25)
  2.2.2　确定信息检索途径 (26)
  2.2.3　制定信息检索策略 (29)
  2.2.4　信息检索效果评估 (30)
 任务 3　常用信息资源的检索 (31)
  2.3.1　图书信息资源检索 (31)

2.3.2　数据库信息资源检索……………………………………………………（34）
　　2.3.3　网络信息资源检索………………………………………………………（39）
　拓展训练…………………………………………………………………………………（45）

项目3　计算机基础知识……………………………………………………………（46）
任务1　了解计算机…………………………………………………………………（46）
　　3.1.1　计算机的工作原理………………………………………………………（47）
　　3.1.2　计算机组成………………………………………………………………（50）
　　3.1.3　计算机应用领域…………………………………………………………（53）
　　3.1.4　未来的新型计算机………………………………………………………（54）
任务2　让计算机工作起来…………………………………………………………（54）
　　3.2.1　Windows 10 图形操作界面………………………………………………（54）
　　3.2.2　有序管理计算机中的文件………………………………………………（57）
　　3.2.3　应用软件的安装与卸载…………………………………………………（68）
任务3　给计算机一个安全的环境…………………………………………………（75）
　　3.3.1　给计算机设置密码………………………………………………………（75）
　　3.3.2　计算机的病毒与防御……………………………………………………（77）
　　3.3.3　安装和使用杀毒软件……………………………………………………（77）
　拓展训练…………………………………………………………………………………（83）

项目4　计算机网络与信息安全……………………………………………………（84）
任务1　计算机网络的基础应用……………………………………………………（85）
　　4.1.1　计算机网络的产生………………………………………………………（85）
　　4.1.2　网络的基本设置…………………………………………………………（88）
　　4.1.3　网络的基本使用…………………………………………………………（97）
任务2　互联网与互联网思维………………………………………………………（100）
　　4.2.1　互联网概念………………………………………………………………（100）
　　4.2.2　移动互联网………………………………………………………………（101）
　　4.2.3　认识"互联网+"…………………………………………………………（102）
　　4.2.4　互联网思维………………………………………………………………（103）
任务3　网络与信息安全……………………………………………………………（104）
　　4.3.1　网络安全概述……………………………………………………………（105）
　　4.3.2　网络行为规范……………………………………………………………（105）
　　4.3.3　认识信息安全……………………………………………………………（106）
　　4.3.4　信息安全的现状…………………………………………………………（108）
　　4.3.5　信息安全的防护途径……………………………………………………（109）
　拓展训练…………………………………………………………………………………（111）

项目5　文档编辑——Word 2019……………………………………………………（112）
任务1　制作问卷调查表……………………………………………………………（113）
　　5.1.1　Word 2019 的工作界面…………………………………………………（114）
　　5.1.2　Word 2019 的基本操作…………………………………………………（114）
　　5.1.3　表格的基本操作…………………………………………………………（116）
　　5.1.4　Word 2019 的开发工具…………………………………………………（117）
　拓展训练…………………………………………………………………………………（120）

任务 2　制作公司组织结构图与招聘流程图···（120）
　　5.2.1　Word 2019 图形工具··（122）
　　5.2.2　美化工具···（124）
　　拓展训练···（128）
任务 3　批量制作员工出入证···（129）
　　5.3.1　邮件合并思想··（130）
　　5.3.2　"主文档""数据表""合并文档"的关系··（132）
　　5.3.3　图片域名的处理技术···（132）
　　拓展训练···（138）
任务 4　制作员工手册···（138）
　　5.4.1　制作封面···（139）
　　5.4.2　样式应用···（140）
　　5.4.3　设置页眉和页脚···（142）
　　5.4.4　提取目录···（142）
　　拓展训练···（146）

项目 6　数据统计与分析——Excel 2019···（147）

任务 1　创建公司员工档案表···（148）
　　6.1.1　Excel 2019 的工作界面···（149）
　　6.1.2　Excel 2019 的基本术语···（149）
　　6.1.3　工作簿的创建与打开···（150）
　　6.1.4　工作表操作···（151）
　　6.1.5　单元格的选择操作···（151）
　　6.1.6　单元格中数据的输入···（152）
　　6.1.7　工作表中数据的编辑···（153）
　　6.1.8　工作表的格式化···（154）
　　拓展训练···（157）
任务 2　职工考评成绩表的数据处理···（157）
　　6.2.1　单元格引用···（158）
　　6.2.2　运算符···（159）
　　6.2.3　公式···（159）
　　6.2.4　函数···（159）
　　6.2.5　公式或函数的出错信息···（161）
　　拓展训练···（163）
任务 3　制作并打印员工工资数据···（164）
　　6.3.1　数据清单的概念···（165）
　　6.3.2　记录排序···（165）
　　6.3.3　自动筛选···（166）
　　6.3.4　高级筛选···（166）
　　6.3.5　分类汇总···（167）
　　拓展训练···（172）
任务 4　创建生产统计图表···（173）
　　6.4.1　创建图表···（173）

6.4.2　编辑图表……………………………………………………………………（174）
　　　拓展训练………………………………………………………………………………（177）
　任务 5　制作生产费用数据透视表与数据透视图…………………………………………（178）
　　　6.5.1　数据透视表及数据透视图的创建…………………………………………（179）
　　　6.5.2　数据透视表中切片器的使用………………………………………………（180）
　　　拓展训练………………………………………………………………………………（183）

项目 7　信息展示——PowerPoint 2019……………………………………………………（185）

　任务 1　制作企业宣传演示文稿……………………………………………………………（186）
　　　7.1.1　PowerPoint 2019 的工作界面………………………………………………（187）
　　　7.1.2　编辑演示文稿…………………………………………………………………（188）
　　　7.1.3　幻灯片的修饰…………………………………………………………………（189）
　　　拓展训练………………………………………………………………………………（199）
　任务 2　制作员工入职培训演示文稿………………………………………………………（200）
　　　7.2.1　添加常用对象…………………………………………………………………（201）
　　　7.2.2　绘制图形………………………………………………………………………（202）
　　　7.2.3　幻灯片切换……………………………………………………………………（203）
　　　7.2.4　幻灯片导出……………………………………………………………………（204）
　　　拓展训练………………………………………………………………………………（209）
　任务 3　制作年终总结报告…………………………………………………………………（210）
　　　7.3.1　幻灯片的动画设计……………………………………………………………（211）
　　　7.3.2　超链接与动作按钮……………………………………………………………（216）
　　　7.3.3　设置放映方式…………………………………………………………………（217）
　　　7.3.4　放映幻灯片……………………………………………………………………（218）
　　　拓展训练………………………………………………………………………………（224）

项目 1

信息时代与信息素养

项目介绍

信息化是衡量一个国家综合国力和实现现代化水平的重要指标，也是当今世界发展的潮流。信息素养是一个信息社会成员终身追求的目标和基本生存能力，也是未来教育改革的方向之一。本项目主要介绍信息的概念，了解信息技术的发展史和新一代信息技术的主要内容，介绍信息素养的内涵、培养途径、职业道德的概念及相关法律知识。

学习目标

- ◇ 了解信息技术的发展史
- ◇ 了解新一代信息技术
- ◇ 掌握信息素养的内涵及培养路径
- ◇ 了解职业道德与相关法律知识

任务 1　信息时代的到来

➤ 任务情境

我们的生活因信息时代的来临而发生了翻天覆地的变化。

据不完全统计，2020 年全球数据中心流量达到 20.6ZB，年复合增速高达 25%，这个信息量超过人类过去 5000 年文明所创造的信息总和；海量信息导致云计算迅猛发展，截至 2020 年年底，新浪微博月活跃用户为 5.23 亿，每天活跃用户为 2.29 亿，微信及 WeChat 月活跃用户为

12.1 亿，腾讯 QQ 智能终端月活跃账户数为 6.17 亿，用户覆盖 200 多个国家，超过 20 种语言。人们平均 6.5 分钟看一次手机，每天平均查看手机 150 次，发送短信 8 条，查看及发送微信上百条。每天醒来和睡前的第一件事和最后一件事是看手机。每秒钟全世界发送电子邮件为 340 万次，传输数据为 $1.07×10^4$ GB，Google 搜索为 3 万次。全世界每天有 3000 多本新书出版，而一个电子书阅览器 Kindle 可容纳 3200 本书。人类的学习和阅读迈进"无纸化时代"，我国最大的数字化图书馆可容纳 270 万种电子书、12 亿全文数字化资料和 6.8 亿条元数据。关于信息，有无穷无尽的数据向你展示。而在此书从编写到交由你手中阅读的短短几个月，这些数据正在不断地发生着变化。

这就是我们身处的时代。每个人都被包裹在无处不在的信息中。

▶ 相关知识点

1.1.1 信息技术的五次革命

信息技术（Information Technology）指利用计算机和现代通信手段获取、传递、存储、处理、显示和分配信息的技术。

人类共经历了信息技术的五次变革（见图 1.1）。每一次信息技术的变革都对人类社会的发展产生巨大的推动力。

第一次信息技术革命是语言的使用。

语言的使用是从类人猿进化到人的重要标志。类人猿是类似于人类的猿类，经过千百万年的劳动过程，演变、进化、发展成为现代人，与此同时，语言也伴随着劳动而产生。语言的产生是历史上伟大的信息技术革命，它成为人类社会化信息活动的首要条件。

第二次信息技术革命是文字的创造。

大约在公元前 3500 年出现了文字。文字的创造使信息第一次打破时间、空间的限制，没有文字，人类文明就不能很好地流传下来。

第三次信息技术革命是印刷术的发明。

大约在公元 1040 年，我国开始使用活字印刷技术（欧洲始于 1451 年）。它的发明使古人摆脱了手抄的辛苦，同时也避免了因传抄产生的各种错误。

第四次信息技术革命是电报、电话、广播、电视的发明和普及。

随着电报、电话的发明，电磁波的发现，人类通信领域发生了根本性的变革，实现用金属导线的电脉冲来传递信息，以及通过电磁波进行无线通信。它使人类进入了利用电磁波传播信息的时代。

第五次信息技术革命是电子计算机和现代通信技术的应用，即网际网络的出现。

随着电子技术的高速发展，军事、科研迫切需要解决的计算工具也大大得到改进，1946 年由美国宾夕法尼亚大学研制的第一台电子计算机诞生；1946—1958 年是第一代电子管计算机时代；1958—1964 年是第二代晶体管电子计算机时代；1964—1970 年是第三代集成电路计算机时代；1971 年至 20 世纪 80 年代是第四代大规模集成电路计算机时代；目前研究的第五代智能化计算机可用于解决资源共享的问题，将单一的计算机发展成计算机联网，实现计算机之间的数据通信、数据共享。

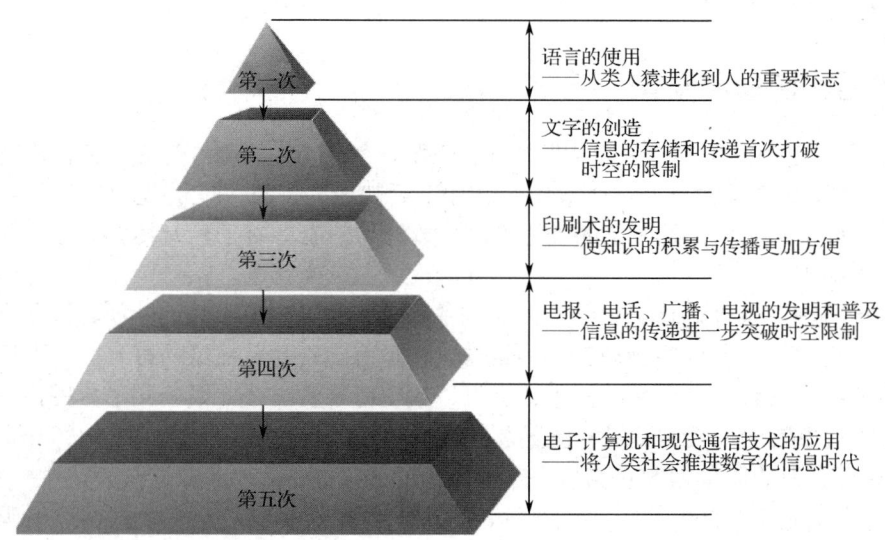

图 1.1 信息技术的五次革命

人类社会的进步与信息技术休戚相关，信息技术的大众化和人性化发展趋势，必然给人们的生活和工作带来全面深刻的影响。我们一方面享受信息技术带来的种种益处，如促进社会的发展、推动科学技术的进步、促进人们的工作效率和生活质量的提高等；另一方面又不得不应对来自信息世界的侵扰。因此，我们需要合理地使用信息技术。

1.1.2 信息时代的"信息"

人类在进化过程中，能够战胜众多对手得以生存与发展，得益于在信息领域的领先。拿尼安德特人来说，他们的身体比人类的祖先智人更强壮，并且智商更高，但最终还是被淘汰了，其主要原因在于他们在信息处理方面的落后。原始人交流和传递信息的目的主要是报警，如尼安德特人看到狮子，会说"河边有狮子"，而智人看到狮子，会说"河边有一只成年狮子，刚喝完水，正在捕杀羚羊"。智人在信息处理方面更发达，传递的信息更多，知识共享更容易，因此认知水平便得以迅速提高。

"信息"一词有着悠久的历史，早在2000多年前就有信息的出现。在当今这个互联网时代，信息不仅存在于我们的日常生活与工作之中，还具有更多深层次的意义。而对于"信息"的解释，也有了更清晰的定义：信息就是可以被传播、认知和识别的数据。

我们每天都要面对各种不同的数字，数字也是高科技产品的基础，甚至可以说万事万物都可以转化为数字……不过数字到底是什么呢？"知乎"将数字和数分成两个概念。

"数字"（Numeral），即数的文字，是一种具体符号，如阿拉伯数字、罗马数字。

"数"（Number）是一种数量抽象概念，并不是符号本身。数字是用来表示和记录数的一种符号。

抽象和逻辑推演可谓是数学的核心，而计数则是数学的基础。人类文明早期计数并没有数字的书写形式。在电子信息的世界里，计算机系统使用的是二进制系统。因为二进制更容易物理实现，如用"开"表示1，"关"表示0。

1.1.3　数据、信息与知识

日常生活中的"0、1、2，…""阴、雨、下降、气温""学生的档案记录、货物的运输情况""幸福指数"等都是数据。这些数据经过加工后就成为信息，能够反映出我们对客观世界的感知。这些数字和文字都是信息的表达方式。数据与信息有着千丝万缕的联系，同时也有概念上的偏重与区别。

数据是指对客观事件进行记录并加以鉴别的符号，是对客观事物的性质、状态及相互关系等进行记载的物理符号或这些物理符号的组合。它是可识别的、抽象的符号。它不仅是狭义上的数字，还可以是具有一定意义的文字、字母、数字符号的组合，以及图形、图像、视频、音频等，也是客观事物的属性、数量、位置及其相互关系的抽象表示。例如，一杯开水的温度是100℃，一盒巧克力的质量为500克，一辆小汽车的长度是3.9米。在这些表述中，水、温度、100℃、巧克力、质量、500克、小汽车等都是数据，我们可以把这些数据通过编码的方式输入计算机中。在计算机科学中，数据是指所有能输入计算机并被计算机程序处理的符号介质的总称，是具有一定意义的数字、字母、符号和模拟量等的通称。现在计算机存储和处理的对象十分广泛，表示这些对象的数据也随之变得越来越复杂。

信息与数据既有联系又有区别。数据是信息的表现形式，可以是符号、文字、数字、语音、图像、视频等。信息是数据的内涵，加载于数据之上，对数据做出具有含义的解释。数据和信息是不可分离的，信息依赖数据来表达，数据可生动具体地表达出信息。数据是符号，具有物理性，信息是对数据进行加工处理之后所得到的并对决策产生影响的数据，是逻辑性和观念性的。数据是信息的表达，信息是数据的内涵，二者是形与质的关系。数据本身没有意义，只有对实体行为产生影响时才成为信息。上述所列的水、温度、100℃、巧克力、质量、500克、小汽车等都是数据，这些数据汇合在一起时，我们的大脑便会对客观世界中的开水、汽车、大楼等形成清晰的认识，获得其相关信息，并总结出一些经验知识。

知识是人类对客观事物的认识和经验的总和，是人类对客观事物规律性的认识，是信息中最有价值的部分。因此，数据指的是未经加工的原始素材，表示的是客观的事物。当我们通过对大量的数据进行分析后，从中提取出信息来帮助我们做决策。信息论的奠基者香农指出"信息是用来消除随机性的不确定性的东西"。所以，当有了大量的信息时，我们对信息再进行总结归纳，将其体系化就形成了知识。我们把知识刻在甲骨、竹简、石碑上，印在图书、期刊上，写在磁带、光盘上，绘制在丝帛上，等等，都是人们用来记录知识、传递信息的载体形式，称之为"文献"。而计算机技术的发展，使所有记录在文献载体上的知识和信息都能转化为由"0"和"1"所表述的数据，由计算机处理后再呈现在计算机终端为人们所用。今天，我们只要有一台能上网的计算机或一部智能手机，便能阅尽天下信息，实现"秀才不出门，便知天下事"的愿景。

因此，数据、信息、知识这三者是依次递进的关系，代表着人们认知的转化过程。我们还可以在其后面加上"智慧"。智慧是知识层次中的最高一级，它同时也是人类区别于其他生物的重要特征。智慧的产生需要基于知识的应用，并沿承知识层次的前两个概念（数据与信息）。

我们身边充满了各种各样的数据，只有将这些杂乱无章的数据转换为信息和知识，才能帮助我们做出智慧的选择。使用一个金字塔（见图1.2）来体现数据、信息、知识与智慧的关系，其中，数据和信息是客观存在的，知识和智慧则是人类的主观意识，是对信息的提炼和对知识的应用。

项目1 信息时代与信息素养

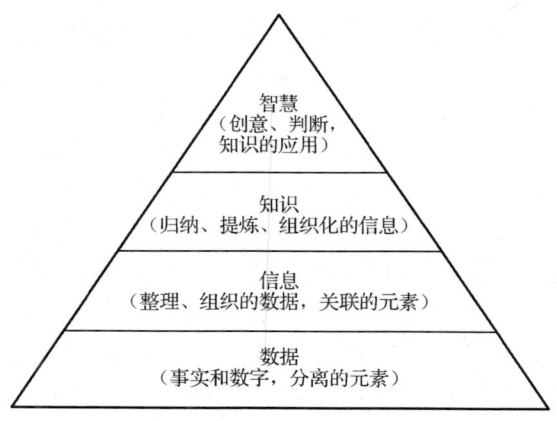

图 1.2 数据、信息、知识与智慧的关系

任务 2 新一代信息技术

🔶 任务情境

信息技术具有很强的渗透、溢出、带动和引领等效应，信息技术的创新和普及应用已成为培育经济发展新动能、推动社会构筑竞争新优势的重要手段。2019 年政府工作报告和中央经济工作会议分别提出要拓展"智能+"和大力发展数字经济，当前及今后的一段时间，我国信息化发展将会进入一个新阶段，呈现出一些新特点。2020 年 1 月，教育部、国家发展和改革委员会、财政部联合印发《关于"双一流"建设高校促进学科融合 加快人工智能领域研究生培养的若干意见》，提出要依托"双一流"建设高校，建设国家人工智能产教融合创新平台，为人工智能产业人才发展确立了战略方向。2020 年，我国在量子科技、区块链、人工智能等前沿技术领域不断取得突破，应用成果丰硕。

新一代信息技术是以大数据、云计算、人工智能、物联网等为代表的新兴技术，它既是信息技术的纵向升级，也是信息技术与相关产业的横向渗透融合。其中，大数据、云计算、人工智能、物联网的关系如图 1.3 所示。

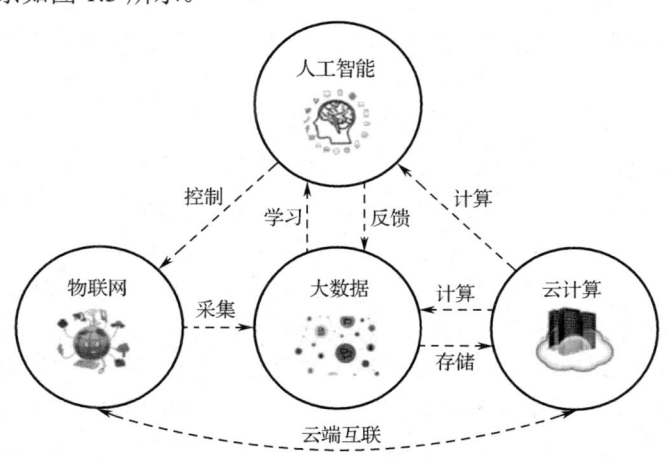

图 1.3 大数据、云计算、人工智能、物联网的关系

本任务包含新一代信息技术的基本概念、关键技术与典型应用。

相关知识点

1.2.1 大数据

　　大数据（Big Data）也称巨量资料，是指无法在一定时间范围内，用常规软件进行捕捉、管理和处理的数据集合，是需要新处理模式才能具有更强的决策力、洞察发现力和流程优化能力的海量、高增长率和多样化的信息资产。它主要解决海量数据的存储和分析计算的问题。IBM最早将大数据的特征归纳为4V：Volume（数据海量化）、Velocity（数据处理快速化）、Variety（多样）、Value（低价值密度）。

　　从大数据的生命周期来看，大数据关键技术包括大数据采集、大数据预处理、大数据存储管理、大数据分析。

　　（1）大数据采集：指对各种来源的结构化和非结构化海量数据进行的采集。流行的数据库采集有 Sqoop 和 ETL，传统的关系型数据库 MySQL 和 Oracle 也依然是许多企业的数据存储方式。网络数据采集是一种借助网络爬虫或网站公开的 API，从网页获取非结构化或半结构化数据，并将其统一结构化为本地数据的数据采集方式。文件采集包括实时文件采集和处理技术 flume 采集、基于 ELK 的日志采集和增量采集等。

　　（2）大数据预处理：指在进行数据分析之前，先对采集的原始数据进行诸如"清洗、填补、平滑、合并、规格化、一致性检验"等系列操作，旨在提高数据质量，为后期的分析工作奠定基础。数据预处理主要包括4个部分，即数据清理、数据集成、数据转换和数据规约。数据清理是指利用 ETL 等清洗工具，对有遗漏数据（缺少感兴趣的属性）、噪声数据（数据中存在着错误或偏离期望值的数据）、不一致数据进行处理。数据集成是指将不同数据源中的数据，合并存放到统一数据库的存储方法，它要着重解决3个问题：模式匹配、数据冗余、数据值冲突检测与处理。数据转换是指对所抽取出来的数据中存在的不一致进行处理的过程。它同时包含了数据清洗的工作，即根据业务规则对异常数据进行清洗，以保证后续分析结果的准确性。数据规约是指在最大限度保持数据原貌的基础上，精简数据量以得到较小数据集的操作，包括数据方聚集、维规约、数据压缩、数值规约、概念分层等。

　　（3）大数据存储管理：大数据存储管理第一个要解决的是数据海量化和存储快速增长的需求。存储的硬件架构和文件系统的性价比要大大高于传统技术，存储容量计划应可以无限制扩展，且要求有很强的容错能力和并发读/写能力。目前，谷歌文件系统（GFS）和 Hadoop 的分布式文件系统 HDFS 奠定了大数据存储管理的基础。大数据存储管理第二个要解决的是处理格式多样化的数据，这要求大数据存储管理系统能够对各种非结构化数据进行高效管理，代表产品有谷歌 BigTable 和 HadoopHbase 等非关系型数据库（NoSQL）。

　　（4）大数据分析：大数据分析包括可视化分析、数据挖掘算法、预测性分析，是对杂乱无章的数据进行萃取、提炼和分析的过程。可视化分析是指借助图形化手段，清晰并有效传达与沟通信息的分析手段。它主要应用于海量数据关联分析，即借助可视化数据分析平台，对分散异构数据进行关联分析，并做出完整分析图表的过程。数据挖掘算法是通过创建数据挖掘模型对数据进行试探和计算的数据分析手段。数据挖掘算法多种多样，且不同算法因基于不同的数据类型和格式会呈现出不同的数据特点。但一般来讲，创建模型的过程是相似的，即首先分析用户提供的数据，然后针对特定类型的模式和趋势进行查找，并用分析结果定义创建挖掘模型的最佳参数，将这些参数应用于整个数据集，以提取可行模式和详细统计信息。预测性分析是大数据分析最重要的应用领域之一，通过结合多种高级分析功能（特别统计分析、预测建模、数据挖掘、文本分析、实体分析、优化、实时评分、机器学习等）达到预测不确定事件的目的。帮助用户分析结构化和非结构化数据中的趋势、模式和关系，并运用这些指标来预测将来的事件，为采取的措施提供依据。大数据分析的技术路线主要是通过建立人工智能系统，使用大量样本数据进行训练，让机器模仿人工获得从数据中提取知识的能力，如科学家根据人脑认知过程的分层特性，提出增加人工神经网络层数和神经元节点数量，加大机器学习的规模。构建深度神经网络，可以提高训练效果，使得神经网络技术成为机器学习分析技术的热点，并在语音识别和图像识别方面取得了很好的效果。

以大数据应用于 2020 年新冠肺炎疫情防控为例，通过大量的行为轨迹数据化，为科学精准防控奠定了基础。如在追溯疑似感染患者方面，利用互联网手段，阿里巴巴"疫情服务直通车"及时推出"患者同行程"查询功能，让每一个在疫情期间乘坐过飞机、火车等交通工具的人，可以主动查询自己的行程里有没有新冠肺炎患者同行。在出行方面，掌握大数据资源的多家地图应用平台迅速推出利于疫情防控的出行指南，以满足用户特殊时期的出行需求。疫情期间，全国一体化政务服务平台推出"防疫健康码"，累计申领近 9 亿人，使用次数超过 400 亿人次，支撑全国绝大部分地区实现"一码同行"。此外，80%以上的平台具备"疫情地图展示""发热门诊查询""同乘信息查询"等功能，部分平台提供"各国入境最新政策"等功能。在教育方面，"停课不停学"的要求让在线教育平台发挥了巨大作用。借助大数据分析，探索学生在个性化学习方面的兴趣爱好，对学生的学习过程、学习行为等进行多维度分析，为每位用户生成个性化学习计划，使得在线教育更有针对性。同时，科技教育产品所积累的海量大数据，又可以反馈到教学环节，为课程与教学设计提供参考。截至 2020 年 12 月，我国在线教育用户规模为 3.42 亿，占网民整体的 34.6%。

1.2.2 云计算

云计算（Cloud Computing）是分布式计算的一种，指先通过网络"云"将巨大的数据计算处理程序分解成无数个小程序，然后通过多部服务器组成的系统进行处理和分析这些小程序，得到结果并返回给用户。云计算早期就是指简单的分布式计算，解决任务分发，并进行计算结果的合并，因而，云计算又称网格计算。通过这项技术可以在极短的时间内（几秒钟）完成对数以万计的数据处理，从而提供强大的网络服务。

云计算系统运用了许多技术，其中以编程模型、数据分布存储技术、数据管理技术、虚拟化技术、云计算平台管理技术最为关键。

（1）编程模型。MapReduce 是 Google 开发的 Java、Python、C++编程的模型，它是一种简化的分布式编程模型和高效的任务调度模型，用于大规模数据集（大于 1TB）的并行运算。严格的编程模型使云计算环境下的编程变得十分简单。MapReduce 模式的思想是将要执行的问题分解成 Map（映射）和 Reduce（化简）的方式，先通过 Map 程序将数据切割成不相关的区块，分配（调度）给大量计算机处理，达到分布式运算的效果，再通过 Reduce 程序将结果汇整后输出。

（2）数据分布存储技术。云计算系统由大量服务器组成，同时为海量用户服务，因此云计算系统采用分布式存储的方式存储数据，用冗余存储的方式保证数据的可靠性。云计算系统中广泛使用的数据存储系统是 Google 的 GFS 和 Hadoop 团队开发的 GFS 开源实现 HDFS。GFS 即 Google 文件系统（Google File System），它是一个可扩展的分布式文件系统，用于大型的、分布式的、对大量数据进行访问的应用。GFS 的设计思想不同于传统的文件系统，是针对大规模数据处理和 Google 应用特性而设计的。GFS 虽然运行于廉价的普通硬件上，但它能提供较强的容错功能，可以给大量的用户提供总体性能较高的服务。

一个 GFS 集群由一个主服务器（Master）和大量的块服务器（Chunkserver）构成，并被许多客户（Client）访问。主服务器存储文件系统所有的元数据，包括名字空间、访问控制信息、从文件到块的映射和块的当前位置。它也控制系统范围的活动，如块租约（Lease）管理、孤儿块的垃圾收集、块服务器间的块迁移。主服务器定期通过 HeartBeat 消息与每一个块服务器通信，给块服务器传递指令并收集其状态。GFS 中的文件被切分为 64MB 的块并以冗余存储，每份数据在系统中保存 3 个以上的备份。

（3）数据管理技术。云计算需要对分布的、海量的数据进行处理、分析，因此，数据管理技术必须能够高效地管理大量数据。云计算系统中的数据管理技术主要是 Google 的 BT（BigTable）数据管理技术和 Hadoop 团队开发的开源数据管理模块 HBase。

BT 是建立在 GFS、Scheduler、Lock Service 和 MapReduce 之上的一个大型的分布式数据库，与传统的关系型数据库不同，它把所有数据都作为对象来处理，形成一个巨大的表格，用来分布存储大规模结构化数据。

Google 的很多项目都使用 BT 来存储数据，包括网页查询、Google Earth 和 Google 金融。这些应用程序对 BT 的要求各不相同，如数据大小（从 URL 到网页再到卫星图像）不同，反应速度就会不同（从后端的大批处理到实时数据服务）。对于不同的要求，BT 都能提供灵活高效的服务。

（4）虚拟化技术。通过虚拟化技术可实现软件应用与底层硬件相隔离，包括将单个资源划分成多个虚拟资源的裂分模式，也包括将多个资源整合成一个虚拟资源的聚合模式。虚拟化技术根据对象可分成存储虚拟化、计算虚拟化、网络虚拟化等。计算虚拟化又分为系统级虚拟化、应用级虚拟化和桌面虚拟化。

（5）云计算平台管理技术。云计算资源规模庞大、服务器数量众多并分布在不同的地点，同时运行着数百种应用，如何有效地管理这些服务器，保证整个系统提供不间断的服务是巨大的挑战。云计算系统的平台管理技术能够使大量的服务器协同工作，方便地进行业务部署和开通，快速发现和恢复系统故障，通过自动化、智能化的手段实现大规模系统的可靠运营。

云计算将在 IT 产业的各个方面都有其用武之地。云存储系统可以解决本地存储在管理上的缺失，降低数据的丢失率，它通过整合网络中多种存储设备来对外提供云存储服务，并能管理数据的存储、备份、复制和存档，云存储系统非常适合那些需要管理和存储海量数据的企业。大规模数据处理云能对海量的数据进行大规模处理，可以帮助企业快速进行数据分析，发现可能存在的商机和存在的问题，从而做出更好、更快和更全面的决策。它的工作过程是大规模数据处理云通过将数据处理软件和服务运行在云计算平台上，利用云计算的计算能力和存储能力对海量的数据进行大规模处理。开发测试云可以解决开发测试过程中的棘手问题，其通过友好的 Web 界面，可以预约、部署、管理和回收整个开发测试的环境，通过预先配置好（包括操作系统、中间件和开发测试软件）的虚拟镜像来快速构建一个个异构的开发测试环境，通过快速备份/恢复等虚拟化技术来重现问题，并利用云的强大计算能力来对应用进行压力测试，比较适合那些需要开发和测试多种应用的组织和企业。云杀毒技术可以在云中安装附带庞大病毒特征库的杀毒软件，当发现有嫌疑的数据时，杀毒软件可以将其上传，并通过云中庞大的特征库和强大的处理能力来分析这个数据是否含有病毒。

1.2.3 人工智能

　　人工智能（Artificial Intelligence，AI）是研究人类智能活动规律，构造具有一定智能的人工系统。它研究如何让计算机去完成以往需要人的智力才能胜任的工作，即研究如何应用计算机的软/硬件来模拟人类某些智能行为的基本理论、方法和技术。

　　人工智能包括计算机视觉、机器学习、自然语言处理、语音识别、生物识别等技术。

　　（1）计算机视觉。计算机视觉技术运用由图像处理操作及机器学习等技术所组成的序列来将图像分析任务分解为便于管理的小块任务。就是让计算机具备像人眼一样观察和识别的能力，更进一步地说，就是指用摄像机和计算机代替人眼对目标进行识别、跟踪和测量，并进一步做图形处理，使计算机处理成为更适合人眼观察或传送给仪器检测的图像。目前计算机视觉应用广泛的是人脸识别和图像识别，其相关技术包括图像分类、目标跟踪、语义分割。

　　（2）机器学习。机器学习就是让机器具备人一样学习的能力，专门研究计算机怎样模拟或实现人类的学习行为，以获取新的知识或技能，重新组织已有的知识结构使之不断改善自身的性能，它是人工智能的核心。机器学习按照学习方法可分为监督学习、无监督学习、半监督学习和强化学习。

　　（3）自然语言处理。对自然语言文本的处理是指计算机拥有与人类类似的对文本进行处理的能力。自然语言处理包括自然语言理解和自然语言生成两个部分，实现人机间自然语言通信，意味着要使计算机既能理解自然语言文本的意义，也能以自然语言文本来表达给定的意图、思想等，前者称为自然语言理解，后者称为自然语言生成。自然语言处理是计算机科学领域与人工智能领域中的一个重要方向。自然语言处理的终极目标是用自然语言与计算机进行通信，使人们可以用自己最习惯的语言来使用计算机。自然语言处理分为语法语义分析、信息抽取、文本挖掘、信息检索、机器翻译、问答系统和对话系统 7 个方向。自然语言处理主要有 5 类技术，分别是分类、匹配、翻译、结构预测及序列决策过程。

　　（4）语音识别。语音识别就是让机器通过识别和理解过程把语音信号转变为相应的文本或命令的高新技术。它包括特征提取技术、模式匹配准则及模型训练技术 3 个方面。语音识别是人机交互的基础，主要解决让机器听懂人说的内容。人工智能目前落地最成功的就是语音识别技术。

　　（5）生物识别。生物识别可融合计算机、光学、声学、生物传感器、生物统计学，利用人体固有的身体特性如指纹、人脸、虹膜、静脉、声音、步态等进行个人身份鉴定，最初运用于司法鉴定。

　　人工智能的典型应用以在安全监控中的应用为例，随着人们对于安全问题越来越重视，监控摄像头也越来越普及。但普通的监控摄像头在方便了场景记录和重现之外，也出现了新的挑战，即监控摄像头所拍摄的内容仍然需要人工监测。用人来同时监控多个摄像头传输的画面，人会非常容易疲倦，同时也容易出现问题发现不及时或判断失误的情况。因此，非常有必要在监控摄像头系统中引入人工智能，借助人工智能来进行 24 小时无间断的持续监控。例如，利用人工智能来判断画面中是否出现异常人员，如果发现异常可以及时通知安保人员。现在，越来越多的车站、景区、商场等场所都开始利用人工智能来做安全监控。

产业智能化升级的巨大空间带动我国人工智能应用的迅猛发展，对制造、交通、金融、医疗、教育等传统行业的发展都有较大的改造和发展空间，为新一代人工智能应用产业落地提供了市场。例如，在医学领域，深度学习技术可为经验诊疗提供有益补充。在新冠肺炎疫情期间，腾讯觅影提供的人工智能辅诊方案在患者进行 CT 检查后的 1 分钟之内就可以为医生提供辅助诊断参考。

1.2.4　物联网

物联网（Internet of Things，IoT）即"万物相连的互联网"，它是在互联网基础上延伸和扩展的网络，将各种信息传感设备与互联网相结合形成的一个巨大网络，可实现在任何时间、任何地点，人、机、物的互联互通。

物联网是新一代信息技术的重要组成部分，其关键技术有射频识别、传感网、嵌入式系统等。

（1）射频识别。射频识别（RFID）是一种简单的无线系统，由一个询问器（或阅读器）和多个应答器（或标签）组成。标签由耦合元件及芯片组成，每个标签都具有唯一的电子编码，附着在物体上标识目标对象，它通过天线将射频信息传递给阅读器，阅读器就是读取信息的设备。RFID 技术让物品能够"开口说话"，这就赋予了物联网一个特性，即可跟踪性，使人们可以随时掌握物品的准确位置及其周边环境。

（2）传感网。传感网（MEMS）是微机电系统的英文缩写。它是由微传感器、微执行器、信号处理器和控制电路、通信接口及电源等部件组成的一体化的微型器件系统。它的目标是把信息的获取、处理和执行集成在一起，组成具有多功能的微型系统，集成于大尺寸系统中，从而大幅度地提高系统的自动化、智能化和可靠性水平。

（3）嵌入式系统。嵌入式系统综合了计算机软/硬件、传感器技术、集成电路技术、电子应用技术为一体的复杂系统。经过几十年的演变，以嵌入式系统为特征的智能终端产品随处可见，小到人们身边的 MP3，大到航天航空的卫星系统，嵌入式系统正在改变着人们的生活，推动着工业生产及国防工业的发展。如果把物联网用人体做一个比喻，那么传感器相当于人的眼睛、鼻子、皮肤等感官，网络就是神经系统用来传递信息的，嵌入式系统则是人的大脑，在接收到信息后要进行分类处理。这个例子很形象地描述了传感器、嵌入式系统在物联网中的作用。

（4）智能技术。智能技术是为了有效达到某种预期目的，利用知识所采用的各种方法和手段。通过在物体中植入智能系统，可以使得物体具备一定的智能性，能够主动或被动地实现与用户的沟通，这也是物联网的关键技术之一。

物联网应用十分广泛，在物流、交通、安防、医疗、建筑、家居、智能制造、城市管理等方面的应用尤为突出。以医疗应用为例，物联网技术能有效地帮助医院实现对人和物的智能化管理。对人的智能化管理通过传感器对人的生理状态（如心跳频率、体力消耗、血压高低等）进行捕捉，记录到电子健康文件中，以方便个人或医生查阅。对物的智能化管理是通过 RFID 技术对医疗物品进行监控与管理，实现医疗设备、用品的可视化。它主要应用于两大场景，即医疗可穿戴和数字化医院。医疗可穿戴是指通过传感器采集人体及周边环境的参数，经网络传到云端，数据被处理后反馈给用户。数字化医院是指将传统的医疗设备进行数字化改造，实现数字化设备远程管理、远程监控和电子病历查阅等功能。

1.2.5 区块链

区块链（Blockchain）起源于比特币，是比特币的一个重要概念。它本质上是一个去中心化的数据库，同时又作为比特币的底层技术，是一串使用密码学方法相关联产生的数据块，每一个数据块中包含了一批次比特币网络交易的信息，用于验证其信息的有效性（防伪）和生成下一个区块。区块链是分布式数据存储、点对点传输、共识机制、加密算法等计算机技术的新型应用模式。区块链的主要特征有去中心化、开放性、独立性、安全性、匿名性。

区块链是数字经济最重要的底层运行平台，同时它又是一种共享的分布式数据库技术，其关键技术如下。

（1）分布式账本。分布式账本指交易记账由分布在不同地方的多个节点共同完成，没有任何一个节点可以单独记录账本数据，从而避免了单一记账人被控制或被贿赂而记假账的可能性。由于记账节点足够多，从理论上讲，除非所有的节点都被破坏，否则账目就不会丢失，也就保证了账目数据的安全性。与传统的分布式存储有所不同，区块链的分布式存储的独特性主要体现在两个方面：一是区块链每个节点都按照块链式结构存储完整的数据，传统分布式存储一般是将数据按照一定的规则分成多份进行存储；二是区块链每个节点存储都是独立的、地位等同的，依靠共识机制保证存储的一致性，而传统分布式存储一般是通过中心节点往其他备份节点同步数据。

（2）非对称加密。存储在区块链上的交易信息是公开的，但是账户身份信息又是高度加密的，只有在数据拥有者授权的情况下才能访问，从而保证了数据的安全和个人的隐私。

（3）共识机制。共识机制指所有记账节点之间如何达成共识，去认定一个记录的有效性，这既是认定的手段，也是防止篡改的手段。区块链的共识机制具备"少数服从多数""人人平等"的特点，其中"少数服从多数"并不完全指节点个数，也可以是计算能力、股权数或其他的计算机可以比较的特征量。"人人平等"指节点满足条件时，所有节点都有权优先提出共识结果、直接被其他节点认同后并有可能成为最终共识结果。以比特币为例，采用的是工作量证明，只有在控制了全网超过51%的记账节点的情况下，才有可能伪造出一条不存在的记录。当加入区块链的节点足够多时，这基本上不可能，从而杜绝了造假的可能。

（4）智能合约。智能合约是基于这些可信的、不可篡改的数据，可以自动化地执行一些预先定义好的规则和条款。以保险为例，如果说每个人的信息（包括医疗信息和风险发生的信息）都是真实可信的，就很容易地在一些标准化的保险产品中进行自动化的理赔。在保险公司的日常业务中，虽然交易不像银行和证券行业那样频繁，但对可信数据的依赖也是有增无减的。因此，我们认为利用区块链技术，从数据管理的角度切入，能够有效地帮助保险公司提高风险管理能力。具体来讲主要分为投保人风险管理和保险公司的风险监督。

区块链技术在交通管理中的典型应用，即为社会公众随手拍违法举报照片、视频证据链。拍摄设备完整的记录不可篡改的信息内容包含时间（卫星广播授予 GMT 国际标准时间+服务器记录事件）、地点（经纬度+路段）、人物（此处特指车辆）、事件（违法事实的前后经过）、实名举报人信息、设备编号（IMEI）、通信网络身份（IMSI）及设备单次校验，并附带海拔、速度、天气等环境信息。证据审核人凭授权凭证下载证据链数据，数据证据本地保存1年，链上永久保存溯源链接，为后续申诉复议及其他司法证据查找提供备证。

2020年，区块链技术在多领域落地实施，涌现出大量的成功案例。在政务领域服务民生、助推治理改革。国家信息中心、中国移动、中国银联共同成立了首个国家级联盟链应用——区块链服务网络（BSN），旨在建立面向工业、企业、政务应用的可信、可控、可扩展的联盟链，加快区块链技术在政务信息领域的落地应用。此外，在金融服务领域也取得了实际成效，国家外汇管理局跨境金融区块链服务平台自上线以来，切实解决中小外资企业融资困难的问题。截至 2020 年 4 月 7 日，跨境金融区块链服务平台累计完成应收账款融资放款金额 227 亿美元，服务企业近 3000 家。

任务 3　信息素养与职业道德

任务情境

由中国互联网协会和中国信息通信研究院联合撰写的《中国"智能+"社会发展指数报告 2020》指出，我国整体处于"智能+"社会的起步阶段，以新一代信息技术体系为核心驱动力，更多数字化、网络化、智能化新应用、新模式、新体验开始全面与经济、社会相结合，但还存在区域发展不均衡、群体覆盖不充分等阶段特征。特别是在国际环境日趋复杂、新冠肺炎疫情影响深远、技术创新步入攻坚期等客观因素影响下，未来的一段时期，我国社会仍将处于数字化、网络化、智能化"三化"长期并存阶段。

2020 年，我国光纤接入用户总数已达 4.54 亿万用户。截至 2020 年 12 月，网民规模达 9.89 亿，较 2015 年 12 月增长 3.01 亿，更多的人享受到互联网带来的便利。但与此同时，全国各级网络举报部门受理举报数量不断增加。2020 年，全国各级网络举报部门共受理举报 16319.2 万件，较 2019 年同期增长 17.4%。近年来，我国在庞大市场的支持下，互联网企业发展较为迅速，随之而来的"网络借贷""滥用市场支配地位""大数据杀熟"等平台问题也引发了社会各界的强烈反响。为解决平台垄断问题，预防系统性风险，加快立法的出台，有关部门针对相关企业已展开了反垄断调查。

相关知识点

1.3.1　信息社会面临的挑战

互联网时代开启的信息文明进一步提升了我们在物质世界中的行为能力，它最重要的影响可能是在物质世界之外，创造出了一个相对独立、与物质世界密切联系并相互作用，而且远比物质世界复杂的虚拟世界。这个虚拟世界之所以复杂，是因为它基本不受物质运动规则的制约，而只受人的意识操控。新时代不仅提供了新机会、新可能，也同时提出新课题，我们面临的挑战如下。

（1）信息爆炸

互联网使信息的采集、传播的速度和规模都达到空前的水平，实现了全球的信息共享与交互，它已经成为信息社会必不可少的基础设施。现代通信和传播技术大大提高了信息传播的速度和广度。通过广播、电视、卫星通信、电子计算机通信等技术手段形成了微波、光纤通信网络，克服了传统的时间和空间障碍，将世界更进一步地联结为一体。但与之俱来的问题和"副作用"是汹涌而来的信息有时让人无所适从，从浩如烟海的信息海洋中迅速而准确地获取自己最需要的信息变得非常困难。这种现象被称为信息爆炸（Information Explosion）、信息泛滥。

信息爆炸是对近几年来信息量快速发展的一种描述，形容其发展的速度如爆炸一般席卷整个地球。信息爆炸表现在 5 个方面：新闻信息飞速增加、娱乐信息急剧攀升、广告信息铺天盖地、科技信息飞速递增、个人接收严重"超载"。

（2）信息安全与隐私威胁

互联网信息时代，用户的隐私威胁日渐严重。通过大数据分析，原本孤立存在的数据之间关联错综复杂，对这些关联进行研究，可以获取某用户的行为轨迹、兴趣爱好、社会关系、买卖信息等。在大数据环境下，用户变成了没有隐私的"透明人"。大数据的价值不再单纯来源于其基本用途，而更多来源于它的二次或多次利用，这会造成许多不可预见的影响。这些影响会有意或无意地威胁到用户的切身利益和隐私安全。如果大数据被恶意滥用，甚至会侵犯用户的人身和财产安全。中国互联网网络发展状况统计调查显示，2020 年 12 月，在网民遭遇各类网络安全问题比例中，21.9%的用户表示遭遇个人信息泄露。

网络社会的日益发展，突破了私人领域作为隐私权保护对象的物理空间意义，在信息社会中，涉及个人隐私的领域应当包括占据重要地位的网络虚拟空间，如个人的计算机系统、个人网站、电子邮箱、博客空间等。对于虚拟空间的侵入，以及发送大量垃圾信息堵塞他人网络空间的行为，都属于侵犯隐私权的行为。

（3）城乡信息化发展水平的不平衡

随着信息技术的不断创新，数字化、网络化、智能化的深入发展，数字中国建设与政府改革、经济发展、生态环保、社会民生、人民生活深度融合，推动我国全面迈入信息化发展的新阶段。然而，由于城乡居民对信息技术和网络技术的拥有程度、应用程度和创新能力的差别，使城乡之间的互联网普及率和应用程度依然存在较大差距，呈现逐年小幅扩大的态势，城乡数字鸿沟有进一步拉大的风险，并且呈现"马太效应"，即城市居民能享受更多的数字红利机会，而农村地区居民则享受的数字红利越来越少。

在过去的 20 年中，以互联网及移动通信的迅速普及为代表的"数字革命"创造了"数字红利"，成为"新经济"发展的动力，但城乡信息化发展水平的不平衡已经成为不同群体共享"数字红利"的障碍。对于我国而言，如何弥合各类型的"数字鸿沟"，释放更多的"数字红利"，已经成为"十四五"时期信息化发展亟须解决的重要议题。

（4）数字人才供给严重不足

未来 5 年适应数字经济时代发展要求的新型技能人才，以及技术型、管理型、复合型人才将严重不足，很多企业在数字化转型过程中数字人才需求缺口将十分巨大，预计至 2025 年，中国数据人才缺口将达到 200 万人，但数据人才的供给严重不足，无论是人才的数量还是质量都有待提升。工业和信息化部调研数据显示，我国人工智能产业发展与人才需求比为 1∶10，预计到 2030 年，我国人工智能核心产业规模将达 1 万亿元，相关产业规模将达 10 万亿元，人工智能人才缺口将达 500 万人。在未来 5 年，物联网人才需求量将达到 1000 万人以上，而嵌入式人才缺口每年有 50 万人左右；社会需求量与人才供给量不成比例，人才缺乏状况非常严峻。2018 年的第 4 季度，区块链企业裁员接踵而至，但开发人才却供不应求，国内核心达标人才总数不到 200 人，呈"重灾人才荒"。链人国际的调研数据显示，现有区块链从业人员学历以本科居多，市场、运营和内容岗位占 65%，而技术人员仅占 7%。软件人才特别是工业软件人才缺口也十分巨大，我国软件人才需求年均递增 20%，每年新增需求近百万人，但目前我国高等教育和职业教育每年培养软件及相关专业人才不足 80 万人。

（5）市场监管面临巨大挑战

由于数字经济具有不同于以往经济形态的特点，人工智能、5G、大数据等信息通信技术的高速发展，给传统监管制度、监管理念和监管手段带来极大挑战。

以自动驾驶应用为例，百度自动驾驶汽车路测过程中，因交管部门无自动驾驶测试相关规定，百度公司只能安排驾驶员坐在方向盘后面，而交管部门也默认为有人驾驶而未加干涉。金融监管的规则要求加强信息披露，而金融区块链技术的匿名性对历史交易信息进行了加密保护，为跟踪交易链条和寻找相应密钥带来极大困难。国内多地对于分时租赁汽车的投放规模、市场准入规范、车辆性质定义、安全、保险等事项均未做出明确的规定，监管乏力使得安全保障不力、服务质量不高、权责认定不清楚等问题出现的可能性极大。大数据的发展在个人数据安全、数据跨境流动监管、数据交易规则制定、政府数据开放等方面带来诸多法律问题，亟须通过加强立法来加以解决。

1.3.2 信息素养及培养途径

小知识："信息素养"（Information Literacy）这一概念是信息产业协会主席保罗·泽考斯基于1974年在美国提出的。

信息社会给高职教育也带来了巨大的挑战，如信息网络为借鉴外国先进的经验与技术带来便利，推动了我国的现代化进程。

据国家统计局对信息能力总水平排序显示，美国、日本和澳大利亚信息能力总指数均在65之上，中国只有6.17。相比之下，我国在信息能力方面还处于较低水平。由此可见，我国公民信息素养水平亟待提高，高校学生作为我国的重要成员，具备较高的信息素养责无旁贷。因此，在信息爆发式增长的时代，加强大学生信息素养培养有着远大的现实意义。

信息素养指能够体现人们在现今信息社会中的信息行为能力、创造能力和思维性能力。但由于大家的理解和认识不同，信息素养出现了两层定义，狭义指具有应用信息技术的能力，广义则指关于检索获得信息资源得以解决相应需求的能力。对于信息素养的含义来说，主要体现在两个层面，即技术方面和人文方面。从技术方面来说，信息素养反映的是人们利用信息的意识及能力，也就是说，人们在具体操作中，对操控和运用计算机技术的素养，这在一定程度上能够帮助人们获取、传播所需要的信息，从而提高运用计算机信息技术的能力；从人文方面来说，信息素养反映的是人们面对信息的心理状态，或者是面对信息的修养，也就是说，人们对信息、信息时代及教育信息化的认识程度和态度。具体而言，信息素养应包含以下3个方面的内容。①信息意识。人们应具有运用信息技术处理实际问题的意识。②信息常识。人们应该具有基本的科学和文化常识，这样才能对获取的信息进行辨别和分析，从而正确地加以评估。为了能够让人们充分掌握信息技术的发展进程和信息技术所涉及的领域，应该积极查找与之相关的资料及素材。③信息能力。人们不仅具有对信息的收集、传播、加工处理及运用的能力，还要有对信息系统评价的能力。

信息素养应该从小培养，要从学校、教学、社会生活3个层面进行整合。

（1）学校层面

学校可通过图书馆的高效使用来提高学生的信息素养。我国高校图书馆是学校教学不可或缺的一部分，更是包含海量信息资源的地方。所以，高校图书馆应充分发挥自身优势，推进学生的信息素养教育。文献资源和人力资源也是图书馆建设的两大主力资源。①文献资源。在以往的书籍类文献采访基础上，应加强多媒体文献与数据库的建设，大力开发具有自身特色的信息数据，为学生提供多样的信息资源，完善资源建设，为信息素养教育提供基础保障。②人力资源。图书管理员主要从事信息的收集、识别、评价、加工和分类等多方面工作。因此，图书管理员在一定程度上能够体现出高校的信息素养水平。有相关专业背景的图书管理员，应为学生解决信息检索过程中遇到的问题。由此，高校信息素养教育的实行需要图书管理员的积极推进。

（2）教学层面

为确保信息素养教育在教学中的良好实施，需将此内容与培养模式渗透到各门课程的教学工作中，把信息素养作为教育目标和评价体系中的重要指标。高校应对此进行系统讲授，尤其要重视针对性和现实性，让学生对信息本质、社会功能有明确的认识。在此过程中，学生信息素养能力的高低，与课程学习的设置息息相关。例如，创建一种新的计算机基础课程教学模式，并将计算机的实际操作与理论知识有机地结合起来。只有广大教师对培养学生信息素养的内涵和目标有着清晰、准确的认识，才能实现专业信息素养和通识信息素养共同发展的目的。

对于计算机应用技术这个教学环节来说，其主要教学目标是让学生掌握更多的计算机技术的能力，使其能够在实际生活中得以运用，因此，教师在教学过程中，应该对培养学生计算机信息素养的动手操作能力加以重视。学校应该给学生提供一定的操作平台，定期开展各种实践活动，促使学生能够在各种实践中运用计算机技术，提升对教材内容的运用能力，并不断加强学生对实际问题处理的能力，这对为社会不断提供高水平的信息化人才是很有帮助的。

（3）社会生活层面

国家、社会和现实生活也是培养信息素养的重要场所。例如，社区公共图书馆与社会组织广泛合作，可以根据用户需求调整信息素养教育的内容。信息时代是一个学习型社会，每个人想要跟上社会发展的步伐，只有不断地学习，树立终身学习的意识。丰富的信息给人提供了最佳的学习和发展机会，要成为一个能熟练运行信息工具的人，就必须具备计算机信息素养。

尽管我国的电子商务在近几年发展较快，但互联网普及率还不高，截至 2017 年 8 月，我国还有近半数人不能使用互联网，即便是能够上网的居民平均使用的网络带宽流量也达不到世界的平均水平。因此，我国应重视互联网基础设施建设的改善，扩大网络的接入范围，加大网络提速降费力度，让更多的人尤其是学生能够用得上、用得起互联网，消除信息鸿沟，从而更好地提高国民信息化素养。

1.3.3　个人素养与行业行为自律

联合国教科文组织在北京召开的"面向二十一世纪教育"国际研讨会上，澳大利亚的未来委员会主席艾莉亚得博士就曾语出惊人。他认为未来世界的主人应该掌握"三张教育通行证"，即学术上的、职业上和证明其个人事业心及开拓能力、综合素质的通行证。大学生是思想活跃、接受新事物迅速的高智能知识群体，绝大多数人高度重视知识和工作能力的培养，赋予为人民服务新的内涵，并愿意为实现中华民族的伟大复兴而努力奋斗。

当代大学生还深刻地认识到，为了将来能够在社会主义建设中发挥更大的作用，在激烈的竞争中处于有利地位，除了要掌握扎实、丰富的专业知识和技能外，提高自己思想政治素质和道德品质也是非常重要的。因此，在当代大学生中，政治上积极追求进步，注重提高道德修养，勤奋学习，提高个人综合素质的人在逐渐增多。

个人素养的提高体现在思想、道德、修养意识等方面，也体现在学习能力、业务能力方面，还体现在身体素质、心理素质、社交能力等方面，如图1.4所示。关键是根据自身特点发挥自己的特长，同时要拥有过硬扎实基本功的真才实学。具体表现为专业技能强、上进、好学、有职业操守；真诚、敬业、守时；有团队合作意识、良好的沟通能力和亲和力；善于学习，积极主动解决困难的态度和能力；良好组织能力和协调管理能力等。

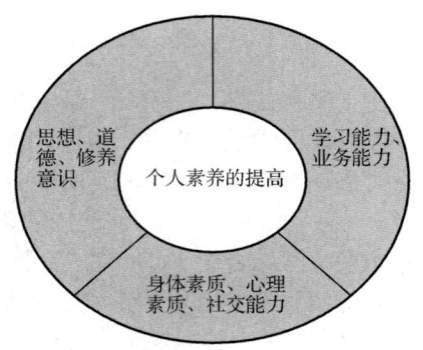

图1.4　个人素养提高的体现

莎士比亚说过，人生就是一部作品，谁有生活和实现它的计划，谁就有好的情节和结尾，谁就能写得十分精彩和引人注目。每个人或多或少都有过自己的梦想，也肯定在不同的时刻，雄心壮志地建立目标，打算好好奋斗拼搏一把。而自律就是每个人与自己的一场人生博弈。例如，会计自律是会计职业道德建设的最终目标，包括会计个人自律和会计行业自律。

自律就是按照一定的标准规范指引自己的言行举止，要求、约束自己，在一些是非对错面前能明白做什么、不做什么，在一定的道德规范面前能够约束自己、管束自己。也就是说，自律就是自己要求自己、自己监督自己、自己管控自己、自己规范自己，通过自查、自检、自省，查找过失与不足。行为自律是当今大学生自身完善的有效方法，是提升自我的必备环节，是顺应社会发展、净化思想、强化素质、改善观念的有效途径。

大学生的自律意识和自律行为是反映高职人才培养质量的关键因素，可以通过调查问卷等方式了解高职院校学生行为自律的现状，从而分析大学生在行为自律方面存在的问题及产生的原因。

行业自律包括两个方面：一方面是行业内对国家法律、法规政策的遵守和贯彻；另一方面是行业内的行规、行约对自己的行为制约。每个方面都包含对行业内成员的监督和保护的机能。行业自律是市场经济体制的必然产物，每个行业只有认真地做好行业自律的工作，本行业才能得以在竞争激烈的市场中生存下去，形成一个健康有序的市场。我国各行各业制定的职业公约，如商业和其他服务行业的"服务公约"、人民解放军的"军人誓词"、科技工作者的"科学道德规范"，以及工厂企业的"职工条例"中的一些规定，都属于社会主义职业道德的内容，它们在职业生活中发挥着巨大的作用。

行业自律是建立在行业协会或公约基础之上的，在2020年《中国互联网行业自律公约》中，其总则的第一条就指出：遵照"积极发展、加强管理、趋利避害、为我所用"的基本方针，为建立我国互联网行业自律机制，规范行业从业者行为，依法促进和保障互联网行业健康发展，制定本公约。第三条规定：互联网行业自律的基本原则是爱国、守法、公平、诚信。

1.3.4 职业道德与相关法律知识

中国社会科学院发布的新媒体蓝皮书《中国新媒体发展报告（2013）》指出，2012年1月至2013年1月的100个微博热点舆情案例中，有三分之一以上的内容存在谣言。2020年5月，在首届中国媒体公信力论坛上发布的《转型期的中国传媒公信力》调查报告中显示，传统电视和报纸渠道的公信力仍有优势，新媒体的公信力大幅提升。这是一个可喜的结果，也是无数记者坚守职业道德、齐心协力的结果。

职业道德的概念有广义和狭义之分。广义的职业道德是指从业人员在职业活动中应该遵循的行为准则，涵盖了从业人员与服务对象、职业与职工、职业与职业之间的关系。狭义的职业道德是指在一定职业活动中应遵循的、体现一定职业特征的、调整一定职业关系的职业行为准则和规范。不同的职业人员在特定的职业活动中形成了特殊的职业关系，包括职业主体与职业服务对象之间的关系、职业团体之间的关系、同一职业团体内部人与人之间的关系，以及职业劳动者、职业团体与国家之间的关系。

社会主义的职业道德是指适应社会主义物质文明和精神文明建设的需要，在共产主义道德原则的指导下，批判地继承了历史上优秀的职业道德传统基础上发展起来的。由于社会主义的各行各业没有高低贵贱之分，在职业内部的从业人员之间、不同职业之间，以及职业集团与社会之间没有根本的利害冲突，因此，不同职业的人们可以形成共同的要求和道德理想，树立热爱本职工作的责任感和荣誉感。概括而言，职业道德包括以下内容：忠于职守，乐于奉献；实事求是，不弄虚作假；依法行事，严守秘密；公正透明，服务社会。

可以看出，职业道德属于自律范围，它通过公约、守则等对职业生活中的某些方面加以规范。法律是统治阶级意志的体现，是统治者制定给被统治者，以及统治者自身必须遵守的规定规章、命令条例，由立法机关或国家机关制定，国家政权保证执行的行为规则的总和。法律包括宪法、基本法律、普通法律、行政法规等国家级法律及地方性法规等规范性文件。

职业道德与法律都是一种行为规范，但职业道德靠自觉遵守，而法律则必须强制执行。

职业道德与法律与我们的生活息息相关，应从以下方面来自我提高："习礼仪，讲文明""知荣辱，有道德""弘扬法治精神，当好国家公民""自觉依法律己，避免违法犯罪""依法从事民事经济活动，维护公平正义"等。

习礼仪，讲文明是指塑造自己的良好形象，展示个人的职业文采，如提升人格魅力、礼仪修养，通过交往礼仪营造和谐人际关系。俗话说："没有规矩，不成方圆。"如今，世界发生了巨大的变化，人类社会是以文明、和平、发展为主流的信息社会，人与人之间的交往与合作日渐频繁、密切。在交往与合作过程中，人们的礼仪是否周全，不仅显示其修养、素质的形象，而且直接影响到事业、业务的成功。随着时代的发展，人们的精神要求日益发展，每个人都在寻求一种充满友爱、真诚、理解、互助的温馨和谐的生存环境，寻求充满文明与友善、真诚与安宁的空间。随着时代的进步，社会的发展，市场经济的确立，内在素质、外在素养的好坏，将直接关系到人们在社会中的发展和成功，加强文明行为养成教育既是我们弘扬传统美德的需要，也是大学生身心发展的必然。

知荣辱，有道德。社会、家庭、职业是我们活动的三大空间，社会公德、家庭美德、职业道德是道德的三大领域。道德是人生发展、社会和谐的重要条件，良好道德既能推进社会和谐发展，也能促进家庭幸福和人生发展。下面讲一个与职业道德有关的故事：一家软件公司招聘程序员，待遇非常丰厚，小伟原来是一家网络公司的程序员，他也在求职的队伍之中。面试主管问："听说你原来就职的公司开发了一项网络维护的软件包，你是否参与过研发？能介绍一下这项技术的核心内容吗？如果你加入我们公司，需要多长时间能开发出一款同样的软件？"小伟经过激烈的思想斗争后，毅然回答："如果贵公司为此而给我这个工作机会，我宁愿放弃。"半个月后，公司通知他被录用了，原来这只是一项考试的内容，小伟的回答令该公司满意。

拓展训练

1. 2021年3月3日下午3点左右，某大学文学院大四学生小夏在上海浦东国际机场送完好友后，匆忙乘坐地铁赶往火车站。地铁到站后，车上乘客一拥而下，坐在后排的小夏突然发现对面座位底下有一个黑包，打开一看竟是一台笔记本电脑。这时车上已空无一人，由于已经订好了赶往丹阳看望同学的火车票，小夏便带着笔记本电脑上了火车。第二天回到学院后，小夏立刻将笔记本电脑交给了学院领导，并说明事情的来龙去脉。考虑到商业机密和个人隐私等问题，院领导随即联系了当地公安分局。同时，他们还在失物招领网上发帖寻找失主。最终在学院及当地警方的协助下，通过技术手段获取有关信息，找到了失主。为表彰小夏同学拾金不昧的先进事迹，该大学团委授予小夏同学"践行社会主义荣辱观好青年"的称号。

某大学为什么授予小夏同学"践行社会主义荣辱观好青年"称号？结合案例，说说如何才能使自己成为一个有高尚道德品质的人。

2. 未来，你的膳食将根据基因烹饪，你的服装将根据个性缝制……从而满足人们对多元化、个性化的追求。随着社交网络的发展、信息传播介质的改变，信息爆炸已经成为常态。而信息爆炸的背后，新型交往结构也在让互联网语境之下的主体感受到去中心化和剧烈的不确定性的动荡。所有的商业行为都试图与实际的用户建立尽可能亲密的联系，但是所有的言语行为又指向了人们的身体与其交流时所处位置的分离，这种交流的时空远距化又致使身份角色的进一步分裂成为现实。但对于政府而言，鼓励大众创业、万众创新的同时是否会导致新的失业问题，以及创业潮是否会成为新泡沫呢？请谈谈你的观点。

项目 2

信息需求与信息检索

项目介绍

信息时代，我们可以通过各种途径获取信息：网络搜索、在线社交网络询问、图书馆查找、权威人士咨询……然而，我们获取到的信息往往是过时陈旧、真假参半或深度不够……这种现象并不是我们不具备信息意识，而是在信息需求表达与检索方式上出现了偏差。因此，对信息需求进行准确表达，并选择合适的信息源实施科学的信息检索，是保证高效率信息利用的前提。

学习目标

- ◇ 了解信息资源的分类
- ◇ 了解信息需求的分析与表达
- ◇ 掌握信息检索的基本策略
- ◇ 掌握常用信息资源的检索方法

任务 1 信息资源

任务情境

信息具有使用价值，能够满足人们的特殊需要，可以用来为社会服务。信息还具有依附性，只有依附在一定载体上才能供人们识别和利用。人们以文字、图形、符号、声频、视频等方式将科研活动、生产经营活动和其他一切活动中所产生的成果及各种原始记录等信息记录在各种载体上，或者对这些成果和原始记录进行加工整理后，信息便成为对决策有用的资源。这些记录了知识信息的载体，如图书、连续出版物（期刊、报纸等）、小册子、学位论文、专利、标准、会议记录、政府出版物及近年来日益增多的微博、微信、论坛、朋友圈信息等，便是人们利用信息的源泉——信息资源。它们或以传统的印刷方式出版，或存储在计算机的硬盘上，甚至在云端中。生活在信息爆炸时代的我们，一方面享受信息丰富、渠道畅通所带来的便利，另一方面也面临着不知如何在浩瀚的信息资源中进行选择的困惑。因此，认识各种信息资源，了解其特性和用途是有效获取信息的首要条件。

➡ 相关知识点

2.1.1 信息资源的概念

　　控制论的创始人维纳认为信息就是信息，不是物质也不是能量。也就是说，信息与物质、能量是有区别的。同时，信息与物质、能量之间也存在着密切的关系。物质、能量、信息是构成现实世界的三大要素。

　　只要事物之间的相互联系和相互作用的存在，就会有信息发生。人类社会的一切活动都离不开信息，信息早就存在于客观世界，只不过人们首先认识物质，其次认识能量，最后才认识信息。

　　信息具有使用价值，能够满足人们的特殊需要，可以用来为社会服务。但是，认识到信息是一种独立的资源还是20世纪80年代以后的事情。

　　美国哈佛大学的研究小组给出了著名的资源三角形，如图2.1所示。他们指出，若没有物质则什么都不存在；若没有能量则什么都不会发生；若没有信息则任何事物都没有意义。作为资源，物质能提供各种各样的材料；能量能提供各种各样的动力；信息能提供各种各样的知识。

图2.1　资源三角形

　　信息是普遍存在的，但并非所有的信息都是资源，只有满足一定条件的信息才能构成资源。信息资源有狭义和广义之分。

　　狭义的信息资源是指信息本身或信息内容，即经过加工处理，对决策有用的数据。开发利用信息资源的目的是充分发挥信息的效用，实现信息的价值。

　　广义的信息资源是指信息活动中各种要素的总称。"要素"包括信息、信息技术，以及相应的设备、资金和人等。

　　狭义的观点突出了信息是信息资源的核心要素，但忽略了"系统"。事实上，如果只有核心要素，而没有"支持"部分（技术、设备等），就不能进行有机的配置，也不能发挥信息作为资源的最大效用。

　　归纳起来可以认为，信息资源由信息生产者、信息、信息技术三大要素组成。

　　（1）信息生产者是为了某种目的生产信息的劳动者，包括原始信息生产者、信息加工者或信息再生产者。

　　（2）信息既是信息生产的原料，也是产品，它是信息生产者的劳动成果，对社会各种活动直接产生效用，是信息资源的目标要素。

　　（3）信息技术是能够延长或扩展人的信息能力的各种技术总称，是对声音、图像、文字等数据和各种传感信号的信息进行收集、加工、存储、传递和利用的技术。信息技术作为生产工具，对信息收集、加工、存储和传递提供支持与保障。

2.1.2 信息资源的分类

根据信息的不同属性，可将信息资源划分为以下形式。

（1）按信息的存在形式分

① 语言信息资源：通过人体语言进行传递和交流的信息资源，包括口头语言和肢体语言，如演讲、授课、表情、手势、舞蹈等。

② 实物信息资源：如模型、样品、标本、雕塑等，用实物进行信息的展示交流。

③ 文献信息资源：信息用文字、图形、图像、音/视频等方式记录在纸张、胶片、光盘等介质上，并通过书本、网络通信、计算机终端等方式进行展示的各种资源。

（2）按信息的发布方式分

① 正式信息资源：指受到知识产权保护、质量相对可靠的信息资源，通常指正式出版物，如正式出版的印刷型出版物、光盘出版物、网络数据库等。

② 非正式信息资源：指未公开出版的信息资源，包括非公开出版的政府文献、学位论文；不公开发行的会议文献、科技报告、技术档案；不对外发行的企业文件、产品资料；未刊登稿件、内部刊物、交换资料、赠阅资料等。网络上的电子邮件、各种论坛、博客、网络会议等，也都属于非正式信息资源。

根据信息资源的不同特点，人们在实际生活中，需要检索和利用的信息资源主要是正式出版的文献信息资源。对于这种信息资源，一般进行如下分类。

（1）按文献内容的特点分

按文献内容的特点可分为 10 种：图书、期刊、会议论文、学位论文、科技报告、专利文献、标准文献、政府出版物、档案文献和产品资料。

在利用上述 10 种文献信息资源时，要根据自己的目的进行合理选择，如要对某学科或某专题获得较全面、系统的知识，或者对不熟悉的问题要获得基本的了解时，选择图书是行之有效的方法；若要了解某学科或某专题的研究现状与成果、发展动态与趋势，则选择学术论文进行分析研究，可达到事半功倍的效果。

（2）按文献内容的加工深度分

① 一次文献（也称原始文献）指以作者的研究成果为素材而创作出来的且经过正式公开发表的信息资源，其所记载的知识和信息内容具体、新颖、系统、详尽。一般所说的印刷型或电子型的图书、期刊论文、专利、会议论文、学位论文、科技报告、标准文献、档案、产品数据等，均属于一次文献的信息资源。一次文献是最主要的信息资源，是人们进行信息利用的主要对象，是信息检索的最终目标。

② 二次文献指文摘、题录、目录、检索数据库、搜索引擎、导航数据库等检索工具。二次文献的生成过程就是对知识信息有序化的二次加工过程。它的重要性在于向用户指明信息的来源，为用户有效地利用一次文献提供了检索线索，使用户查找一次文献所花费的时间大大减少，是揭示、报道和检索一次文献信息资源的主要工具。

③ 三次文献指根据一定的目的和需求，在大量利用一、二次文献信息资源的基础上，对有关知识进行综合、分析、提炼、重组而生成的一种再生信息资源，是查考数据信息和事实信息的主要信息资源，如字（词）典、百科全书、综述报告、评述报告、手册、年鉴和元搜索引

擎等。三次文献信息资源既是检索工具又是检索的对象，具有综合性强、针对性强、系统性好的特点，具有较高的利用价值。

（3）按文献的展现形式分

① 纸质印刷型信息资源。它是历史最悠久、使用最广泛的一种信息资源。它以纸张为载体，包括图书、期刊、报纸、说明书、图册、字（词）典等多种形式。印刷型信息资源保存时间较长，便于阅读。

② 网络电子型信息资源。以电子数据的形式将文字、图形、声音等信息存放在非印刷纸质载体上的信息资源，其信息存储量大，更新速度快，形式多样，分布广泛。它需要借助网络通信、计算机等终端设备进行使用。

2.1.3 信息需求的分析与表达

信息需求（Information Demand）是人们在生活、学习和工作中产生的对各种信息的渴求，它是人们在从事社会活动的过程中为解决不同的问题所产生对信息的需求，是信息用户对信息内容、信息载体、信息服务的一种期待状态。信息需求是激励人们积极开展信息活动的源泉和动力。

1. 分析信息需求

分析信息需求是所有信息查找、信息使用和信息创造的起点，没有明确的信息需求时，人们不可能产生正确的信息查找策略和行动，也就不可能产生创造信息的机会。效仿马斯洛的需求层次理论，人们的信息需求结构同样可分为 5 个层次，如图 2.2 所示。与此同时，信息用户在心理上的高层次需求更值得关注，如在信息获取中受尊重、平等、安全、开放的需求，这些需求也都是一直客观存在的，应在信息服务中得到满足，这也是当今大数据时代信息技术不断创新发展的同时，世界各国均强调信息道德、信息安全、健全信息法律法规的缘由。

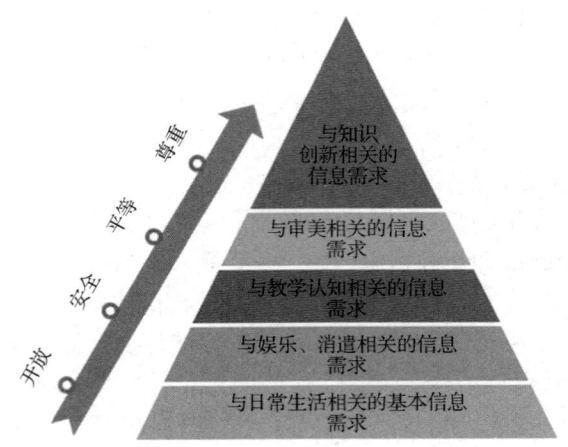

图 2.2 信息需求的 5 个层次

按照马斯洛的需求理论，一个人在等级中的位置会决定他的信息寻求行为，而且只有在一个层次的信息需求得到满足之后，人们才会致力于获取更高层次的信息。信息需求与个人认知、感觉、情境等相关联，同样，知识结构的差异及问题研究的进度与环境也会影响信息需求的变化。分析信息需求就是弄清具体需要什么样信息的过程，具体来说就是确定"已知"信息和"预知"信息，从纷繁复杂的需求中理出头绪，明确检索需求，当"已知"和"预知"两者都确定时，下一步的信息获取才能顺利进行。

2. 表达信息需求

对于用户个体来说，其信息需求具有客观性、认知性和主观性，且处在不断发展变化的状态中。信息需求的客观性由用户从事的职业或活动，以及其所处的社会环境和知识结构等客观因素决定，不以用户的主观意志为转移。信息需求的认知性即用户对其本身的客观信息需求并不一定会全面、准确地了解，用户可能只认识其中的一部分或全部没有认识，甚至可能产生错误的认识。而信息需求的主观性则会通过用户的信息活动，特别是与信息服务系统（信息咨询人员、信息检索系统）的交往和互动来体现。根据这 3 个特性，用户的信息需求的状态可分为客观状态、认识状态、表达状态，用集合形式来描述，它们呈现交叉包含关系，如图 2.3 所示。信息检索的理想前提便是这 3 个集合相互重合为 S1 = S2 = S3，即用户的客观信息需求完全被认知并正确地通过信息服务系统表达出来。但这只是理想状态，事实上，人们往往只能认识到部分信息需求并进行基本表达，甚至表达出来的并不都是客观认识，而是由于各种原因引起的误解，所以信息需求的 3 种状态往往是 S1 > S2 > S3。

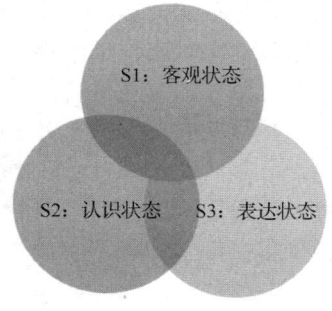

图 2.3　信息需求的状态

为了尽可能实现理想目标，我们对信息表达不准确的原因进行分析，归纳起来主要有以下几点。

（1）来自用户的障碍。其表现如下。

一是用户信息获取的主动性较低，没有较强的信息敏感性与利用现代网络信息服务系统获取信息的主动性。我国很多用户长期以来形成了把图书、期刊作为主要信息源的思维定式，面对新出现的一些信息产品和信息渠道本能地"退避三舍"，长此以往，他们的信息意识大多数处于非自觉状态，造成大量潜在信息需求的存在。

二是用户的信息应用能力较低。信息应用能力是指利用大量的信息工具及主要信息源使问题得到解答的技术和技能。在网络环境下，用户信息应用能力主要包括信息分析能力、信息技术能力、信息检索能力，以及信息评价与综合能力。①信息分析能力，通过分析要解决的问题，明确检索目标，制定正确的信息查询策略；②信息技术能力，对现代信息技术知识有一定的了解，并能有效利用计算机和相关软件；③信息检索能力，通过了解信息资源的结构和处理方式，确定获取信息的途径和方式，并根据所确定的检索策略，运用正确的检索方法查找所需信息。据研究人员对网络检索工具 InfoSeek 的工作日志进行调查，发现只有 10%的人使用布尔逻辑运算符检索，1%的人使用高级检索功能，而大多数人是使用短语检索；④信息评价与综合能力，通过运用正确的信息分析方法，对所获信息的真实性、可靠性、科学性及适用性进行分析评价和取舍。事实上，大多数用户的信息应用能力都存在着不同程度的欠缺。

三是用户的信息伦理意识较低。互联网时代信息需求越来越趋向于交互性、个性化，人际交往和信息传播方式都发生了全方位的变革，信息不再是由少数人上传，任何人都可以在网络上发布信息，网络的无边界和信息发布的自由性，使信息量急剧增多。但同时，很多网络使用者由于信息伦理意识不强，致使大量冗余垃圾信息产生，从而降低了网络信息的平均质量和有用信息的浓度，增大了用户对有用信息获取和吸收的难度。

（2）来自语言的障碍。当用户不能用正确的信息表达语言将自己的信息需求表达给信息服务系统时，后续的信息检索便会出现偏差。语言的障碍主要体现在以下几个方面。

一是语种障碍。文化影响着语言和非口头表达符号的形式，不同的语种表达不同的文化，传达不同的语义。人们表达和组织知识会受自身文化信仰和语种的强烈影响。Anett Kralisch 和 Thomas Mandl 收集并整合了通过日志文件分析所得的，基于 8 个语种的关于服务器和链接等的网站访问数据，证明了语种是获取网络信息的重要障碍：第一，母语用户的数量决定了网站服务器的数量，因此也就决定了信息的数量；第二，如果在网络上能找到足够多的本国语言网站来满足信息需求的话，用户肯定不愿意去外文网站上搜寻信息。互联网上 90%以上的信息资源都是英文信息，而目前我国大多数信息用户的英语水平较低，这使得用户在向信息系统表达信息需求时出现了困难。

二是学科专业语言障碍。随着科技的发展，学科越分越细，伴随科学综合化和整体化的发展趋势，每个学科的应用术语越来越丰富，在各领域中出现的综合性研究课题也越来越多。因此，很多科学工作者在从事学科研究时，常常会遇到学科专业语言障碍。同时，随着网络信息技术的发展，很多用户在研究越来越多的综合课题时，由以往的求助于专业机构转向依靠自己，这使得在网络环境下学科专业语言更凸显其障碍性。

三是检索语言障碍。由于有用的信息是按一定的规则和标准组织起来的，因此，用户必须借助一定的检索知识和与信息组织规则相匹配的概念表达方式，才能从浩如烟海的二次文献（数据库等）中获得所需信息的线索、文摘或全文。但事实上，用户对检索语言的特点、功能和适用范围并不熟悉，对检索技巧又知之甚少，很少能编制合理的检索策略和及时改进检索策略去获取所需的信息资源。另外，用户自身的知识结构和信息需求所表现出不同程度的模糊性，导致信息需求表达的不完整、不彻底和不确定，这又加大了用户将检索需求转化为检索语言的难度。检索语言主要指分类语言、主题语言。分类语言和主题语言是人工控制语言，用户需要学习才能正确使用，事实上大多数人采用的是不规范的自然语言，而自然语言不受限制，存在歧义、转义、多词一义等现象，致使用户的检全率和检准率都没办法得到保障。

表达信息需求是指在完成分析信息需求的情况下，表达出用户对各种信息需求要素的具体要求。根据上述对需求表达产生不准确的原因进行分析，用户虽然在短时间内熟练掌握外文语种和专业学科语言的可能性较低，却完全可以通过加强信息意识、信息伦理道德的教育及信息技术与检索语言的培训来提高表达效果，如可以用提炼的检索词或一段准确、简洁的文字，也可以用自我提问的方式来表达信息需求。我们建议用户以列表的方式对自己的信息需求进行分解，从而尽可能正确地表达给信息服务系统，以获取相关有用的信息。例如，要进行大学生心理健康教育方面的研究，其信息需求分析与表达的过程如下。

已知信息：研究对象——大学生；研究内容——心理健康教育。

预知信息：大学生的心理健康状况、影响大学生心理健康的原因、应对策略与方法等。

经过分解需求与表达输出，形成如表 2.1 所示的信息需求分析与表达。

表 2.1 "大学生心理健康教育研究"的信息需求分析与表达

需 求 分 析	需 求 表 达	作 用
目的	科学研究，撰写学术论文	确定信息检索目的
信息主题	明确的主题有"大学生""心理健康教育"，相关的主题有"心理障碍""心理辅导""心理咨询""心理干预"等	提取检索词，确定信息所属的主题内容
学科分类	主要涉及教育理论与教育管理、心理学、高等教育等学科领域	确定信息所属的学科分类及学科性质

续表

需求分析	需求表达	作用
载体形式	电子型为主，印刷型为辅	确定检索系统和检索途径，以制定检索策略
信息来源	图书、期刊、学位论文、网络开放信息等，主要为核心期刊、近年来引用率较高的文献	
资源语种	以简体中文为主，需要少量英文	
时空范围	从学术研究趋势分析可知，近5年相关研究学术关注度较高，研究成果数量也较多，时间范围可确定在2016年至2021年，数量、空间地点不限	
结果形式	全文文献、网页（html）、文本（pdf）等	
信息发布者	相关文献作者来自各大高校、研究所从事心理健康工作的专业人士	确定信息可利用价值与权威性

经过上述分解与表达，用户的信息需求一目了然，从而为后续信息检索的实施理清了思路，有助于提高检索效率。

任务 2　信息检索的基本策略

任务情境

策略就是为了实现某个目标，预先根据可能出现的问题制定若干对应的方案，并且在实现目标的过程中，根据形势的发展和变化来调整或制定出新方案，以最终实现目标。

信息需求存在多样性，不同的用户对各种信息需求要素的具体要求也不尽相同，用户的身份、职业、知识结构、年龄、性别、个性、民族等均会影响到其信息需求的体现。一般而言，年轻用户对科技新技术、新事物等信息需求量大，而年长用户则更关注健康养生、政治建设；与女性用户偏重情感、家庭、育儿、服饰美容等不同，男性用户则更注重财经、军事、科技、体育等信息。科研人员一般面向某个课题，研究面专一、信息内容专且深，要求系统、完整、准确，重视理论性较强的一次信息源，如期刊、会议论文、研究报告等。信息需求具有阶段性，在课题的不同阶段对信息的需求不尽相同。因此我们需要根据不同的需求制定相应的检索策略，以实现最终的检索目标。

相关知识点

2.2.1　选择合适的信息检索系统

选择信息检索系统或工具可以视为制定检索策略的第一步，前提是针对信息需求已做出基本分析。检索系统是指拥有特定的存储和检索技术设备，存储经过加工的信息资源，供用户检索所需信息的工作系统。因此，检索系统由信息资源、设备、方法（信息存储和检索方法）、人员（系统管理人员和用户）等因素结合而成，具有采集、加工、存储、查找、传递信息等功能的有机整体。信息检索系统从不同的角度有不同的分类，人们根据信息的著录特征进行事实、数据或文献检索时一般会选择如目录、索引、文摘、参考工具书（字典、词典、年鉴、百科全书、指南、手册、名录）、光盘或联机数据库等检索工具。随着计算机与网络应用的普及，图书馆目录卡片、工具书检索体系等手工检索系统目前已很少使用，人们主要采用计算机进行网络检索。

2.2.2 确定信息检索途径

用户在对信息需求进行分析的基础上确定相应的检索系统以实施下一步检索，在此过程中，用户要将需求进行表达，以便检索系统能"读懂"相关需求，表达的方式即为用户选择的检索途径，是系统进行检索的路线和出发点。对于不同的检索系统，提供的检索途径会有少量差异，用户在使用时可阅读其说明。一般而言，检索系统（工具）会依据文献的外部特征（如著者）和内部特征（如所属学科）来提供一种或多种检索途径。检索系统所提供的检索途径如图 2.4 所示，下面介绍几种主要途径。

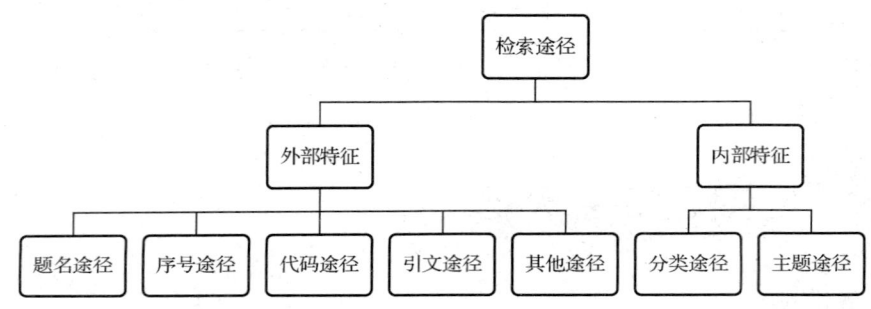

图 2.4　检索途径

（1）分类途径

分类途径是指利用检索系统的分类目录和分类索引，按学科分类的体系来检索文献信息的途径。分类途径是以知识体系为中心进行分类排检的，因此，它比较能体现学科的系统性，反映学科与事物的隶属、派生与平行的关系，便于用户从学科所属范围来查找文献资料，并且能起到"触类旁通"的作用。检索的关键在于正确理解检索系统中的分类表，将检索需求准确地划分到相应的类目中。例如，在"CALIS 联合目录公共检索系统"中选择"分类号"选项，并输入检索词"A18"（《中国图书馆图书分类法》分类：马列文献），系统即以分类途径进行"马列文献"类相关文献的检索，如图 2.5 所示。

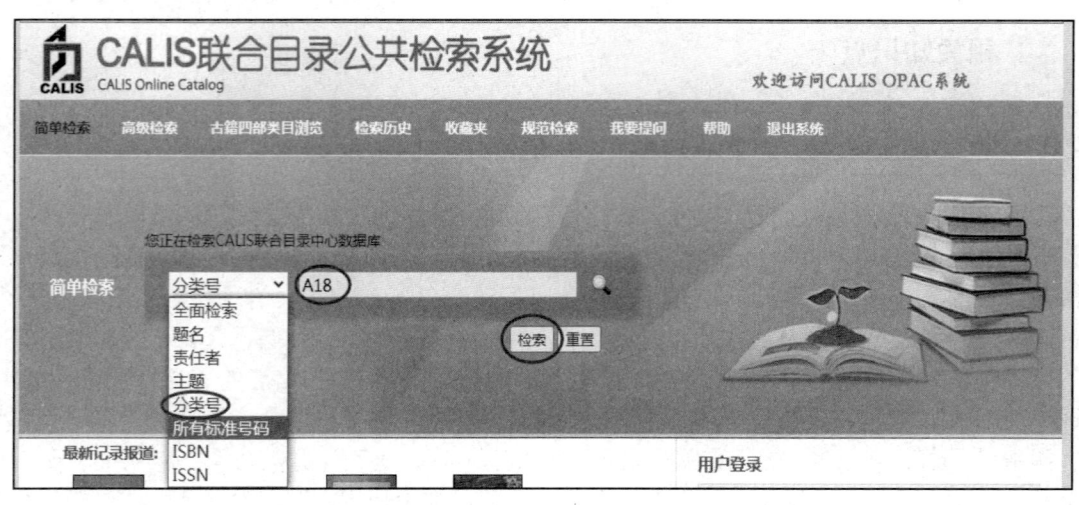

图 2.5　分类途径（分类号检索）

（2）主题途径

主题途径是指一种根据文献信息的主题内容进行检索的途径。利用检索系统中用于表达文献内容实质的主题词、关键词进行检索。主题途径的关键就是选准能够表达检索需求的主题词或关键词，通过主题目录或索引，即可查到同一主题的各方面文献资料，因此主题途径是一种较常用的检索途径。例如，在"中国知网"检索系统中查阅有关"人脸识别"的相关文献，选择"关键词"选项，并输入检索词"人脸识别"，系统即以主题途径进行检索，如图2.6所示。

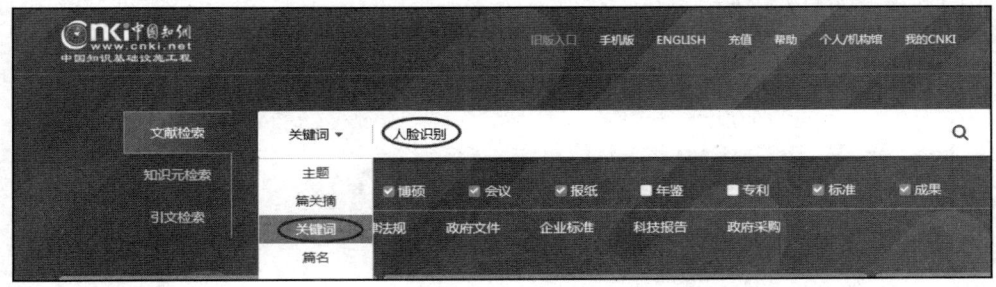

图 2.6　主题途径（关键词检索）

（3）题名途径

题名是表达、象征、隐喻文献内容及特征的词或短语，是文献的标题或名称，包括书名、刊名、篇名、标准名等。许多检索系统是根据文献题名按字顺编制的，如图书馆的书名目录、刊名目录、篇名索引等，用户只要知道题名或部分题名就可进行题名途径的检索。例如，在"读秀学术搜索"系统中查阅《互联网周刊》期刊的基本信息及其发表的文章，选中"刊名"单选项，并输入检索词"互联网周刊"即可进行相关信息的检索，如图2.7所示。

图 2.7　题名途径（刊名检索）

（4）序号途径

有些文献有特定的序号，如专利号、报告号、合同号、标准号、国际标准书号和刊号等。文献序号对于识别一定的文献具有明确、简短、唯一的特点。例如，在"专利之星检索系统"中，通过专利公开（公告）号，查阅发明专利"CN212389949U"的相关信息，如图2.8所示。

📖小知识：国际标准书号（ISBN）与国际标准刊号（ISSN）。

国际标准书号（International Standard Book Number，ISBN）是专门为识别图书等文献而设计的国际编号，一个国际标准书号只有一个或一份相应的出版物与之对应。采用 ISBN 编码系统的出版物有图书、小册子、缩微出版物、盲文印刷品等。2007 年 1 月 1 日以前，ISBN 由 10

位字组成，分为 4 部分：组号（国家、地区、语言的代号）、出版者号、图书序号和检验号。2007 年 1 月 1 日起，实行的新版 ISBN 由 13 位数字组成，分为 5 部分，即在原来的 10 位数字前加了 3 位图书编号即"978"，如图 2.9 所示。在联机书目系统中 ISBN 可以作为一个检索字段，从而为用户增加了一种检索途径。关于国家、语言或区位代码的分配的简况如下：0 和 1 为英语国家（如美国、英国、新西兰等），2 为法语国家，3 为德语国家，4 为日本，5 为俄语（俄罗斯及苏联其他地区），7 为中国内地，81 和 93 为印度，962 和 988 为中国香港，957 和 986 为中国台湾，99937 为中国澳门。

图 2.8　序号途径（专利公开号检索）

国际标准期刊号（International Standard Serial Number，ISSN）是为各种内容类型和载体类型的连续出版物（如报纸、期刊、年鉴等）所分配的具有唯一识别性的代码，是国际间赋予期刊的统一编号，由一组冠有"ISSN"代号的 8 位数字组成，如图 2.10 所示，分前后两段，每段 4 位数，段间以半字线"-"相连，最后 1 位数字为校检号。

图 2.9　13 位国际标准书号　　　图 2.10　国际标准期刊号

国际标准期刊号可以准确、快捷地识别该期刊（报纸/杂志等）的名称及出版单位等信息。如果我国的刊物想使用国际标准期刊号，则必须向国际机构提出此项国际期刊号的申请。刊物名称只要在同一个公司下不重复便可使用，如果期刊名不变，则该期刊号长期有效。在部分国家或地区，一个标准的期刊出版物除配有国际标准期刊号外，还要求配有本国或当地的期刊号，如我国便会要求配有"国内统一连续出版物号"即"CN"，CN 的标准格式是 CNXX.XXXX，其中前两位是各省（区、市）号，如 CN50.1080。只有 ISSN 而无 CN 的期刊在我国被视为非法出版物，而印有"CN（HK）"或"CNXXX（HK）/R"的也不是合法的国内统一刊号。

（5）代码途径

代码途径是指利用事物某种代码编成的索引，如分子式索引、环系索引等，都可以从特定代码顺序进行检索。

（6）引文途径

文献所附的参考文献或引用文献，是文献的外表特征之一。利用引文编制的索引系统即引文索引系统，引文途径可提供从被引论文去检索引用论文。最早出现的美国《科学引文索引》便是提供这种途径的典型应用。

（7）其他途径

从文献信息所包含的或有关的名词术语、地名、人名、机构名、商品名、生物属名、年代等的特定顺序进行检索，可以解决某些特定问题。

随着信息技术的发展，各类型数据库、网络搜索引擎等检索系统提供的检索界面也越来越友好，上述各种检索途径都以下拉列表的方式供用户选择使用，也可以采用多种检索途径综合起来进行交叉使用，如在分类的基础上进行主题检索，或者多项关键词组合检索，以缩小检索范围从而进一步提高检索效率。

2.2.3 制定信息检索策略

信息检索策略是指为实现检索目标而编制的全盘计划或方案，即在明确信息需求的基础上选择检索系统或工具、确定检索词、检索途径、实施检索行为并对检索结果进行评价的全过程。对于这个过程，我们以检索"近5年国内有关大学生心理健康教育研究方面"的相关文献为例，制定的检索策略如图2.11所示。

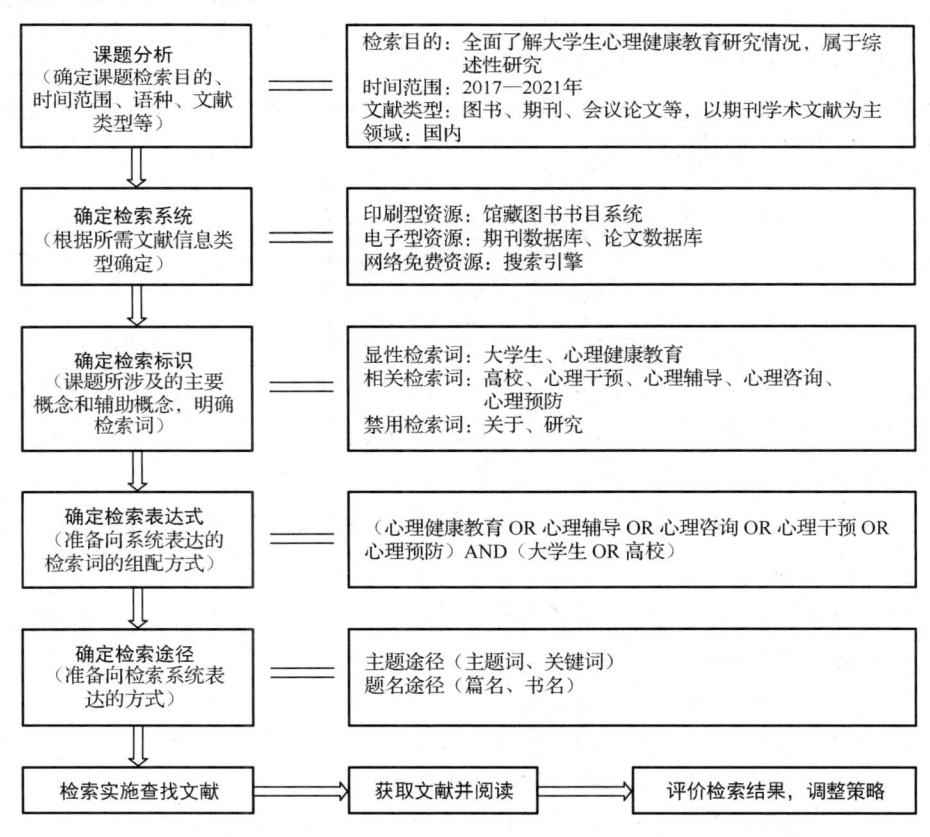

课题分析（确定课题检索目的、时间范围、语种、文献类型等）
- 检索目的：全面了解大学生心理健康教育研究情况，属于综述性研究
- 时间范围：2017—2021年
- 文献类型：图书、期刊、会议论文等，以期刊学术文献为主
- 领域：国内

确定检索系统（根据所需文献信息类型确定）
- 印刷型资源：馆藏图书书目系统
- 电子型资源：期刊数据库、论文数据库
- 网络免费资源：搜索引擎

确定检索标识（课题所涉及的主要概念和辅助概念，明确检索词）
- 显性检索词：大学生、心理健康教育
- 相关检索词：高校、心理干预、心理辅导、心理咨询、心理预防
- 禁用检索词：关于、研究

确定检索表达式（准备向系统表达的检索词的组配方式）
- （心理健康教育 OR 心理辅导 OR 心理咨询 OR 心理干预 OR 心理预防）AND（大学生 OR 高校）

确定检索途径（准备向检索系统表达的方式）
- 主题途径（主题词、关键词）
- 题名途径（篇名、书名）

检索实施查找文献 → 获取文献并阅读 → 评价检索结果，调整策略

图2.11 "近5年国内有关大学生心理健康教育研究方面"的检索策略

检索策略指导着整个文献信息检索的过程，直接影响着检索效果。好的检索策略是在对初步检索结果的评价基础上不断调整检索思路、修改检索词、完善检索表达式得到的。通过"检索—阅读—调整—再检索……"的过程，对课题的了解越来越深入、完善，从而圆满解决信息需求。

2.2.4 信息检索效果评估

信息检索效果（Retrieval Effectiveness）是指利用检索系统进行检索服务时所获得的有效结果。它不仅是影响信息检索系统价值的主要因素，也是人们评价信息检索质量的重要指标。对于信息检索效果的评估，通常从经济效果和技术效果两个方面来衡量。

（1）经济效果主要是指检索系统服务的成本和时间，即从用户发出检索提问到获得检索结果平均消耗的时间与付出的费用。这就要求用户在制定检索策略时能全面分析信息需求，优选检索词和检索系统。很多高校图书馆都会购置如读秀数字图书、万方数据、CNKI 等大型数据库，校内用户在指定网段内可免费使用，同时，这些数据库也会提供免费检索题录、按篇下载收费等服务项目。另外，百度、Bing 等网络搜索引擎也能免费检索大量的有用信息。

（2）技术效果主要是指检索系统的性能和服务质量。它包括检索系统的收录范围、查全率、查准率和输出形式等。例如，"中国学术期刊网"（CAJD）检索系统收录了覆盖自然科学、工程技术、农业、哲学、医学、人文社会科学等各个领域的国内学术期刊共有 8187 种，全文文献总量为 46 562 767 篇，为用户提供包括文摘、索引、题录、全文等多种形式的输出方式，是目前国内领先的一种学术期刊检索系统，深受用户喜爱。

查全率（Recall Factor）与查准率（Pertinency Factor）是衡量一个检索系统性能的重要指标，二者呈互逆关系，如图 2.12 所示。

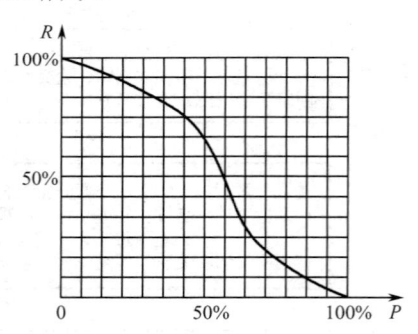

图 2.12 查全率（R）与查准率（P）的互逆关系

查全率（R）是指检出的相关文献量与检索系统中相关文献总量的百分比，是衡量检索系统检出相关文献能力的尺度。例如，要利用某个检索系统查某课题，假设在该系统数据库中共有相关文献 40 篇，而只检索出 30 篇，那么查全率就等于 75%。

查准率（P）是指检出的相关文献量与检出文献总量的百分比，是衡量检索系统精确度的尺度。例如，如果检出的文献总篇数为 50 篇，经审查确定其中与课题相关的文献只有 40 篇，另外 10 篇与该课题无关，那么这次检索的查准率就等于 80%。

有研究认为，P 提高 1%将导致 R 降低 3%。在现代科技信息检索系统中，一般 R 为 60%~70%，P 为 40%~50%。如果想得到较高的查全率，则查准率必定会降低，这是由于查全率需要一个较为宽泛的检索范围与条件，由此也会将其他不符合的信息也包含在内。

不同的检索课题对文献信息的需求不同，用户应根据课题的需要，适当调整查全率和查准率的比例以达到平衡。如表 2.2 列举了常用提高查全率与查准率的优化策略。

表 2.2　常用提高查全率与查准率的优化策略

提高查全率	提高查准率
（1）降低检索词的专指度，从词表或检出文献中选一些上位词或相关词。 （2）减少 AND 组配，如删除某个不甚重要的概念组面（检索词）。 （3）多用 OR 组配，如选同义词、近义词等并以 OR 方式加入检索式。 （4）使用族性检索，如采用分类号检索。 （5）使用截词检索。 （6）放宽限制运算，如取消字段限制符、位置算符等	（1）提高检索词的专指度，增加或采用下位词和专指性较强的检索词。 （2）增加 AND 组配，用 AND 连接一些进一步限定主题概念的相关检索项。 （3）减少逻辑 OR 组配。 （4）用逻辑非 NOT 来排除一些无关的检索项。 （5）使用限制检索。利用文献的外表特征进行限制，如限制文献类型、出版年代、语种、作者等。 （6）限制检索词位置，如限定在篇名字段和叙词字段中进行检索。 （7）使用位置算符进行限制

任务 3　常用信息资源的检索

任务情境

信息时代，我们无时无刻不沉浸在信息的海洋中，每天所接收的信息量相当于古人一辈子所获取的信息量，因此，明确自己的信息需求，目标明确地获取所需要的信息变得尤为重要。那么，如何获得我们需要的信息呢？请带着以下问题开展本任务的学习。

（1）哪些资源是你通过网络在线可以找到的？
（2）哪些资源可以引导你获得自己想要的信息？
（3）哪些资源是你写研究论文所必要的？

相关知识点

2.3.1　图书信息资源检索

图书作为历史最悠久的一种文献信息资源，其使用范围广、种类丰富且阅读人群众多。现代图书信息资源检索系统有很多，常用的是联机目录检索系统，如高校的馆藏书目系统、CALIS 联合目录检索系统，另外还有读秀数字图书、超星电子图书等电子图书检索系统等。用户通过图书信息检索系统了解所需图书的各项信息，从而决定是否借阅或在线阅读。

1. 纸质图书信息资源检索

（1）馆藏书目检索。各类学校或公共图书馆内的藏书，均会向用户提供馆藏书目检索系统，这是一种联机目录检索形式。这种联机目录检索系统主要用于检索和浏览图书信息，查询馆藏和借阅情况。该检索系统能向用户提供如分类号、书名、责任者、书号、出版社等检索途径。

用户根据信息需求，选择相应检索途径进行检索词的输入，检索系统即会反馈出该查询图书的相关信息，如摘要、借阅情况等。用户根据索书号的指引，可直接入馆查看或进行借阅，如图 2.13 所示为"中南大学图书馆"的馆藏书目检索系统。

图 2.13 "中南大学图书馆"的馆藏书目检索系统

（2）联合目录查询。CALIS 联合目录公共检索系统是 CALIS 联机合作编目形成的联合目录数据库，属于中国高等教育文献保障系统的一个子系统。用户通过该系统能查询全国各成员馆的馆藏信息。如图 2.14 所示。

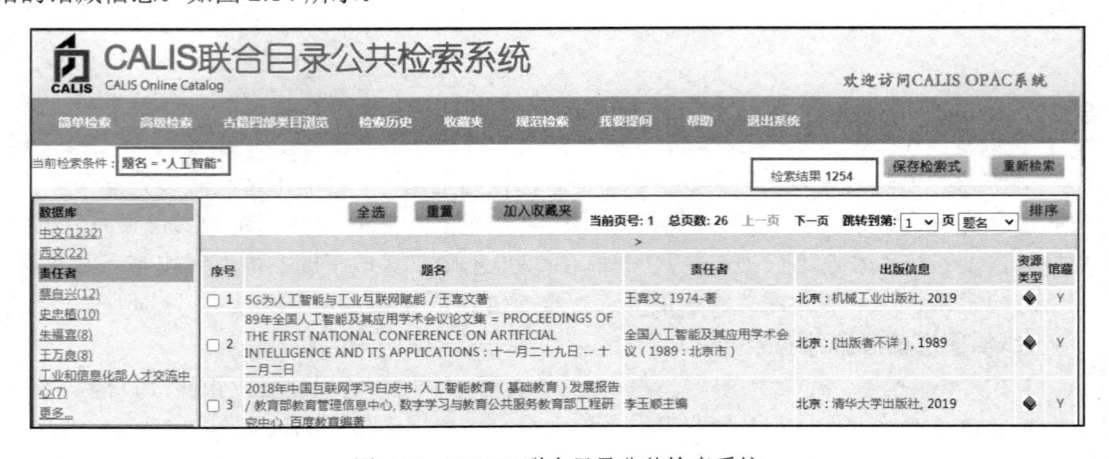

图 2.14 CALIS 联合目录公共检索系统

例如，查找书名中包含"人工智能"的图书信息。

在"中南大学图书馆"的馆藏书目检索系统中，通过书名途径，检索到该大学图书馆包含"人工智能"的图书信息，并列出了各图书的作者、出版社、出版时间、主要内容及索书号、馆藏信息等，如图 2.13 所示。

在 CALIS 联合目录公共检索系统内，以题名为途径，检索书名中包含"人工智能"的图书信息，以及各图书的基本信息（书名、作者、出版时间、主要内容等），如图 2.14 所示。

2. 电子图书信息资源检索

电子图书（又称 e.book）是指以数字代码方式将图、文、声、像等信息存储在磁、光、电介质上，通过计算机或类似设备使用的一种新型图书信息资源。电子图书有着与传统书籍一样的编排格式，以适应读者的阅读习惯。电子图书的检索系统有很多，如国家图书馆、方正 Apabi、书生之家等。很多高校的图书馆也提供了电子图书的检索。下面以"读秀数字图书"和"超星读书"为例，介绍电子图书信息资源的检索。

（1）读秀数字图书（http://www.duxiu.com）

读秀数字图书是一个面向全球的图书搜索引擎，提供了 310 万种图书书目数据、245 万种中文电子图书，占已出版所有图书的 80%以上，年更新 10 万种图书。上网用户可以通过读秀数字图书系统对图书的出版信息、目录、全文内容进行搜索，方便快捷地找到想阅读的图书和内容。该系统允许用户阅读部分无版权限制图书的全部内容，对于受版权保护的图书，可以在线阅读其详细题录信息、目录及少量内容预览。和其他图书检索系统一样，读秀数字图书系统提供了分类、书名、作者、主题词等检索途径。其分类原则采用《中图图书馆图书分类法》，对所有电子图书进行学科分类，用户可在各类目下对相同类目图书进行浏览。

例如，查找作者为"莫言"的图书作品。

图 2.15、图 2.16 显示了以作者为检索途径，查找到在读秀数字图书系统中作者为"莫言"的图书信息，用户可在线阅读或到其提示的收藏馆内借阅，或者申请 E-mail 在线传递。

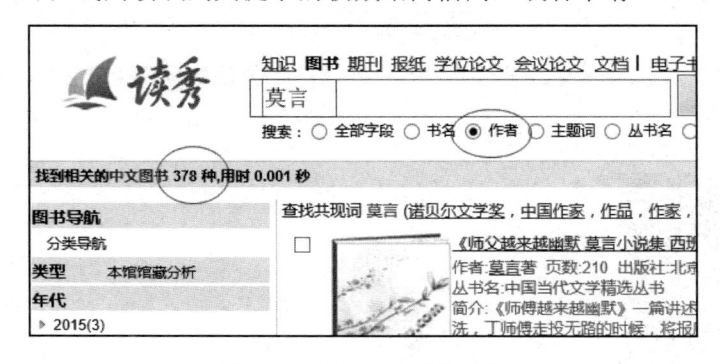

图 2.15 读秀数字图书系统

（2）超星读书（http://book.chaoxing.com）

超星读书信息资源系统内包括文学、经济、计算机等 50 余大类、数百万册的电子图书，并且每天仍在不断增加与更新，其中有大量免费电子图书，是目前世界最大的中文在线数字图书馆之一。该系统提供分类检索、书名检索和作者检索等途径，用户能在线网页阅读，或者使用专用阅读器阅读及下载，如图 2.17 和图 2.18 所示。

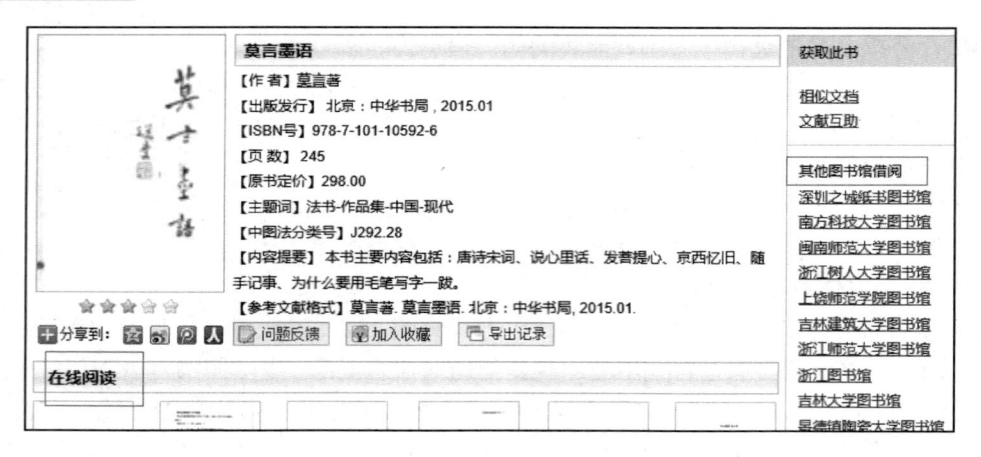

图 2.16　读秀图书在线阅读或获取

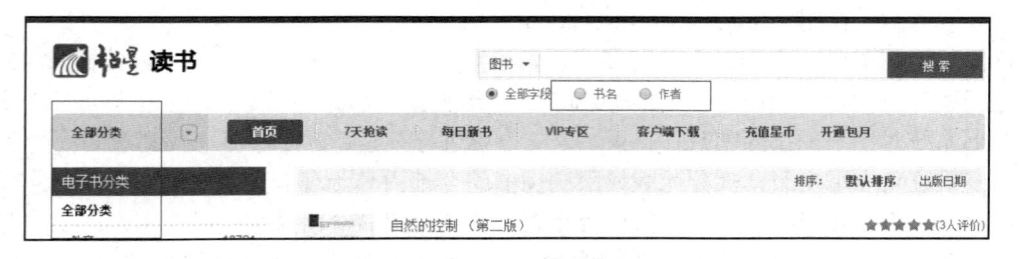

图 2.17　超星读书信息资源系统界面

图 2.18　超星读书信息资源系统检索结果界面

2.3.2　数据库信息资源检索

除图书信息资源外，其他如期刊、专利、标准、政府报告等文献也都有以专门数据库形式出现的信息资源检索系统，如中国知网、维普、万方等中文数据库系统，以及 SpringerLink、

EI 等外文数据库系统。用户能通过网络在线免费检索期刊论文的题录等信息，也可通过注册付费的形式进行论文全文的下载。在此重点介绍国内使用广泛的 CNKI（中国知网）与万方两种中文资源数据库系统。

1．CNKI（中国知网）知识资源数据库系统

（1）数据库系统概述

CNKI（China National Knowledge Infrastructure，中国知识基础设施工程），也称中国知网，是以实现全社会知识资源传播共享与增值利用为目标的信息化建设项目，由清华大学、清华同方发起，始建于 1999 年 6 月，其网址为 http://www.cnki.net。

CNKI 知识资源数据库系统是一个大型动态数据库、知识服务平台和数字化学习平台。该数据库由中国学术期刊、中国优秀博硕士学位论文、中国重要会议论文、中国重要报纸全文、工具书、专利、标准等十多个子数据库构成，并分有医药、农业、教育、法律、城建等多个行业知识库，以及古籍、图谱、年鉴、统计数据等多种特色资源库。数据每日更新，并支持跨库检索。

（2）数据库系统功能

CNKI 知识资源数据库可以实现跨库检索、分类导航、分组排序、分库专项检索，以及简单检索、高级检索、专业检索等功能，能提供如主题、篇名、关键词、分类号等多种检索途径，能实现检索结果分组浏览排序、题录显示、全文下载、文献导出等方式。

（3）数据库系统检索方式

CNKI 知识资源数据库提供多库（多个数据库）联合一站式检索、单库检索、跨库检索等方式，无论是单库还是多库都支持简单检索、高级检索、专业检索等方式，以方便不同需求的用户选择。

① 多库联合一站式检索。在 CNKI 知识资源数据库内，各种常用资源如中国期刊、博硕士学位论文、会议论文等多个数据库汇聚起来，用户能一次性在多库内同时检索所需文献，避免了在不同数据库中逐一检索的麻烦。用户在一站式检索时能够通过全文、篇名、作者、单位、关键词、摘要、参考文献、中图分类法、文献来源等不同检索途径实现检索需求。例如，在多库间以关键词"人工智能"为检索途径，其检索界面如图 2.19 所示，检索结果显示符合该关键词的相关文献分布在学术期刊、学位论文、商业评论等多个子数据库中，每个数据库中检索到的相关文献用数字标识在后面。用户单位若已购买上述数据库，则可直接阅读和下载原文。

图 2.19　CNKI 知识源数据库的多库联合一站式检索

② 在结果中检索。在第一次简单检索的基础上，用户再设定其他检索条件，系统会根据所指定的其他条件缩小检索范围，从前一次检索的结果中进行筛选，从而匹配出同时符合其他条件的文献。在"结果中检索"可通过多次限定检索条件，逐步缩小检索范围，提高检索结果的准确率。

例如，在期刊子系统中检索主题为"智能家居"的相关文献。选择"学术期刊"标签，选择"关键词"途径，输入"智能家居"，系统检索到相关文献信息如图2.20所示。

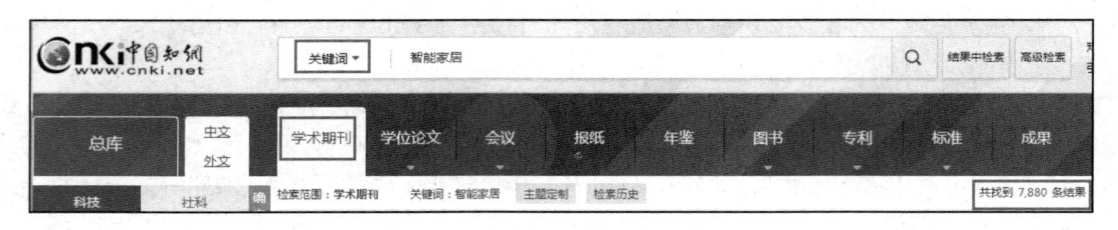

图 2.20　CNKI 知识源数据库的简单检索示例

系统对检索到的 7880 条信息进行分组浏览，默认为按发表年度排序。用户可按年度或学科等进行分组查看文献的题录信息。为提高检索准确率，再向系统指定第二项检索条件：在上述检索的基础上，再选择"关键词"途径，并输入检索词"物联网"，然后单击"结果中检索"按钮，则系统会在 7880 条信息中进行第二次检索，再次匹配出关键词为"物联网"的相关文献信息，其结果为 1132 条，即同时满足主题为"智能家居"且关键词为"物联网"的相关期刊论文数，如图 2.21 所示。

图 2.21　CNKI 知识源数据库的期刊子系统

③ 高级检索。在"结果中检索"固然可以反复进行，逐步提高检索的准确性，但由于需要反复进行，增加了检索时间成本。通过"高级检索"则可以对多条件同时进行限定，使检索更加精准。图 2.22 显示了 CNKI 知识源数据库的期刊子系统中的"高级检索"界面。

图 2.22　CNKI 知识源数据库的期刊子系统中的"高级检索"界面

在"高级检索"界面中,用户可根据信息需求的目标文献特征,选择相应的检索途径进行条件限制,如主题、篇名、关键词、摘要等,然后在其后面的检索框中输入检索词。若一个检索项需要多项条件限制,则可选择"AND""OR""NOT"的逻辑运算关系,再输入其他检索词。单击检索项前的"⊞""⊟"按钮,可增加或减少逻辑检索行。高级检索除能对多个检索词进行逻辑限定外,还可以同时限定目标文献的发表时间范围、发表的期刊类别,甚至可以限定只检索同一作者或同一作者单位的相关文献等。

词频是指检索词在相应检索项中出现的频次,默认为至少出现 1 次,如果设定为数字,如 4,则表示该检索词至少出现 4 次。词频一般用在全文检索中。精确与模糊则是指该检索词的匹配方式,即要求检索结果是完全等同或包含与检索词完全相同的词语还是包含其中的词素。

例如,要对课题"职业教育人才培养模式研究"进行文献信息的检索,制定第一次检索策略(见表 2.3),该检索界面如图 2.23 所示。

表 2.3 "职业教育人才培养模式研究"的检索策略

检索系统	检索词	检索表达式	检索途径	时间范围	文献类型
CNKI 的期刊子系统	人才培养模式、人才培养方案、职业教育	篇名=职业教育 AND(人才培养模式 OR 人才培养方案)	篇名	2016—2021 年	论文

注意:布尔逻辑表达式执行顺序是"NOT、AND、OR",通过括号可改变其执行顺序。上述检索表达式具体到数据库的检索过程中,则是先输入逻辑 OR 的检索词,再输入逻辑 AND 的检索词,如图 2.23 所示。

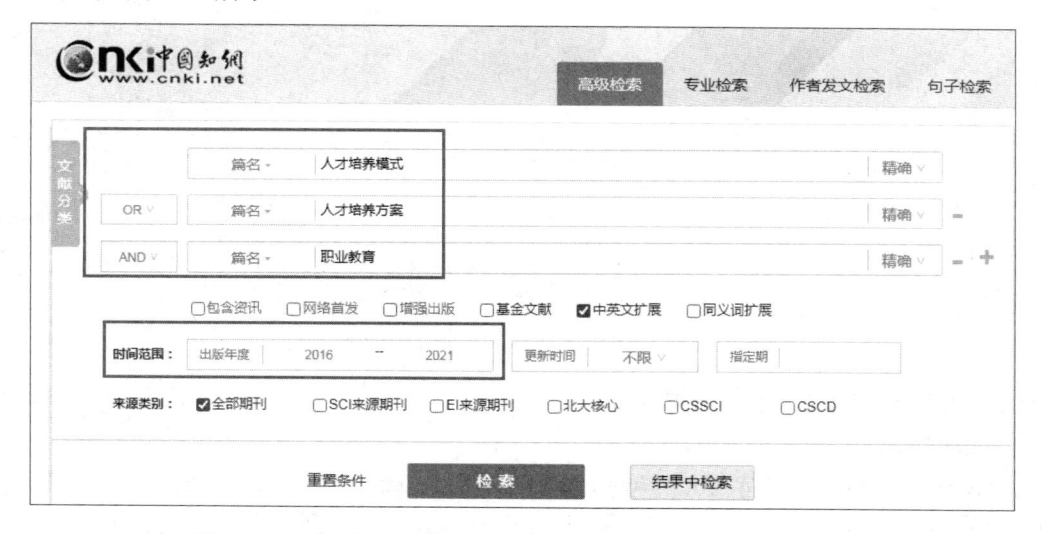

图 2.23 CNKI 知识源数据库检索策略实施(正确的输入顺序)

如果输入顺序颠倒,先输入了逻辑 AND 的检索词,再输入逻辑 OR 的检索词,则检索结果是错误的,如图 2.24 所示,它所表示的表达式为篇名=(职业教育 AND 人才培养模式)OR(篇名=人才培养方案),显然背离了检索目标。

除最常使用的简单检索与高级检索外,期刊子系统还提供了期刊导航检索方式,通过期刊导航,用户可以浏览和了解该数据库所收录的所有期刊信息及历年来刊登的论文文献。与其他各子系统一样,CNKI 知识源期刊数据库也包括专业检索、作者发文检索、句子检索等多种检索方法（见图 2.25），限于篇幅，在此不再一一介绍，用户可通过 CNKI 知识资源期刊数据库进行实践练习。

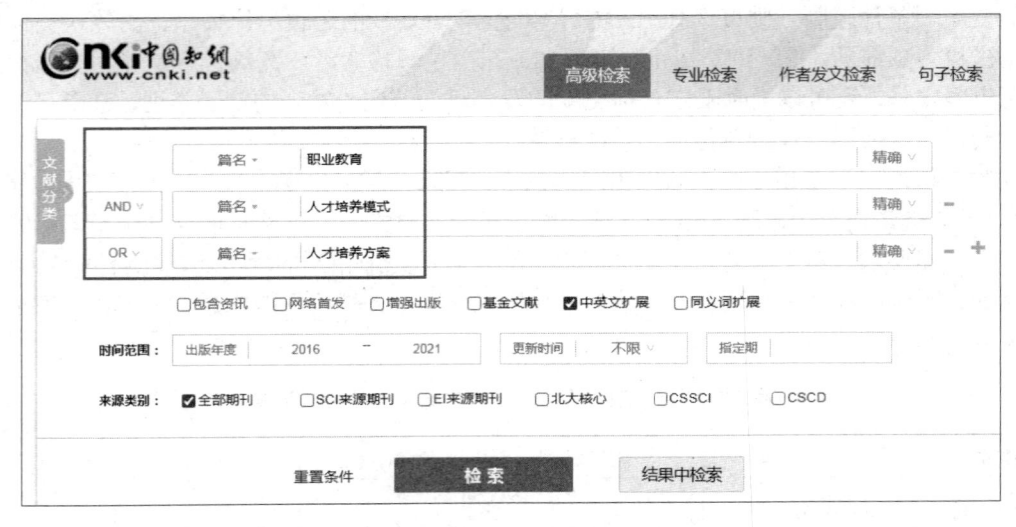

图 2.24　CNKI 知识源数据库检索策略实施（错误的输入顺序）

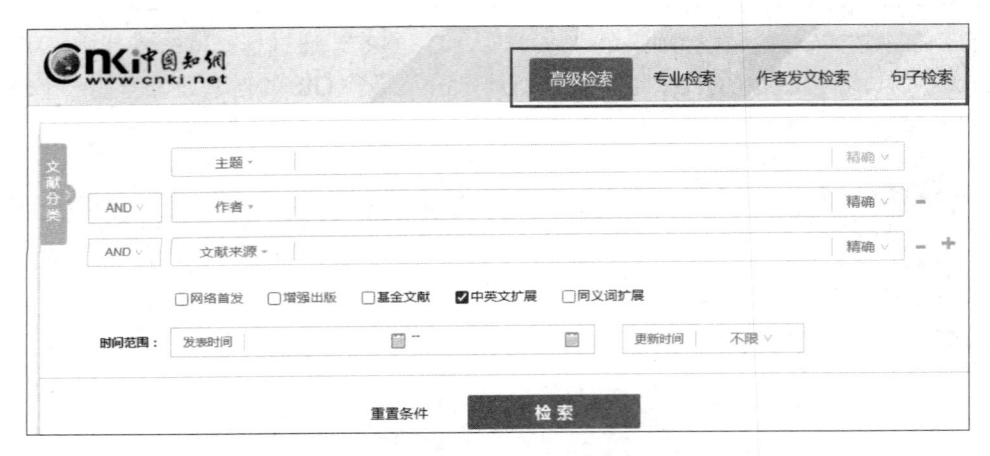

图 2.25　CNKI 知识源期刊数据库的检索方法

2．万方数据学术资源数据库系统

（1）数据库系统概述

万方数据学术资源数据库（http://www.wanfangdata.com.cn）是由万方数据股份有限公司开发的一个高效、先进的信息服务系统，始建于 2000 年。该系统具有强大的数据采集能力，应用先进的信息处理技术和检索技术，为用户提供信息增值服务，并包括企业竞争情报系统、通信、电力和医药行业竞争情报系统等一系列信息增值产品，以满足用户对深度层次信息和分析的需求，为用户确定技术创新和投资方向提供决策。

万方数据学术资源数据库由中国学位论文全文数据库、中国学术期刊库、中国科技专家库、中国学术会议文献库、中国法律法规库、中外标准数据库、中国机构库、中国特种图书库、中文科技报告库、中国科技成果库和学者库等 18 个子数据库构成，涵盖中外学术期刊论文、会议文献、学术成果、标准、专利、特种图书、科技报告等多种信息资源，资源种类齐全，品质高且更新快，具有广泛的应用价值。

（2）数据库系统的使用方法

与大多数信息资源数据库系统一样，万方数据学术资源数据库也提供了基本检索、高级检索、分类检索和跨库检索4种检索方式。

① 基本检索。基本检索是系统默认的检索方式，用户选择子数据库项目（期刊、学位、会议、标准等），然后在检索框中输入相应的检索词，即可实现基本检索，如图2.26所示。

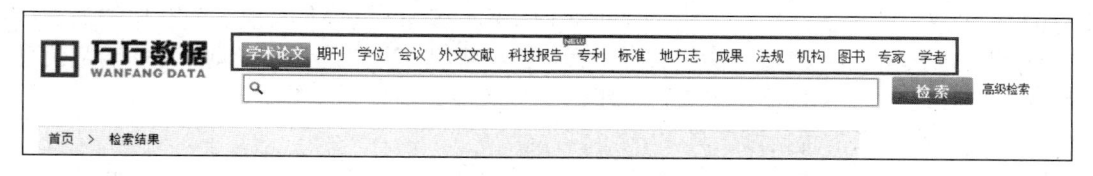

图2.26　万方数据学术资源数据库的基本检索界面

② 高级检索。选择"高级检索"选项，进入高级检索界面。用户可限定主题、题名、关键词、创作者等检索途径，也可确定文献类型、发表时间范围等限制条件，以提高检索精度，如图2.27所示。

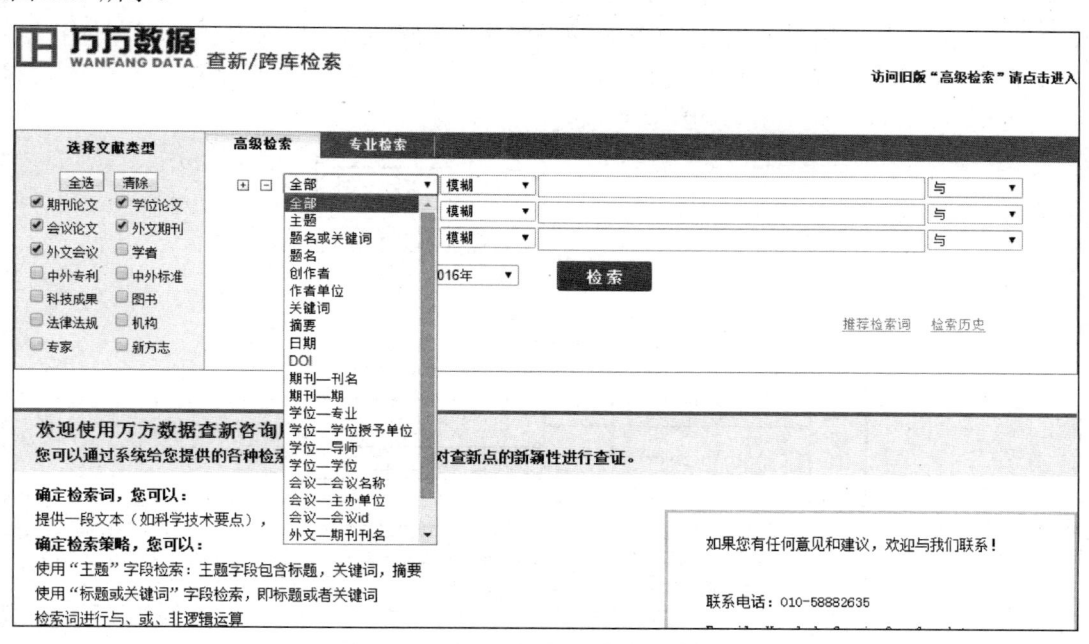

图2.27　万方数据学术资源数据库的高级检索与跨库检索界面

对于检索结果，如果用户单位购买了相关子数据库，则可在指定网段内免费使用，或者通过支付宝、银联支付、我的钱包等网络付费方式按篇付费。

2.3.3　网络信息资源检索

1. 网络信息资源

网络上的信息资源极其丰富，其内容涉及农业、生物、化学、数学、天文、航天、气象、地理、计算机、医疗、保险、历史、法律、政治、环境保护、文学、商贸、旅游、音乐和电影等专业领域，它是人类的资源宝库，其形式不仅包括目录、索引、全文等，还包括程序、声音、图像和多媒体等。

网络信息资源可以根据不同的分类标准进行划分，至于按照什么方式来分类，则完全取决于分析问题的需要。通常的划分标准有：根据信息服务方式划分；根据信息发布者的身份划分；根据出版或文献类型划分；根据信息开发层次划分；根据信息适用对象划分；根据信息使用费用角度划分等。但不管以哪种方式划分，网络信息资源都会面临一些问题，如信息资源分散，数量庞大；重要学术价值信息不免费；信息加工深度不够等。网络信息资源呈现出的最大特点是信息容量的无限性和信息组织的无序性。面对这种状况，我们有必要掌握一定的网络信息资源检索技能，以更好地利用网络为自己的学习、生活、科研等提供帮助。

2. 网络信息资源常用检索工具

对于网络信息资源的获取，人们最常用的方式是"搜索引擎"，了解和学习一些搜索引擎的检索机理与检索方法，有利于提高网络资源的利用效率。

（1）搜索引擎的机理

搜索引擎（Search Engines）指收集了互联网上几千万到几十亿个网页并对其中的每个词（关键词）进行索引，建立索引数据库以提供给用户进行查询的一种检索系统机制。当用户查找某个关键词时，所有包含了该关键词的网页都将作为搜索结果被搜出来。

搜索引擎的基本结构包括信息采集子系统、信息分析标引子系统、信息检索子系统和管理维护子系统。搜索引擎系统结构如图2.28所示。

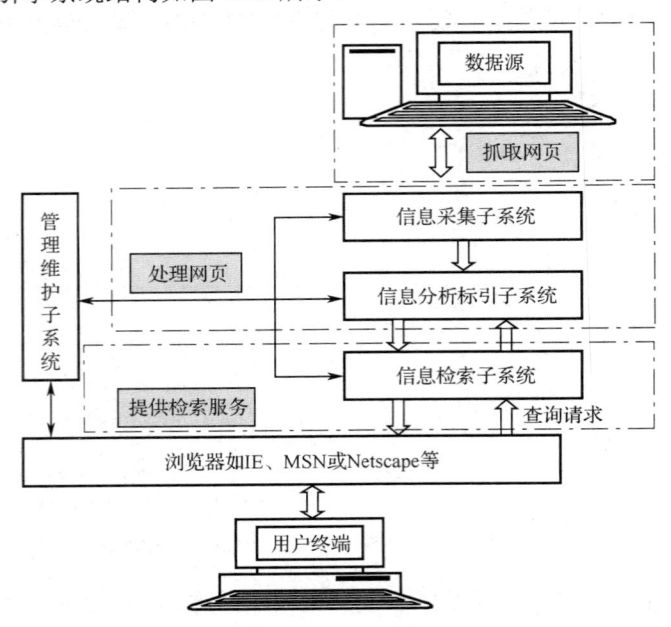

图2.28　搜索引擎系统结构

因此，搜索引擎原理：抓取网页（从互联网上采集信息）→处理网页（建立索引数据库）→提供检索服务（在索引数据库中搜索排序）。

（2）搜索引擎的分类

搜索引擎用户规模随着网民规模的扩大而在持续增加，同时，搜索引擎企业产品与服务的多元化发展，也吸引着网民积极使用互联网搜索。无论是国外的搜索先锋Google还是国内的搜索巨头百度，无一例外地都在不断探索和变革着搜索的新应用。在第 35 次 CNNIC 的报告《中国互联网络发展状况统计》中指出，搜索服务已经从单一文字链接的展示方式，转变为文字、表格、图片、应用等多种形式相结合的丰富展现方式，从关键词搜索转向自然语言搜索、图片搜索、实体搜索；另外，通过优化算法，以及结合用户搜索记录、社交活动及地理位置等信息形成的个性化搜索，已成为搜索引擎的主推服务。对于广大使用互联网信息资源的用户来说，他们每天使用的搜索引擎包括以下几种，了解其分类，便于用户在进行搜索时做出针对性地选择。

① 全文搜索引擎

全文搜索引擎是应用较为广泛的主流搜索引擎，国外有 Google、Bing 等，国内有百度、搜狗等。它们从网上提取各个网站的信息（以网页文字为主），建立起数据库，并能检索与用户查询条件相匹配的记录，按一定的排列顺序返回结果。用户只要在搜索框中输入能反映检索目标的关键词，单击"百度一下"按钮，即可检索到需要的信息。全文搜索引擎的特点是查全率比较高。

② 分类目录索引

分类目录索引是网上最早提供 WWW 资源查询的服务，它是将网页的内容，按其网址分配到相关分类主题目录的不同层次的类目之下，形成像图书馆目录一样的分类树形结构的一种目录索引。使用分类目录索引进行搜索时，用户无须输入任何文字，只要根据网站提供的主题分类目录，层层单击进入，不依靠关键词，便可查到所需的网络信息资源。这类搜索引擎的代表国外有 Yahoo!，国内有新浪、搜狐等。

目前，全文搜索引擎与分类目录索引有相互融合渗透的趋势。原来一些纯粹的全文搜索引擎现在也提供分类搜索，如 Google 就借用 Open Directory 目录提供分类查询。而像 Yahoo!这些老牌目录索引则通过与 Google 等搜索引擎合作扩大搜索范围。在默认搜索模式下，一些目录类搜索引擎首先返回的是自己目录中匹配的网站，如搜狐、新浪、网易等，而另外一些则默认的是网页搜索，如 Yahoo！。分类目录索引的特点是查准率比较高。

③ 元搜索引擎

元搜索引擎是一种在接收用户检索请求后，在一个统一的搜索界面帮助用户同时在多个搜索引擎上实现检索操作的搜索引擎。著名的元搜索引擎有 InfoSpace、360 等。元搜索引擎一般都没有自己网络机器人及数据库，它们的搜索结果是通过调用、控制和优化其他多个独立搜索引擎的搜索结果并以统一格式在同一界面集中显示。元搜索引擎弥补了传统搜索引擎的一些不足，有着传统搜索引擎所不具备的许多优势。

④ 垂直搜索引擎

垂直搜索引擎是 2006 年后逐步兴起的一类搜索引擎。它不同于通用的网页搜索引擎，而是垂直搜索专注于特定的搜索领域和搜索需求（如机票搜索、旅游搜索、生活搜索、小说搜索、视频搜索等）。它是搜索引擎的细分和延伸，是对网页库中的某类专门信息进行一次整合。相比较通用搜索引擎的海量信息无序化，垂直搜索引擎则显得更加专注、具体和深入。这类搜索引擎网站也有很多，如淘宝、天猫、去哪儿网等。

（3）搜索引擎的使用

尽管分布在网络上的搜索引擎有很多，但用户一般会选择一些具有代表性的搜索引擎作为自己检索网络信息资源的常用工具，如 Google、百度等。第 35 次 CNNIC 的报告《中国互联网络发展状况统计》显示，在 2014 年上网的用户中使用过百度搜索的比例为 92.1%；搜搜/搜狗搜索位列第二，渗透率为 45.8%；360 搜索位列第三，渗透率为 38.6%。这个数据表明了百度作为全球最大的中文搜索引擎，成为我国上网用户在检索网络信息资源时的首选。搜索引擎的强大功能为我们使用网络信息资源提供了极大便利，无论我们使用哪一种搜索引擎搜索和使用信息，都需要注意知识产权的问题，了解相关的网络法律法规，做到合理、合法地使用信息资源。

3. 利用百度搜索引擎检索网络信息资源

（1）关于百度

百度（Baidu）是互联网上的一个面向全球的中文搜索引擎，2000 年 1 月创立于北京中关村。百度主要致力于互联网搜索产品及服务，其中包括以网络搜索为主的功能性搜索、以贴吧为主的社区搜索，针对各区域、行业所需的垂直搜索、MP3 搜索，以及门户频道等，全面覆盖了中文网络世界所有的搜索需求，根据第三方权威数据，百度在中国的搜索份额超过 80%。在面对用户的搜索产品不断丰富的同时，百度还创新性地推出了基于搜索的营销推广服务，并成为最受企业青睐的互联网营销推广平台。经过多年的发展，百度已成为全球最大的中文搜索引擎，其提供的搜索产品涵盖网页、图片、音乐、视频等多种内容，用户既能使用全文搜索形式来进行网络信息资源的检索，也能实现针对某个特定需求采用垂直搜索的方式来进行检索，如仅搜索某位歌手的某首音乐。

（2）百度的搜索方法

同数据库的检索方式一样，百度也能实现简单检索和高级检索等功能，同时还能进行个性化设置。此外，掌握一些百度的搜索小技巧，还能在检索网络信息资源的过程中做到事半功倍，提高检索效率。

① 简单检索

百度的简单检索的确十分简单，用户只要在搜索输入框中直接输入要查找信息的相关关键词，百度即可从网上海量网页信息中抓取到包含该关键词的网页，并以一定的顺序排列反馈给用户。

百度所能识别的关键词范围非常广泛，其内容包括人名、网站、新闻、小说、软件、游戏、星座、工作、购物、论文等，其形式也可以是中文、英文、数字，或者中英文与数字的混合体，如"大话西游""Windows10""F.1 赛车"等。对于关键词的数量，可以是一个或多个甚至是一句话，如"招生""MP3 下载""游戏 攻略 大全""蓦然回首，那人却在灯火阑珊处"等。

百度的简单检索具备很多人性化特征，如即便输入了一些错别字，百度会给出错别字纠正提示，并给出正确结果。错别字纠正提示通常会显示在搜索结果的上方，如输入"草梅"，百度会显示"草莓"相关网页。如图 2.29 所示。

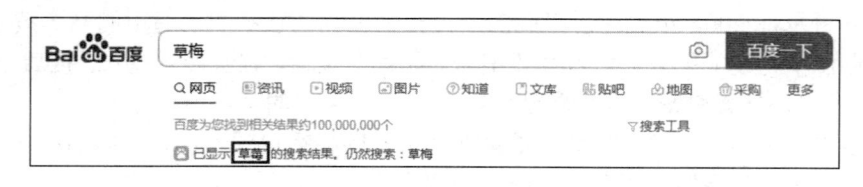

图 2.29 百度搜索的错别字纠正提示

② 多关键词检索

有时因为用户选择的关键词不是很妥当，导致检索结果不是很贴切，百度的"相关搜索"功能则会为用户提供一些相似的词语作为参考建议，以帮助用户获得启发，从而调整检索策略，提高检索效果。"相关搜索"排布在搜索结果页的下方,并按搜索热门度排序。单击这些词可以直接获得搜索结果。例如,用户输入"智慧社区"进行搜索,百度还会提供如"智慧城市""智慧小区"等词语的相关信息网页链接,如图 2.30 所示。

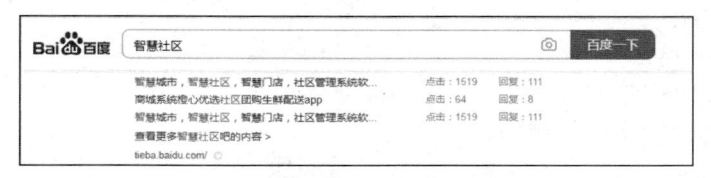

图 2.30　百度的相关搜索

当用户输入多个关键词并用空格分隔时,百度会对空格两边的关键词之间的关系进行逻辑 AND 的判断,即搜索出同时包含这些关键词的信息。若在关键词之间加上符号"→",则表明关键词之间为逻辑 OR 的关系,百度会搜索出包含其中任一关键词的信息。如果对关键词进行双引号标识,则表明这是一个完整的关键词,不能进行拆分和演变。例如,输入"北京居住证""北京 居住证""北京→居住证",其结果是完全不同的,如图 2.31 所示。

图 2.31　百度的多关键词搜索

③ 高级检索

一般情况下,我们利用百度的简单检索功能即可实现大部分检索需求,如果要进一步提高检索结果的检全率与检准率,可以借助百度的高级检索功能来进行。

在百度输入框的右侧,在"设置"菜单中选择"高级检索"选项,如图 2.32 所示,即进入百度的高级检索界面,如图 2.33 所示。在高级检索中,用户可以对关键词的出现形式与位置进行限定,也可以要求检索结果的时间范围,限定要搜索的网页格式与网站等。在这里,百度对搜索页面的判断便是基于关键词之间的布尔逻辑关系与限定关系。

图 2.32　百度的高级检索设置

④ 百度小技巧

检索技术是通用的,当我们能熟练掌握布尔限定、位置限定、截词限定等检索技术的语法后,也能在百度简单检索的输入框中直接进行关键词的各项检索设置,以节省检索时间。常用百度搜索技巧语法如表 2.4 所示。

图 2.33　百度的高级搜索界面

表 2.4　百度搜索技巧语法

语　法	含　义	功　能	示　例
intitle:标题	检索范围限定在网页标题中	网页标题通常是对网页内容提纲挈领式的归纳。把检索内容范围限定在网页标题中，有可能获得良好的效果	写真 intitle:宋慧乔
site:站点名	检索范围限定在特定站点中	如果知道某个站点中有自己需要查找的内容，就可以把搜索范围限定在这个站点中，以提高检索效率	百度影音　site:www.skycn.com
inurl:链接地址	检索范围限定在 URL 链接中	网页 URL 中的某些信息，常常有某种有价值的含义。如果对搜索结果的 URL 做某种限定，可以获得良好的效果	auto 视频教程 inurl:video
filetype:文档格式	检索特定格式文档	限定关键词出现在指定的文档中，支持文档格式有 pdf、doc、xls、ppt、rtf、all（所有上面的文档格式）。对于查找文档资料相当有帮助	photoshop 实用技巧 filetype:doc
"关键词"或《关键词》	检索结果精确匹配关键词	关键词加上双引号" "后表示其不能被拆分，在搜索结果中必须完整出现，可以对查询词精确匹配。如果不加双引号经过百度分析后可能会拆分。 关键词加书名号《》有两个特殊功能，一是书名号会出现在搜索结果中；二是被书名号括起来的内容不会被拆分	"手机"检索结果通常为通信工具； 《手机》的检索结果为影片的相关信息
关键词 A+关键词 B 关键词 A　关键词 B	检索结果包含特定检索词或排除特定检索词	要求检索结果中同时包含或不含关键词 B 的网页	电影+qvod（电影−qvod），表明检索词"电影"在搜索结果中，而"qvod"也被包含在搜索结果中（或被排除在搜索结果中）

注意：在以上语法中，语法词与后面所跟的关键词之间不能有空格，如 site:站点名，中间不要带空格；排除语法"."与前面的关键词之间要留有一个空格，否则会被视为连词符处理。

⑤ 百度快照功能

有时在进行网络信息检索时由于网络或其他的原因出现"该页无法显示"（找不到网页的错误信息）而无法登录网站，则可利用"百度快照"功能。这是百度搜索引擎为用户暂时贮存的大量应急网页信息，用户使用快照页面不会受到死链接或网络堵塞的影响，而且检索关键词会在快照页面用不同的颜色标明，阅读起来一目了然，单击快照中的关键词，还可以直接跳转到其文中首次出现的位置，浏览网页更为方便，如图 2.34 所示。

图 2.34　百度快照

（3）搜索结果排序

用户可以在个性化设置中让搜索结果更符合自己的需求，但并非所有的结果都能合乎心意。这是因为搜索引擎返回的 Web 站点顺序可能会影响人们的访问，为了增加 Web 站点的单击率，一些 Web 站点会付费给搜索引擎，目的是为了在相关 Web 站点列表中显示在靠前的位置。一般情况下，搜索引擎会鉴别 Web 站点的内容，并据此安排其顺序，但不排除有失误的情况，因此，用户要对搜索的结果进行仔细鉴别。正如读报纸、听收音机或看电视新闻一样，我们要留意所获得信息的来源。百度搜索引擎能够帮助我们找到信息，但无法验证信息的可靠性。

拓展训练

1. 在万方学术资源数据库系统内，查找一篇 2016 年至 2021 年有关湘江重金属污染的研究的硕士或博士论文，写出该论文的中文题名、学位授予单位、学科专业名称、分类号、参考文献数。

2. 在 CNKI 知识资源数据库系统内，查看"高级检索"的检索项共有多少种；查看计算机信息科学类别的核心期刊种数有多少，并列出排名前三的期刊名称和国际标准刊号。

3. 利用百度搜索引擎查找近 3 年中国互联网应用情况的研究报告。

项目 3 计算机基础知识

项目介绍

在信息科技飞速发展的社会，无论是学习、工作还是生活人们都离不开计算机，它已经成为一个不可或缺的工具。本项目主要通过介绍计算机技术的发展历程、发展趋势及新技术，加深人们对计算机的认识，进一步普及计算机基础知识，以便适应社会的需求。

学习目标

- ◇ 了解计算机的发展及应用
- ◇ 掌握计算机工作原理
- ◇ 掌握计算机硬件系统的组成和各部分功能
- ◇ 掌握计算机软件系统的组成
- ◇ 掌握 Windows 10 桌面及窗口的基本操作
- ◇ 掌握文件和文件夹的建立、删除、复制、移动、重命名等基本操作
- ◇ 掌握常用应用软件的安装与卸载
- ◇ 了解计算机病毒并熟悉常用杀毒软件的使用

任务 1 了解计算机

任务情境

随着新一代信息技术和互联网的快速发展与普及，计算机已成为人们生活中不可缺少的工

具，我们通过计算机可以在网上浏览最新的新闻，学到更多的知识。下面带大家一起了解计算机的相关知识。

预备知识

3.1.1 计算机的工作原理

1. 计算机发展史

1946 年 2 月 14 日在美国宾夕法尼亚大学诞生了世界上第一台通用计算机 ENIAC（Electronic Numerical Integrator And Calculator），从此揭开了电子计算机发展和应用的序幕。从 ENIAC 问世以来，随着数字计算机工业的兴起和技术的进步，根据计算机的硬件结构及系统的特点可将其分成 4 个阶段：电子管时代、晶体管时代、中小规模集成电路时代、大规模和超大规模集成电路时代。

2. 计算机中数据的表示

计算机（Computer）是一种用于高速计算的电子计算机器，加工处理的对象是数据，除了数学上的数值，字符、汉字、符号、声音、图形、图像等在进行数字编码后都称为数据。那么数据在计算机内是怎样表示的呢？下面介绍数据在计算机中的表示方法。

（1）数制

日常生活中人们采用十进制数来表示数的大小。计算机利用基本元器件晶体管的导通和截止两种稳定状态来表示 0 和 1 的二进制数码，即采用二进制数来表示数的大小。由于二进制数基数小，需要很多位来表示一个数，为了减少数的表示位数，计算机中通常也会使用八进制数和十六进制数来表示一个数，所以常用的有 4 种计数制，如表 3.1 所示。

表 3.1 常用数制对照表

十进制数	二进制数	八进制数	十六进制数	十进制数	二进制数	八进制数	十六进制数
0	0000	0	0	8	1000	0010	8
1	0001	1	1	9	1001	0011	9
2	0010	2	2	10	1010	0012	A
3	0011	3	3	11	1011	0013	B
4	0100	4	4	12	1100	0014	C
5	0101	5	5	13	1101	0015	D
6	0110	6	6	14	1110	0016	E
7	0111	7	7	15	1111	0017	F

① 十进制数

十进制数基数有 10 个，这 10 个数字符号分别是 0、1、2、3、4、5、6、7、8、9，进位规则是"逢十进一"。

② 二进制数

二进制数基数有 2 个，这 2 个数字符号分别是 0、1，进位规则是"逢二进一"。

③ 八进制数

八进制数基数有 8 个，这 8 个数字符号分别是 0、1、2、3、4、5、6、7，进位规则是"逢八进一"。

④ 十六进制数

十六进制数基数有 16 个，这 16 个数字符号分别是 0、1、2、3、4、5、6、7、8、9、A、B、C、D、E、F，进位规则是"逢十六进一"。

(2) 十进制数转换成任意进制数

① 十进制数转二进制数

十进制数转换成二进制数时，先将十进制数分为整数和小数两部分进行独立转换，然后再将转换后的两部分的结果拼接在一起。

整数部分：一个除以 2 取余数的过程。把要转换的数除以 2 得到商和余数，将商继续除以 2，直到商为 0。最后将所有余数倒序排列，得到的数就是转换结果。

小数部分：将小数部分乘以 2 得到一个乘积，取积的整数部分。继续将积的小数部分乘以 2，又得到一个乘积……直到所要的精度为止。如果要取小数点后 3 位，则乘以 3 次；如果要取小数点后 5 位，则乘以 5 次，也就是说，取几位就乘以几次。

例如，将十进制数 28.83 转换成二进制数，分别对整数部分和小数部分进行转换计算。

整数部分：转换过程如图 3.1 所示。

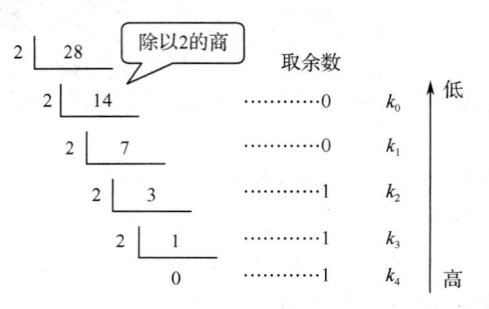

图 3.1　十进制数整数部分转换成二进制数

小数部分：转换过程如图 3.2 所示。

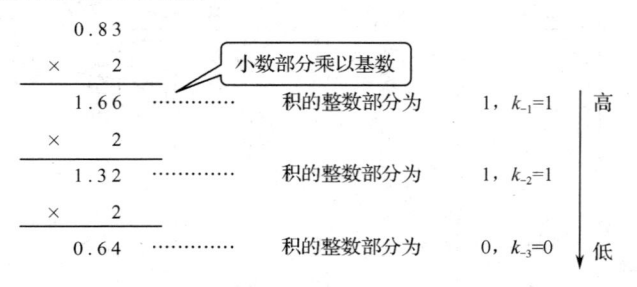

图 3.2　十进制数小数部分转换成二进制数

转换结果：

$(28.83)_{10} = (k_4k_3k_2k_1k_0.k_{-1}k_{-2}k_{-3}) = (11100.110)_2$

② 推广

十进制数转换成任意进制数时，同样是将十进制数分为整数和小数两部分单独转换。

整数部分：将十进制数的整数部分转换成其他进制整数部分的方法是采用"除基取余法"，即将整数部分除以基数，得到一个商和一个余数，继续将商除以基数，又得到一个商和一个余数……直到商等于 0 时为止。将每次得到的余数倒序排列，就得到转换的结果，这种方法又叫短除法。

小数部分：将小数部分乘以基数得到一个乘积，取积的整数部分，继续将积的小数部分乘以基数，又得到一个乘积……直到所要的精度为止。

（3）任意进制数转换成十进制数

① 二进制数转十进制数

二进制数转换成十进制数时，二进制数以小数点为界，整数部分从右到左，用各位数值乘以 2 的相应次方（从 0 开始）；小数部分从左到右，用各位数值乘以 2 的相应次方（从-1 开始）。

例如，将二进制数 1011.11 转换成十进制数：

$(1011.11)_2 = (1×2^3+0×2^2+1×2^1+1×2^0+1×2^{-1}+1×2^{-2})_{10}$

$=(8+2+1+0.5+0.25)_{10}$

$=(11.75)_{10}$

转换结果：

$(1011.11)_2 = (11.75)_{10}$

② 推广

任意进制数转换成十进制数采用的是"按权展开"的方法，即每一位的数字符号值乘以该位的权值，再将所有的乘式相加。权值又称 "位权"（简称 "权"），位权的大小是以基数为底的，数字符号所处位置的序号为指数的整数次幂。

（4）二进制数、八进制数、十六进制数间的相互转换

① 二进制数转十六进制数

二进制数转换成十六进制数时，二进制数以小数点为界向右或向左，按四位一组划分（不足位，补 0），每组按权相加所得数即为十六进制数。

例如，将二进制数 101110010011.1000 转换成十六进制数：

$$1011\ 1001\ 0011\ .\ 1000$$
$$B\quad 9\quad 3\quad .\quad 8$$

转换结果：

$(101110010011.1000)_2 = (B93.8)_{16}$

② 二进制数转八进制数

二进制数转换成八进制数时，二进制数以小数点为界向右或向左，按三位一组划分（不足位，补 0），每组按权相加所得数即为八进制数。

例如，将二进制数 01110010011.1000 转换成八进制数：

$$001\quad 110\quad 010\quad 011\ .\ 100\quad 000$$
$$1\quad\ 6\quad\ 2\quad\ 3\ .\ 4\quad\ 0$$

转换结果：

$(01110010011.1000)_2 = (1623.4)_8$

③ 八进制数、十六进制数转二进制数

同样将八（十六）进制数转换成二进制数只要将一位对应转化为三（四）位即可。

3．计算机工作原理

计算机是一种能按照事先存储的程序，自动、高速地进行大量数值计算和各种信息处理的现代化智能电子设备。在人类科技史上还没有一种科学可以与计算机的发展之快相提并论，但不管现代计算机系统如何发展，其体系仍沿用的是冯·诺依曼结构，其结构如图3.3所示。

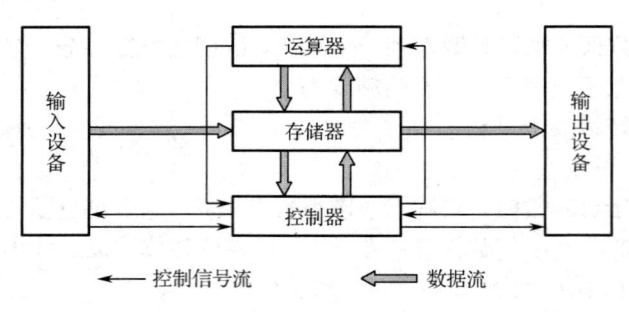

图 3.3　冯·诺依曼结构

计算机由运算器、控制器、存储器、输入设备和输出设备五部分组成，其中控制器和运算器组成的中央处理单元（Central Processing Unit，CPU）是计算机核心。

计算机预先要把指挥计算机如何进行操作的指令序列和原始数据通过输入设备输送到计算机内的存储器中保存，称为存储器写操作；反之，从存储器中取出信息，并不破坏原来的内容，称为存储器读操作。

控制器从内存储器中逐条读取指令，并对指令进行分析，根据指令的功能向相应部件发出控制信号，通过控制信号流指挥部件执行指令规定的功能。同时相应部件执行完控制器发送的命令后，也会向控制器反馈执行的结果。

计算机中最主要的工作是运算，当计算机在接受指令后，控制器将需要参加运算的数据从内存储器取出，通过数据流传送到运算器，由运算器进行处理，处理后的结果或送回内存储器暂存或由输出设备输出。

3.1.2　计算机组成

计算机是一个由硬件系统和软件系统组成的系统，计算机系统如图 3.4 所示。

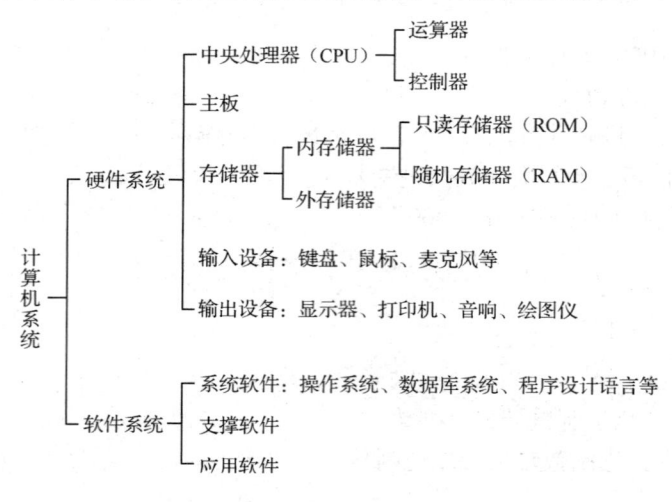

图 3.4　计算机系统

1. 计算机的硬件系统

（1）中央处理器（CPU）

中央处理器是一块超大规模的集成电路，是一台计算机的运算核心和控制核心。它是计算机的大脑，其功能用于解释计算机指令以处理计算机软件中的数据，有 90%以上的数据信息都是由其来完成的。它的工作速度的快慢直接影响整部计算机的运行速度，是计算机主要技术指标之一。

CPU 性能高低主要由核心频率来决定，也叫时钟频率，单位是 MHz（每秒百万次），用来表示 CPU 的运算速度。目前 Intel 和 AMD 是市场上流行的两大处理器厂家，CPU 的开发已经从单核心 32 位发展到 64 位的主流多核心，极大地提升了计算能力。人们习惯用 CPU 的档次来表示 PC 的规格。Intel 和 AMD 的 CPU 如图 3.5 所示。

图 3.5　Intel 和 AMD 的 CPU

（2）主板

主板是指在机箱内的矩形电路板，上面安装了组成计算机的主要电路系统，一般有 BIOS 芯片、I/O 控制芯片、键盘和面板控制开关接口、指示灯插接件、扩充插槽等元件，如图 3.6 所示。

图 3.6　主板

主板上的扩展插槽可供 PC 外围设备的控制卡（适配器）进行插接，如处理器、显卡、声卡、硬盘、存储器等。

计算机与外部设备通过主板侧边 I/O 接口完成信息传输。I/O 接口如图 3.7 所示。

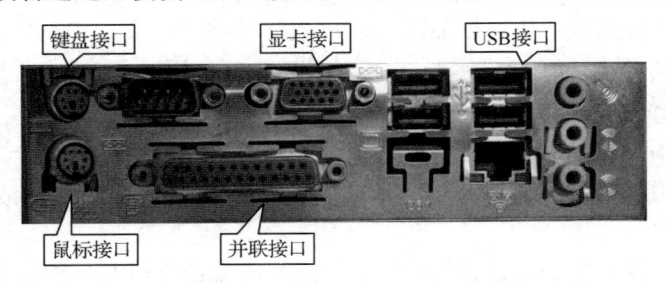

图 3.7　I/O 接口

键盘接口和鼠标接口：紫色为键盘接口，绿色为鼠标接口。

并联接口：并联接口现在使用较少，常见外部设备中只有打印机使用并联接口。

显卡接口：计算机显卡连接显示器的 VGA 接口。它是一种 D 型接口，上面共有 15 个针孔，分成 3 排，每排 5 个。

USB 接口：用于规范计算机与外部设备的连接和通信的接口，可支持设备的即插即用和热插拔功能。现在很多外部设备都是采用 USB 接口，如鼠标、键盘、打印机等。

（3）存储器

在计算机的组成结构中，存储器是个很重要的部分，它是用来存储程序和数据的部件，使计算机具有记忆功能。通常我们根据计算机运行需求，把一些临时的或少量的数据和程序放在内存储器中，把要永久保存的、大量的数据存储在外存储器中。

① 内存储器

内存储器（Memory，内存）用于暂时存储立即要用的程序及数据，其特点是存取速度快、容量小、价格贵。计算机中所有程序的运行都是在内存中进行的，首先 CPU 会把需要运算的数据从外部设备调到内存中进行运算，当运算完成后 CPU 再将结果传送到硬盘等外存。它包括只读存储器、随机存储器及高速缓存。

只读存储器（Read Only Memory，ROM），顾名思义其保存的信息只能读出，不能写入。那么在制造 ROM 时，信息（数据或程序）就被存入并永久保存，即使计算机断电，这些数据也不会丢失。因此 ROM 一般用于存放计算机的基本程序和数据，即存放设备的引导固件，如计算机启动时需要的引导固件、BIOS ROM 等。

随机存储器（Random Access Memory，RAM）表示既可以从中读取数据，也可以写入数据，当计算机断电时，存于其中的数据就会丢失。我们通常购买或升级的内存条就是指 RAM，目前市场上常见的 DDR 内存条容量从 2G/条～16G/条不等。

② 外存储器

外存储器（简称外存）用于存储暂时不用的程序和数据，其特点是容量大、价格低，但是存取速度慢。外储存器一般是指除计算机内存及 CPU 缓存以外的储存器，断电后仍然能保存数据。目前市场上常见的外存储器有硬盘、软盘、光盘、U 盘等。

（4）输入设备

键盘和鼠标是计算机最主要的输入设备，是控制计算机和输入文字的设备，即向计算机发出指令、对计算机进行操作的外部硬件设备。目前市场上常用光电鼠标和 104 键或 107 键的标准键盘。

（5）输出设备

显示器又称监视器，是计算机最重要的输出设备，是实现人机对话的主要工具。它既可以显示键盘输入的命令或数据，也可以显示计算机数据处理的结果。常见显示器分为 CTR 显示器、LCD（液晶）显示器、LED 显示器。

2. 计算机的软件系统

计算机要正常工作起来，还需要软件系统进行有效运行、管理和维护。软件系统是计算机系统中与硬件系统相互依存的另一部分，它是程序、数据及其相关文档的完整集合。

（1）系统软件

系统软件是指与计算机硬件紧密配合，能控制和协调计算机及外部设备，使计算机系统的各个部件、相关的软件和数据能协调高效地工作，并支持应用软件开发和运行的软件。系统软件包括操作系统、数据库系统、程序设计语言等。操作系统（Operating System，OS）是管理和控制计算机硬件与软件资源的计算机程序，它既是用户和计算机的接口，又是计算机硬件和其他软件的接口，为用户提供良好的交互操作界面。目前 Windows、Linux、UNIX 等都是常用的操作系统。数据库系统（Database System，DS）指在计算机系统中引入数据库后的系统，一般由数据库、数据库管理系统、应用开发工具、应用系统组成。它是为适应数据处理的需要而发展起来的一种较为理想的数据处理系统，主要用于财务管理、档案管理及仓库管理等。

（2）支撑软件

支撑软件是协助用户开发与维护软件的工具性软件，支撑软件有接口软件、工具软件、环境数据库、图形处理软件等。

（3）应用软件

应用软件是在特定领域内，为了某种特定的用途而被开发的软件，如微软的 Office 软件、教育与娱乐软件、游戏软件等都属于应用软件。

3.1.3 计算机应用领域

随着计算机技术的发展，它已渗透到社会的各行各业，正在改变着人们的工作、学习和生活方式，其应用领域也在不断地拓宽。

1. **科学计算（也称数值计算）**

早期的计算机主要用于科学计算。目前，科学计算仍然是计算机应用的一个重要领域，如高能物理、工程设计、地震预测、气象预报、航天技术等。由于计算机具有高运算速度和精度及逻辑判断能力，因此，又出现了计算力学、计算物理、计算化学、生物控制论等新的学科。

2. **计算机辅助设计**

计算机辅助设计（CAD）指利用计算机进行工程设计，以提高设计工作的自动化程度，节省人力和物力。目前，此技术已经在电路、机械、土木建筑、服装等设计中得到了广泛的应用。

计算机辅助制造（CAM）指利用计算机进行生产设备的管理、控制与操作，从而提高产品质量、降低生产成本、缩短生产周期，还能改善制造人员的工作条件。

计算机辅助测试（CAT）指利用计算机进行复杂而大量的测试工作。

计算机辅助教学（CAI）指利用计算机帮助教师讲授和帮助学生学习的自动化系统，使学生能够轻松自如地从中学到所需要的知识。

3. **信息管理（也称数据处理）**

人们在科学研究、生产实践、经济活动各领域及日常生活中，都要处理大量的信息，如数据、文字、图像和声音等，需要进行分析、归纳、分类、统计和预测。信息管理是目前计算机应用最广泛的一个领域，利用计算机能加工、管理与操作任何形式的数据资料，如企业管理、物资管理、报表统计、账目计算、信息情报检索等。近年来，国内许多机构纷纷开发自己的管理信息系统（MIS），生产企业也开始采用制造资源规划软件（MRP），商业流通领域则逐步使用电子信息交换系统（EDI），即无纸贸易。

4. **人工智能**

人工智能（Artificial Intelligence，AI）的主要目标是使计算机能够胜任一些通常需要人类智能才能完成的复杂工作，如繁重的科学和工程计算本来是要人脑来承担的，然而现在的计算机不但能完成这种计算，而且能够比人脑算得更快、更准确。总而言之，人工智能指生产出一种能够以人类智能相似的方式做出反应的智能机器。

3.1.4 未来的新型计算机

计算机技术是世界上发展最快的科学技术之一，它逐渐从计算机微电子器件上寻找突破口，不断地挑战传统计算机的性能，使得许多新型计算机的研发应运而生。

1. 第五代计算机——人工智能计算机

人工智能计算机是由超大规模集成电路和其他新型物理元件组成的，具有推论、联想、智能会话等功能，能够理解人的语言、文字和图形，人类无须编写程序，靠讲话就能对计算机下达命令，驱使它工作。第五代计算机的研究目标是试图打破计算机现有的体系结构，希望计算机具有感知、思考、判断、学习及一定的自然语言能力，像人类一样的思维、推理和判断能力。神经网络计算机（也称神经元计算机）是人工智能计算机的典型代表。

2. 第六代计算机——生物计算机

第六代计算机主要在原材料上有新的突破，它使用生物工程技术产生的蛋白分子制作生物芯片，用来替代半导体硅片。生物计算机的芯片既有自我修复的功能，又可直接与生物活体结合，特别是与大脑和神经系统有机地结合，使生物计算机可直接接受大脑的综合指挥，成为人脑的辅助装置或扩充部，甚至它能植入人体内，帮助人类学习、思考和创造。

任务2 让计算机工作起来

➡ 任务情境

深入了解计算机体系结构后，我们还要知道怎样让计算机工作起来，即熟练掌握操作计算机的技巧。

➡ 预备知识

微软公司是率先在个人计算机上开发图形界面操作系统（Windows）的公司，随着计算机硬件和软件的不断升级，微软的 Windows 也在不断升级，持续更新，微软公司一直致力于 Windows 操作系统的开发和完善。现在最新的版本是 Windows 10。

3.2.1 Windows 10 图形操作界面

在确保计算机连接正常的情况下，打开电源，Windows 10 会自动启动，系统进行自检和加载完成后进入系统桌面。

1. 桌面布局

进入 Windows 10 操作系统后，用户首先看到的屏幕界面就是桌面。它是用户与计算机交互的界面，分为上、下两部分。上半部分是桌面背景及各种图标，下半部分是任务栏，如图 3.8 所示。

图 3.8　Windows 10 桌面

（1）桌面

桌面包括桌面背景和桌面图标。桌面背景可以采用 Windows 10 提供的图片，也可以用个人收集的数字图片。桌面图标由文字和图片组成，文字说明图标的名称或功能，图片是其标识，用户可以通过桌面图标来识别并启动应用程序或功能窗口。

（2）任务栏

任务栏从左至右由"开始"按钮、搜索栏、任务视图、快速启动区和通知区域组成，用于显示系统正在运行的程序、当前时间等，如图 3.9 所示。

图 3.9　Windows 10 任务栏

①"开始"按钮

单击桌面左下角 ⊞ 按钮或 Windows 图标启动"开始"菜单，如图 3.10 所示。在"开始"菜单中拥有计算机的全部功能，最左侧为用户账户头像、设置、电源等系统关键设置，依次是常用应用程序列表及标志性的动态图标。

图 3.10　Windows 10"开始"菜单

② 搜索栏

在搜索栏中输入关键词，可以直接从计算机或互联网中搜索用户想要的信息。

③ 任务视图

Windows 10 的特有功能，用户可以在不同视图中开展不同的工作，并且互不影响。

④ 快速启动区

固定了用户常用的应用程序或位置窗口，通过单击即可快速启动。

⑤ 通知区域

显示计算机的常用信息，通常固定显示"时间和日期""输入法"及电子邮件、网络连接等事项的状态和通知。

2. 个性化窗口

"Windows"的意思是"窗口"，当用户双击打开任何一个应用程序或文件时，Windows 都会创建并显示一个"窗口"，用户通过操作窗口中对象来实现对应用程序的操作。Windows 10 的窗口化、图形化操作正是其特色的表现。Windows 10 的窗口可视界面如图 3.11 所示。

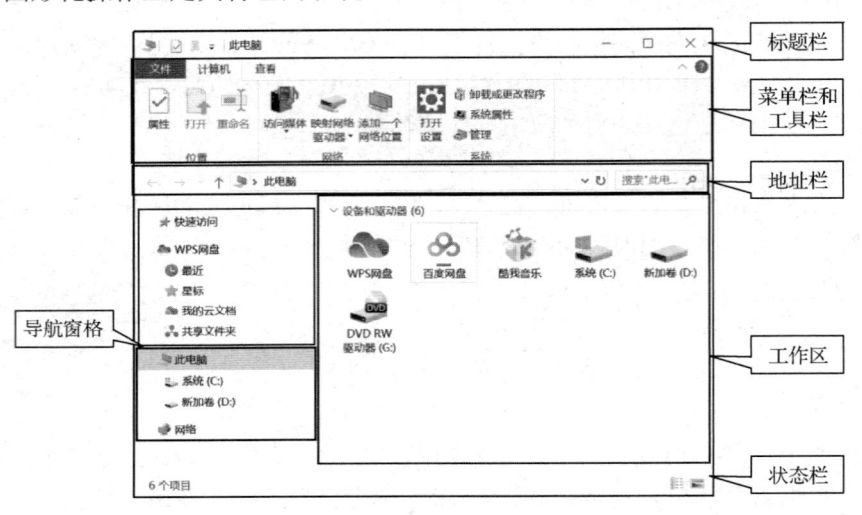

图 3.11 Windows 10 的窗口可视界面

（1）标题栏

标题栏位于窗口最上方，从左至右依次为窗口图标、快速访问工具栏、窗口名称、"最小化""最大化/还原"及"关闭"按钮。其中，快速访问工具栏的 ✓、▤、▾ 包含查看属性、新建文件夹和自定义快速访问工具栏 3 个按钮。

（2）菜单栏和工具栏

标题栏下方是菜单栏和工具栏，包含了当前窗口或窗口内容的常用操作菜单和工具按钮。

（3）地址栏

地址栏左侧是控制按钮区 ←、→、∨、↑，用于返回、前进、最近浏览位置、上移到前一个目录位置；中间的地址栏用于定位文件位置，显示从根目录开始到当前所在目录的路径，单击地址栏可看到具体路径；右侧是搜索框，在搜索框中输入要查找信息的关键字，可以快速查看当前目录中相关的文件和文件夹。

（4）导航窗格

计算机上所有位置都可以从导航窗格定位，其中上半部分是快速访问区，可以添加常用的位置，以方便快速访问；下半部分的浏览导航区主要用于定位文件位置。

（5）工作区

导航窗格右侧为工作区，用于显示当前目录的内容。

（6）状态栏

状态栏位于窗口最下方，其左侧用于显示当前目录文件中项目的数量、容量等属性信息；右侧是视图按钮，可以用于单击选择视图的方式，包括"在窗口中显示每一项的相关信息"和"使用大缩略图显示项"两个按钮。

3.2.2 有序管理计算机中的文件

1. 认识文件与文件夹

文件系统是 Windows 操作系统的重要组成部分，管理文件和文件夹是 Windows 操作系统的重要功能之一。掌握管理文件和文件夹的基本操作能清晰地了解计算机的工作过程。

（1）文件/文件夹

磁盘上存储的一组相关信息的集合就是文件，它是 Windows 存取磁盘信息的基本单位，如文字、图形、图片或一个应用程序等都是文件，所以计算机处理的数据都是以文件形式保存的，并以不同的文件名来区分不同文件。

为了方便管理和查找文件，通常会将文件分门别类地保存在不同的文件夹中，也就是说，文件夹是用于保存和管理文件的地方。文件夹中不仅可以存放文件也可以存放文件夹，文件夹中包含的文件夹称为子文件夹。文件夹与其包含的子文件夹可同名，但是同一个文件夹中，不能出现同名的文件或文件夹。

（2）文件/文件夹的属性

① 文件名/文件夹名

文件名分为主文件名和扩展名两个部分，并用"."来分隔，如 t1.txt，t1 是主文件名，.txt 是扩展名。主文件名是文件的标识，可以进行修改；扩展名通常表示文件类型，一般不可进行修改。

文件名/文件夹名的命名规则如下：

- 不能超过 255 个字符；
- 不能以空格开始；
- 不能包含 "？""\""*""→"">""<" 等字符；
- 不区分大小写，如"table"与"TABLE"视为相同文件名；
- 可以使用汉字。

② 扩展名

计算机中的文件可以保存不同的数据信息，如音乐、图片、文字等，这些内容既决定了文件类型，也决定了文件的功能和用途。常见的文件类型有文本文档、图片文件、视频文件和可执行程序文件等，而文件类型通常用扩展名来区分。常见的扩展名有.txt 表示文本文件，.mp3 表示音频文件，.jpg 表示图片文件，.exe 表示可执行文件等。

③ 查看文件和文件夹的属性

鼠标右键单击需要查看的文件和文件夹，在弹出的快捷菜单中选择"属性"选项，如图 3.12 所示。

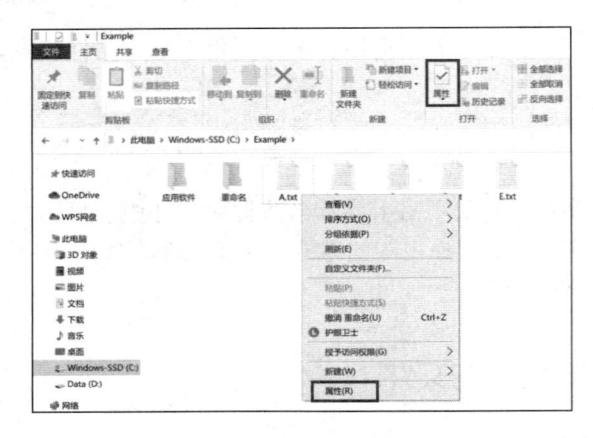

图 3.12 选择"属性"选项

打开"属性"对话框就可查看文件名、文件类型、位置、大小等通用属性，如图 3.13 所示。

图 3.13 "属性"对话框

（3）路径

在计算机中要想查找文件和文件夹就需要获取其具体存放的位置，寻找该位置的途径称之为"路径"。Windows 的文件系统结构是以树形结构呈现的，若从盘符开始，完整描述文件位置的路径称为绝对路径；把从当前目录开始直到文件为止所构成的路径称为相对路径。例如，查找"Google 浏览器 "所在路径，如图 3.14 所示。

绝对路径为 C:\Program Files(x86)\Google\Chrome\Application。

2. 文件/文件夹的基本操作

（1）选择文件/文件夹

计算机中操作任何对象之前都必须选定对象，被选定的对象将呈蓝色反向显示。在对文件和文件夹操作时，也需要先选定操作的文件/文件夹。

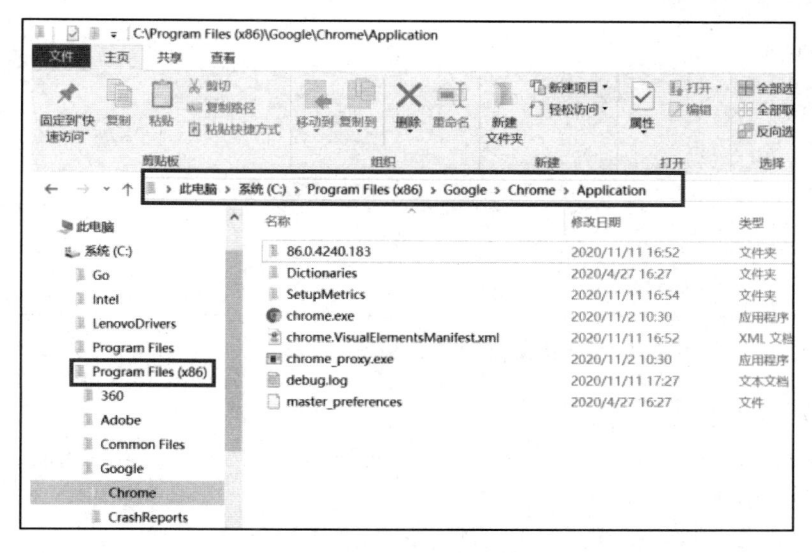

图 3.14 文件/文件夹窗口

① 选择单个文件/文件夹

用鼠标单击需选定的文件/文件夹。

② 选择多个连续文件/文件夹

先用鼠标单击选中第一个（或最后一个）文件/文件夹，按住【Shift】键，同时单击最后一个（或第一个）文件/文件夹。

例如，要求同时选中"A""B""C""D""E"这连续的 5 个文件，如图 3.15 所示。

先用鼠标单击选中"A"文件，再按住【Shift】键不放，同时单击选中"E"文件，这时"A"到"E"连续的 5 个文件就都被选中了。

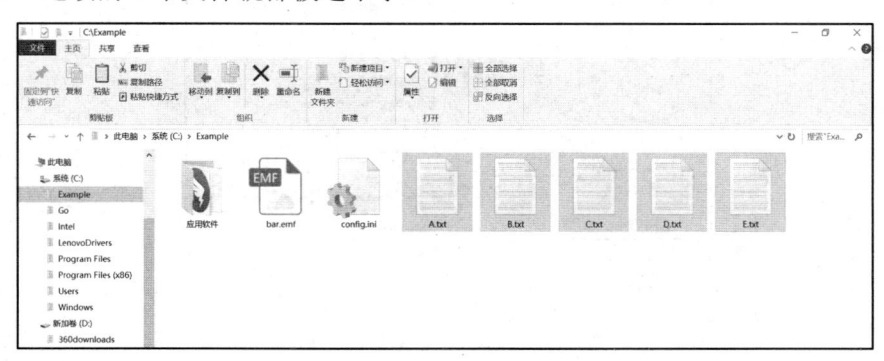

图 3.15 选择多个连续文件/文件夹

③ 选择多个不连续文件/文件夹

按住【Ctrl】键，同时用鼠标单击要选择的文件即可。【Ctrl】键还具有反向选择功能，若是想取消选定，可按住【Ctrl】键再次单击文件就可从被选择的文件中去除。

④ 添加复选框

在菜单栏的"查看"菜单中，勾选"项目复选框"为文件/文件夹添加复选框，可实现同时选择多个文件，如图 3.16 所示。

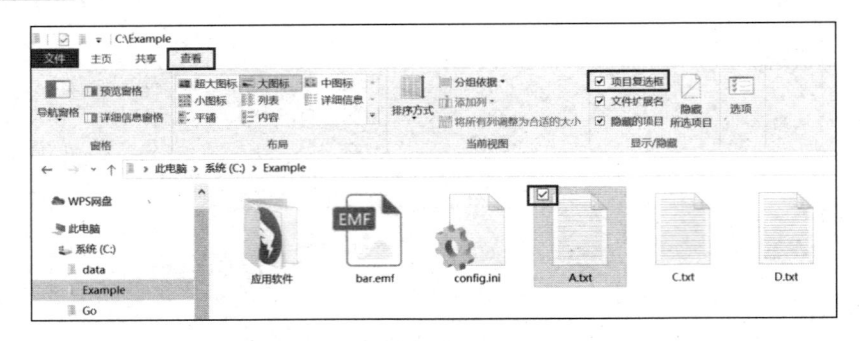

图 3.16 "项目复选框"窗口

⑤ 全选文件/文件夹

在工作区空白处单击鼠标左键且按住不放并拖曳将所有文件框入蓝色选框内,释放鼠标左键,蓝色选框中的文件就都选中了。

按【Ctrl+A】组合键,工作区域内的所有文件/文件夹全部被选中。

若要取消所选文件/文件夹,只需在工作区空白处单击鼠标即可。

(2) 新建文件/文件夹

① 新建文件

方法 1:快捷菜单。

打开需要新建文件位置的窗口,在空白处单击鼠标右键弹出快捷菜单,选择"新建"选项,并在右侧出现的二级菜单中,选择需要创建的文件类型选项。

例如,在 C:\Example 目录中新建一个"文本文档",如图 3.17 所示。

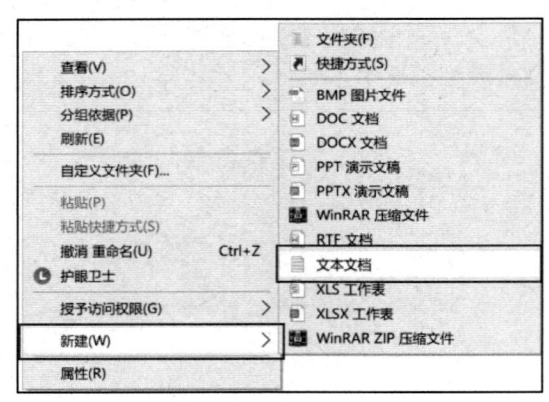

图 3.17 用快捷菜单新建文件

方法 2:工具栏。

在需要新建文件的窗口上方,单击"主页"菜单选项卡中的"新建项目"按钮,再从弹出的下拉菜单中选择文件类型选项,如图 3.18 所示。

② 新建文件夹

新建文件夹与新建文件的方法类似。

方法 1:快捷菜单。

打开需要新建文件夹位置的窗口,在空白处单击鼠标右键弹出快捷菜单,选择"新建"选项,并在右侧出现的二级菜单中,选择"文件夹"选项,如图 3.19 所示。

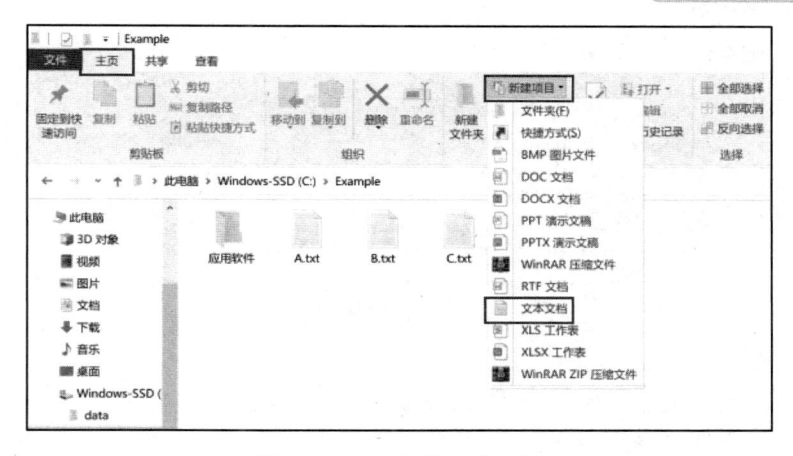

图 3.18　用工具栏新建文件

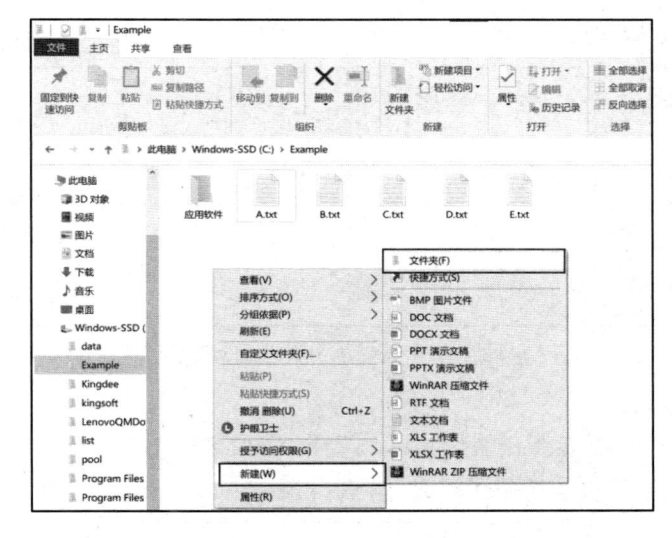

图 3.19　用快捷菜单新建文件夹（1）

在工作区中将出现一个空白的"新建文件夹"，此时可以按【Enter】键确认，也可以给它重新命名，如图 3.20 所示。

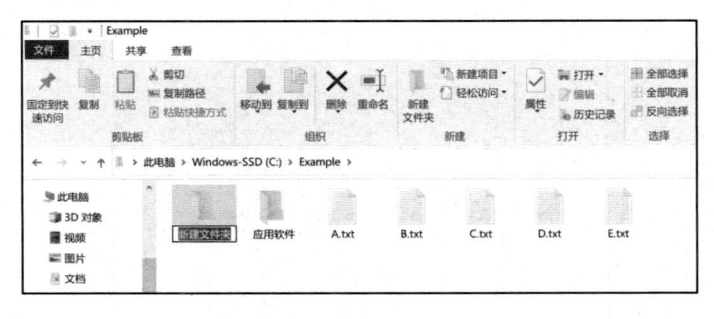

图 3.20　用快捷菜单新建文件夹（2）

方法 2：工具栏。

在需要新建文件夹的窗口上方，单击"主页"菜单选项卡中的"新建文件夹"按钮，同样在工作区中会出现一个空白的"新建文件夹"，如图 3.21 所示。

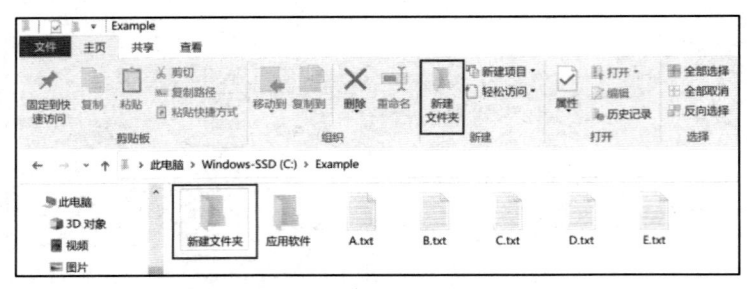

图 3.21　用工具栏新建文件夹

方法 3：组合键。

打开需要新建文件夹的窗口，按【Ctrl+Shift+N】组合键

（3）重命名文件/文件夹

方法 1：鼠标单击。

用鼠标单击文件名，使其呈现出输入的状态，删除原名输入新的名字即可，如图 3.22 所示。

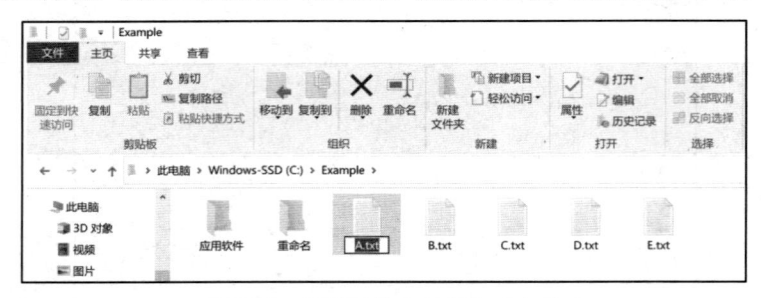

图 3.22　用鼠标单击来重命名文件

方法 2：快捷菜单。

选中文件，单击鼠标右键弹出快捷菜单，选择"重命名"选项，文件名呈现出输入的状态，删除原名输入新的名字即可，如图 3.23 所示。

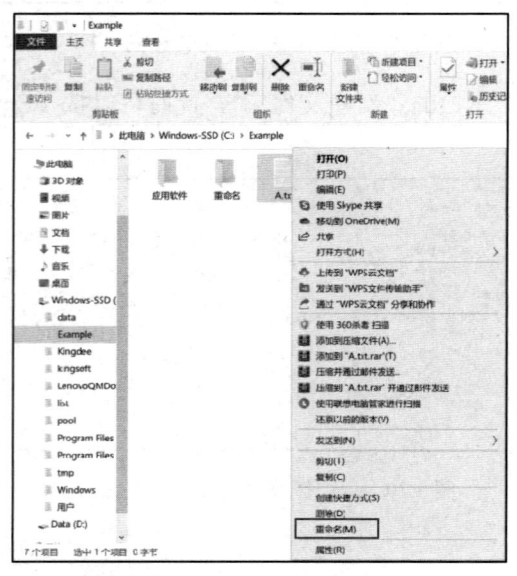

图 3.23　用快捷菜单来重命名文件

方法 3：工具栏。

选中文件，单击窗口"主页"菜单选项卡中的"重命名"按钮，同样可使文件呈现出输入的状态，删除原名输入新的名字即可，如图 3.24 所示。文件夹和文件的操作方法相同。

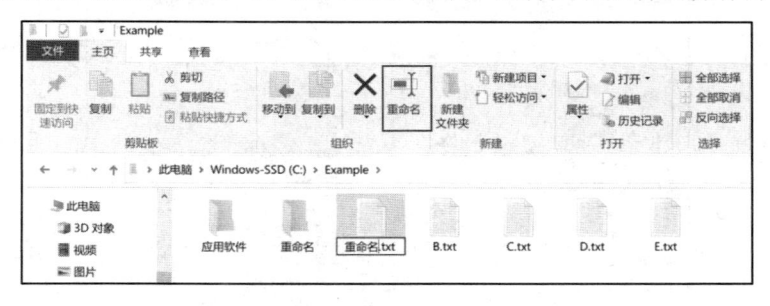

图 3.24　用工具栏重命名文件

（4）复制、粘贴文件/文件夹

复制是对文件/文件夹的备份，就是文件/文件夹被复制到目标位置后，原文件还保存原位置，目标位置创建一个原文件的副本。文件夹和文件的操作方法相同。

方法 1：拖动法。

选择要复制的文件/文件夹，按住【Ctrl】键并拖曳到目标位置。

方法 2：快捷菜单。

例如，将 C:\Example\E.txt 文件复制到 C:\tmp 文件夹中。

选择要复制的文件，单击鼠标右键弹出快捷菜单，选择"复制"选项，如图 3.25 所示。

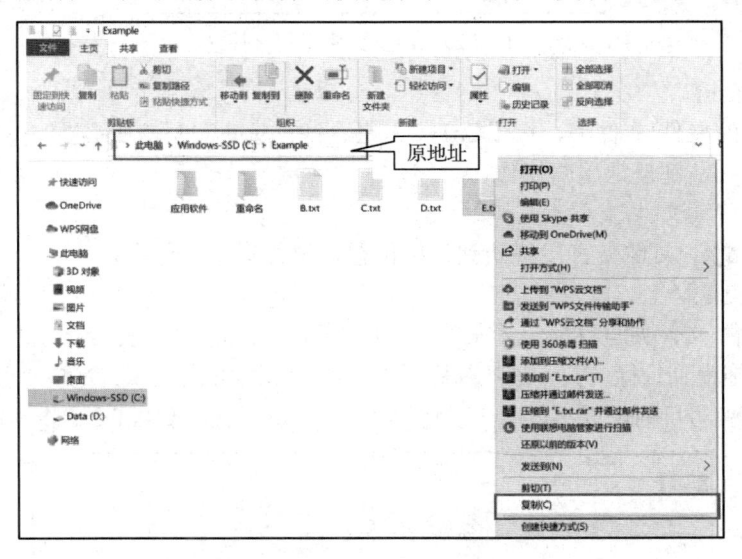

图 3.25　选择"复制"选项

选定目标存储位置，并单击鼠标右键弹出快捷菜单，选择"粘贴"选项即可，如图 3.26 所示。

方法 3：工具栏。

选择要复制的文件，单击"主页"菜单选项卡中的"复制"按钮；同样选定目标存储位置，单击工具栏中的"粘贴"按钮即可，如图 3.27 所示。

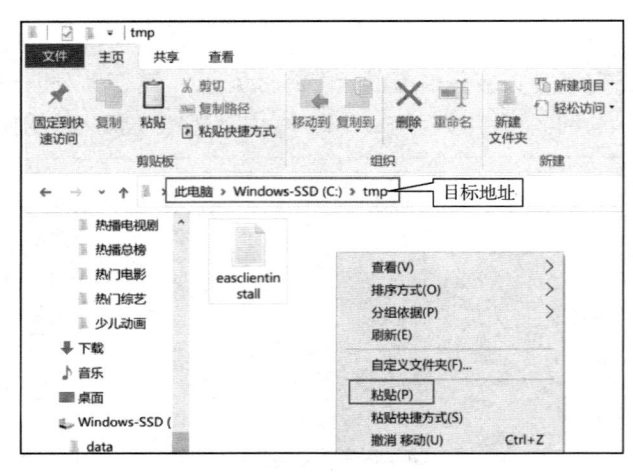

图 3.26　选择"粘贴"选项

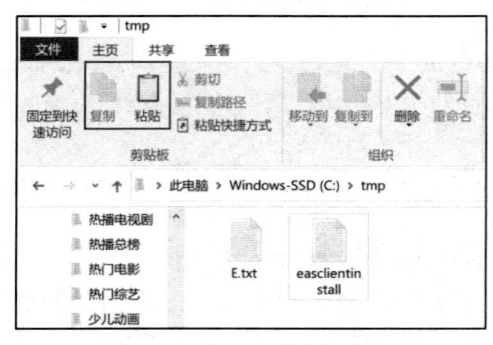

图 3.27　用工具栏复制文件

方法 4：组合键。

选择要复制的文件/文件夹，按【Ctrl+C】组合键；选定目标存储位置，按【Ctrl+V】组合键即可。复制和粘贴都是常用的操作。

（5）剪切、移动文件/文件夹

移动是指将文件/文件夹直接移动到目标位置，原位置不再保存。

方法 1：拖曳法。

若移动的文件/文件夹与目标位置在同一磁盘空间，鼠标左键选择要移动的文件/文件夹，按住左键不放直接拖曳到目标位置，松开鼠标按键即可，如图 3.28 所示为拖曳"移动"文件。若要移动的文件/文件夹与目标位置不在同一磁盘空间，则需同时按住【Shift】键将其拖曳到目标位置。

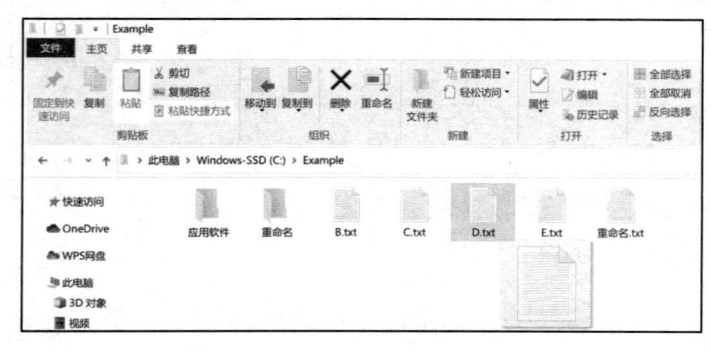

图 3.28　拖曳"移动"文件

方法2：快捷菜单。

例如，将 C:\Example\E.txt 文件移动到 C:\tmp 文件夹中。

选择要移动的文件/文件夹，单击鼠标右键弹出快捷菜单，选择"剪切"选项，如图 3.29 所示。

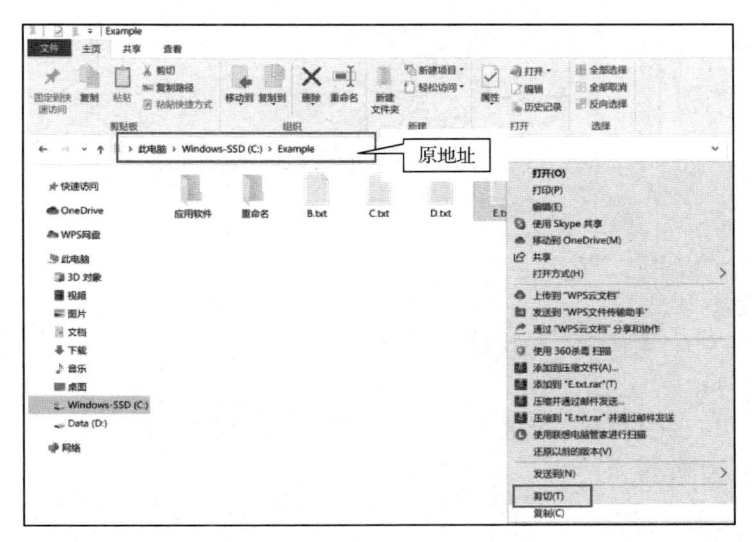

图 3.29　选择"剪切"选项

选定目标存储位置，并单击鼠标右键弹出快捷菜单，选择"粘贴"选项即可，如图 3.30 所示。

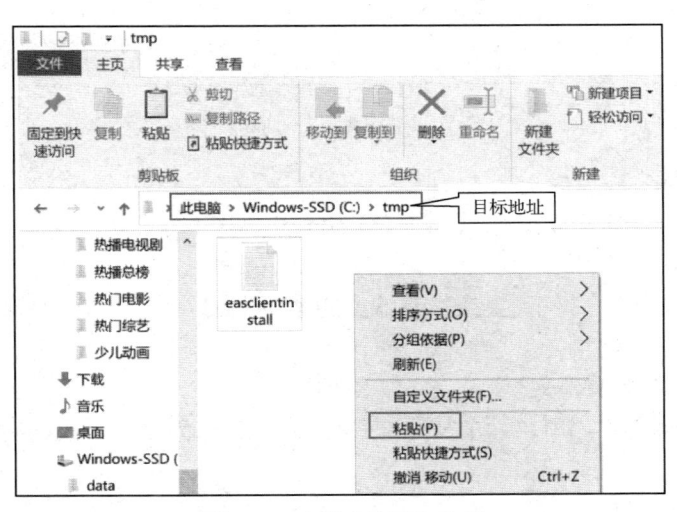

图 3.30　选择"粘贴"选项

方法3：工具栏。

选择要移动的文件/文件夹，单击窗口"主页"菜单选项卡中的"剪切"按钮；同样选定目标存储位置，单击工具栏中"粘贴"按钮即可，如图 3.31 所示。

方法4：组合键。

选择要移动的文件/文件夹，按【Ctrl+X】组合键；选定目标存储位置，按【Ctrl+V】组合键即可。剪切和粘贴是常用的操作。文件和文件夹的操作方法相同。

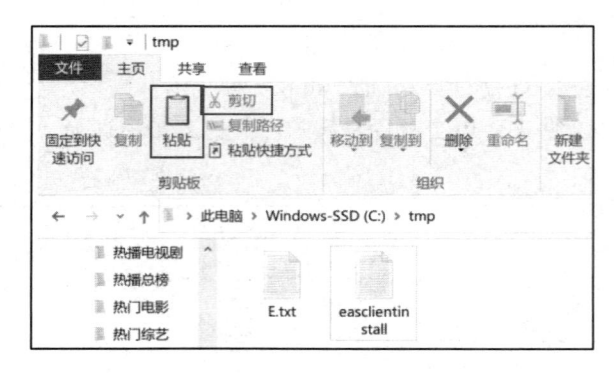

图 3.31　用工具栏移动文件

（6）删除文件/文件夹

方法 1：快捷菜单。

选择要删除的文件/文件夹，单击鼠标右键弹出快捷菜单，选择"删除"选项。

方法 2：工具栏。

选择要删除的文件/文件夹，单击窗口"主页"菜单选项卡中的"删除"按钮，如图 3.32 所示选择相关操作方式。

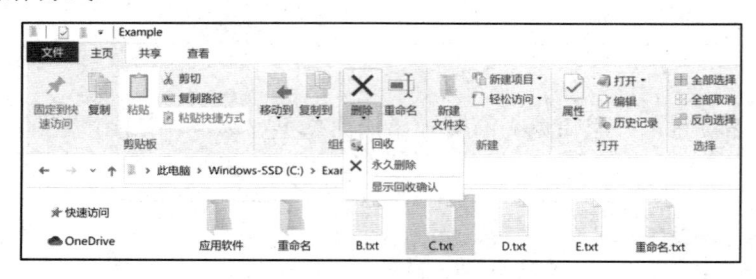

图 3.32　用工具栏删除文件

方法 3：组合键。

选择要删除的文件/文件夹，按【Ctrl+D】组合键即可。

方法 4：【Delete】键。

选择要删除的文件/文件夹，直接按键盘上的【Delete】键即可。文件和文件夹的操作方法相同。

（7）隐藏/显示文件/文件夹

在计算机实际操作时，用户为了加强文件/文件夹的安全性，会根据实际需求隐藏或显示文件/文件夹。

① 隐藏文件/文件夹

选择要隐藏的文件/文件夹，单击鼠标右键弹出快捷菜单，选择"属性"选项。在弹出"属性"对话框的"常规"选项卡中，勾选"隐藏"复选框即可，如图 3.33 所示。

② 显示文件/文件夹

打开被隐藏的文件/文件夹的窗口，在"查看"菜单选项卡的"显示/隐藏"选项组中，取消勾选"隐藏的项目"复选框，被隐藏的文件/文件夹即可看见，如图 3.34 所示。

鼠标右键单击该文件/文件夹，弹出"属性"对话框，选择"常规"选项卡，取消勾选"隐藏"复选框即可，如图 3.35 所示。

图 3.33 "属性"对话框(隐藏)

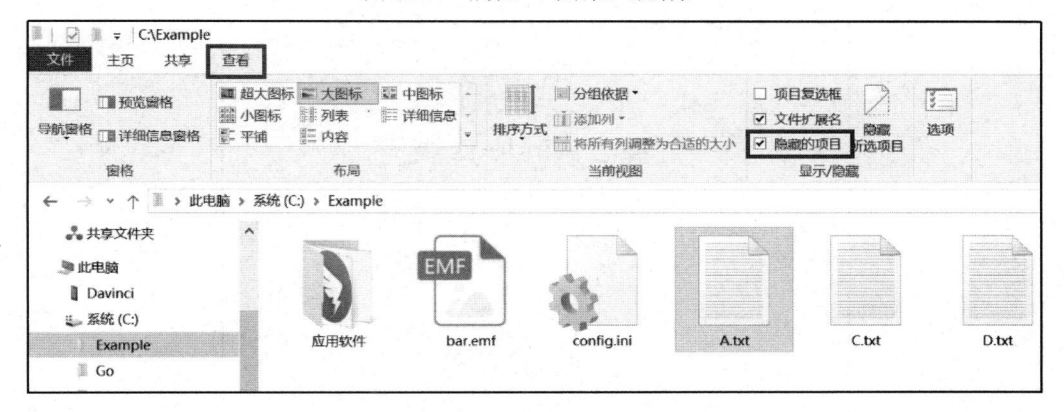

图 3.34 显示文件操作

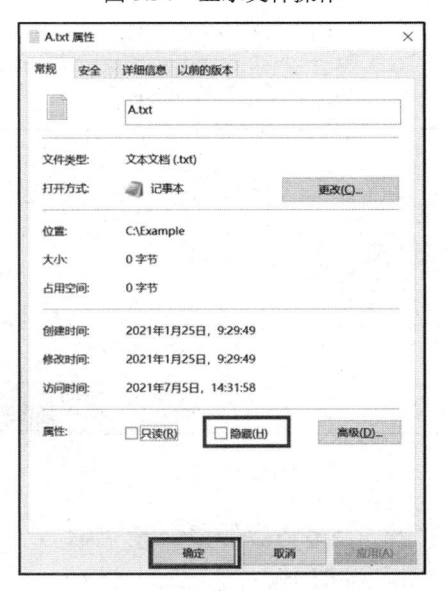

图 3.35 "属性"对话框(显示)

3.2.3　应用软件的安装与卸载

操作系统是管理计算机硬件资源，方便用户操控计算机提供的交互操作界面。一台计算机仅安装操作系统还不够，用户还需要应用软件来完成其他各项工作。例如，需要安装办公软件、编程开发、手机数码、视频娱乐、安全防护等常用软件来满足用户需求。

1．软件安装

（1）获取软件

安装软件前需要有软件安装程序，一般可以根据需要直接购买光盘，用户只需将光盘放入计算机的光驱中读取安装驱动程序，按照安装提示进行安装即可。还可以去指定官方网站无偿或有偿下载安装程序，一般是.exe 文件，或者是 RAR、ZIP 格式的绿色软件。下面以"微信 Windows 3.1.0 版"软件为例，介绍下载安装软件的过程。

① 在浏览器地址栏输入 https://pc.weixin.qq.com/，按【Enter】键进入官方网站，单击"立即下载"按钮，如图 3.36 所示。

图 3.36　微信官网

② 弹出"新建下载任务"对话框，如图 3.37 所示。

图 3.37　"新建下载任务"对话框

③ 单击"浏览"按钮，打开"下载内容保存位置"窗口，在窗口左侧的导航窗格中选择安装程序保存的目标地址，如图 3.38 所示。

图 3.38 "下载内容保存位置"窗口

④ 单击"下载"按钮,进入列表开始下载,如图 3.39 所示。

图 3.39 下载进程

⑤ 下载完成后,在目标位置窗口可以看到下载的 WeChatSetup.exe 安装程序,如图 3.40 所示。

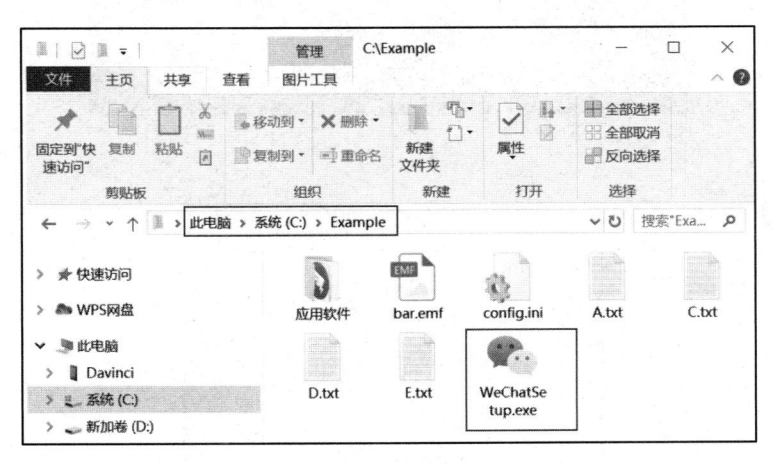

图 3.40 下载完成

(2)安装软件

获取软件安装程序后,用鼠示双击 install.exe 文件或 setup.exe 文件,启动安装程序,然后按照安装向导的说明进行操作。下面以安装"爱奇艺视频 PC 版"为例,介绍应用软件的安装过程。

① 打开保存"爱奇艺视频 PC 版"的安装软件窗口,双击" IQIYIsetup_ryxt@xt001.exe "

文件，进入"爱奇艺"准备安装界面，如图 3.41 所示。

图 3.41　准备安装界面

②　稍后进入安装界面，界面右侧有一个"更改目录"按钮，可以自由选择程序安装的位置，如图 3.42 所示。

图 3.42　安装界面

③　单击"更改目录"按钮，选择安装路径，如图 3.43 所示。

图 3.43　更改路径

④ 阅读服务协议，并勾选"阅读并同意服务协议及隐私政策"复选框，单击"立即安装"按钮，如图 3.44 所示。

图 3.44　阅读服务协议

⑤ 安装进程，如图 3.45 所示。

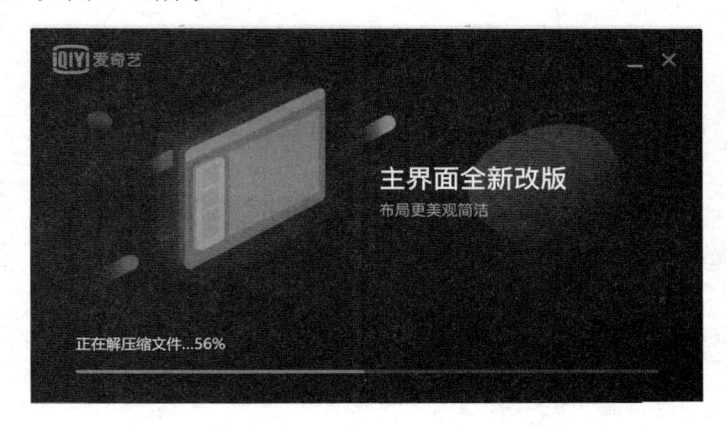

图 3.45　安装进程

⑥ 进入安装完成界面，如图 3.46 所示。

图 3.46　安装完成

⑦ 单击"立即体验"按钮，即可启动"爱奇艺"视频播放软件，如图3.47所示。

图3.47 爱奇艺首页

完成安装后，桌面会出现快捷方式。"开始"菜单中也会出现应用程序组。

2. 软件卸载

如果要删除某软件，是不可以直接删除软件文件或文件夹的，需要通过卸载软件来完成。一般软件在安装的同时都会建立一个卸载程序，我们只需要运行卸载程序即可。下面以"微信Windows版"软件为例，介绍卸载安装软件的几种方法。

方法1：自带卸载程序。

在"开始"菜单的常用程序列表或应用列表中，选择"微信"软件，在展开的列表中选择"卸载微信"选项进行卸载，如图3.48所示。

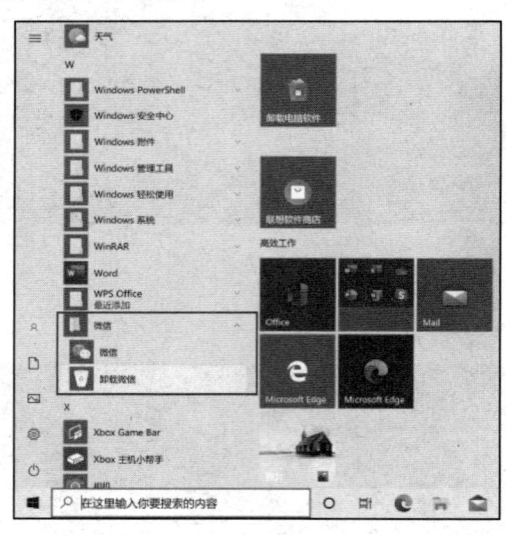

图3.48 自带卸载程序

方法2：选择"卸载"选项。

在"开始"菜单的常用程序列表或应用列表中，选择"微信"软件，单击鼠标右键弹出菜单，选择"卸载"选项进行卸载，如图3.49所示。

方法3："设置"面板。

① 在"开始"菜单里，单击"设置"图标，如图3.50所示。

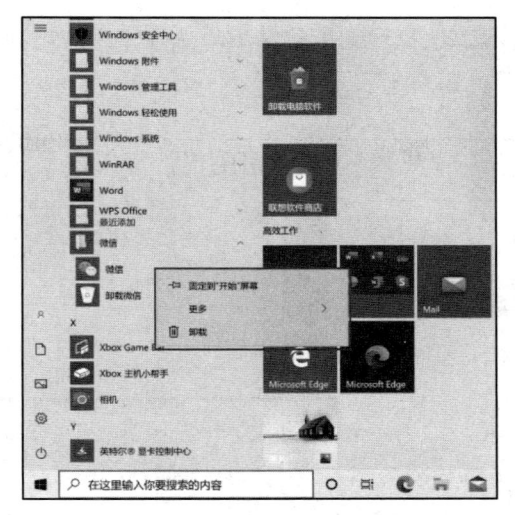

图 3.49 选择"卸载"选项

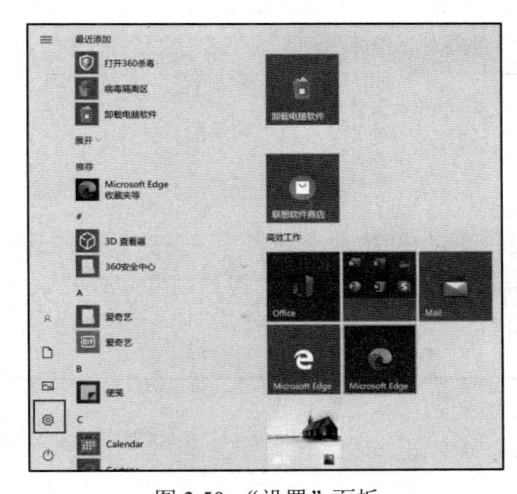

图 3.50 "设置"面板

② 弹出"设置"窗口,单击"应用"按钮,如图 3.51 所示。

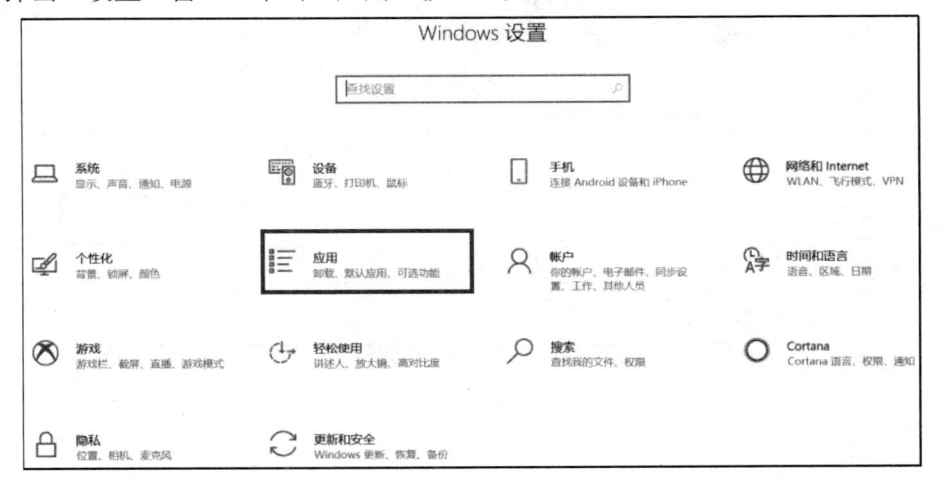

图 3.51 "设置"窗口

③ 进入应用和功能界面，选择"应用和功能"选项，在应用列表中选择"微信"程序，单击"卸载"按钮进行卸载，如图3.52所示。

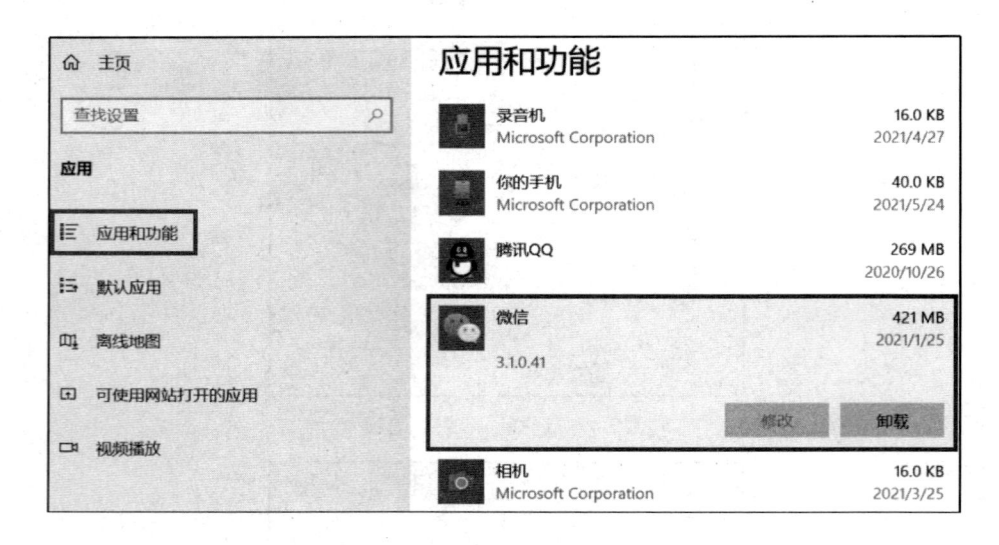

图 3.52　应用和功能界面

方法 4：第三方软件。

用户可以使用 360 软件管家、联想软件商店等第三方软件卸载。打开"联想软件商店"，选择"我的软件"选项，在右侧应用程序列表中找到需要卸载的软件，单击"卸载"按钮即可进行卸载，如图3.53所示。

图 3.53　用第三方软件进行卸载

项目3　计算机基础知识

任务3　给计算机一个安全的环境

🔵 任务情境

在工作和学习中，我们都会有非常重要和保密的资料保存在个人计算机里，为了防止资料被窃取，就要给计算机设置开机密码以起到保密的作用。同时我们也要预防计算机被病毒传染，就像生物病毒能够侵入人、动物、植物体内引起疾病一样，计算机病毒会使计算机丢失资料、运行速度慢，严重时还会造成计算机系统崩溃。

🔵 预备知识

3.3.1　给计算机设置密码

出于安全性和隐私的考虑，我们有必要给计算机设置开机密码以有效保护个人的重要资料信息，那么计算机的开机密码怎么设置呢？

（1）在"开始"菜单里，单击"设置"图标，如图3.54所示。

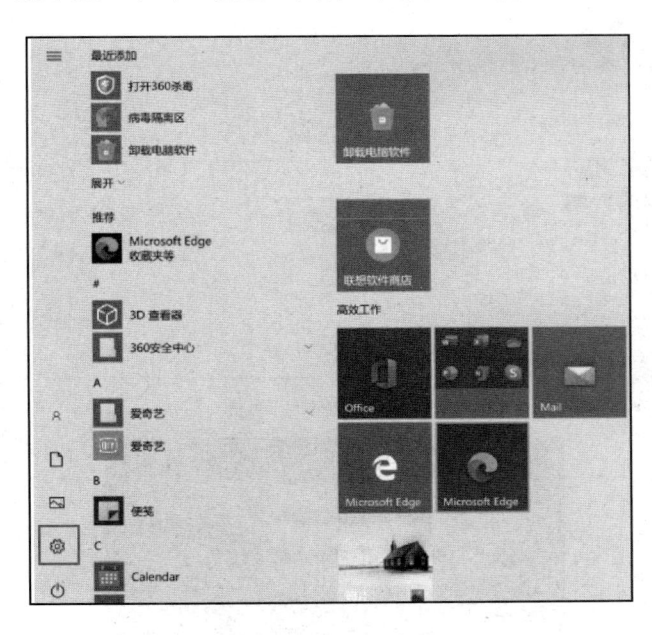

图3.54　"开始"菜单

（2）弹出"设置"窗口，单击"账户"按钮，如图3.55所示。

（3）进入"账户"界面，选择"登录选项"选项，在右边列表中选择"密码"选项，提示账户没有密码，可以设置账户密码登录，单击"添加"按钮，如图3.56所示。

（4）出现"创建密码"界面，输入两次密码及密码提示，单击"下一步"按钮则密码设置完成，如图3.57所示。

图 3.55 "设置"窗口

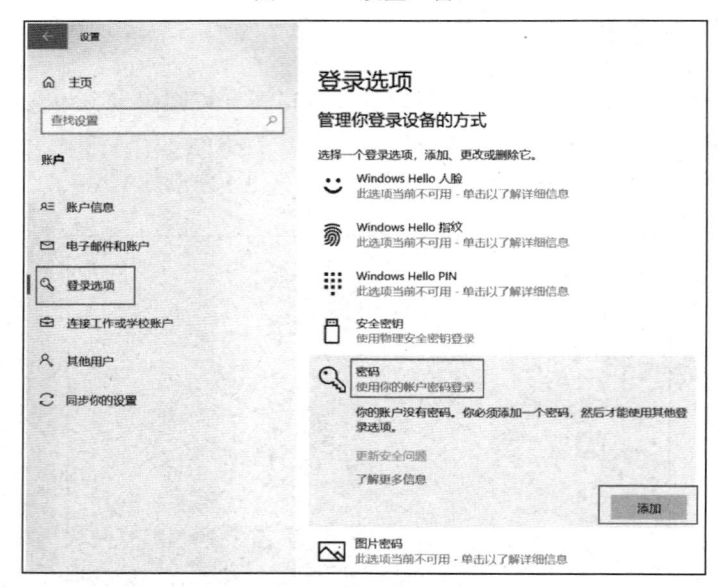

图 3.56 "账户"界面

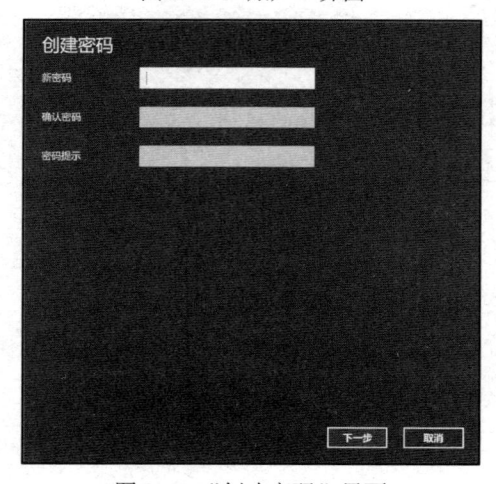

图 3.57 "创建密码"界面

3.3.2 计算机的病毒与防御

随着计算机的普及和互联网的发展，计算机面临各种各样的威胁，如病毒、木马和黑客等无处不在，给计算机增添了很多不安全因素。

1. 常见的安全漏洞

（1）病毒

病毒是一种通过自身复制传播而产生的破坏计算机功能或毁坏数据的程序，一般潜伏在计算机存储介质或设备驱动程序内，利用系统资源进行自我繁殖，从而破坏计算机系统。蠕虫病毒就是利用 Windows 系统的漏洞进行攻击，一旦感染计算机就会自动连接网络进行复制、传播和破坏。

（2）木马程序

木马程序不会自我繁殖，它是一种伪装潜伏的网络病毒，通过邮件附件发出或捆绑其他程序吸引用户下载执行，从而毁坏、窃取用户的文件，甚至可以远程操控用户的计算机。

（3）广告插件

广告插件是不法人员恶意开发的软件，在用户浏览网页时附带的插件或广告页面弹出，要求安装或直接安装。或者下载安装软件时与广告软件捆绑，总之一旦安装广告软件后，就会不停地跳出广告，还会造成系统运行缓慢或系统异常。

（4）网络钓鱼

网络钓鱼是指攻击者利用欺骗性邮件、网上银行、购物网站等诱使用户泄露个人资料，如银行账户密码、网银密码等，给用户造成巨大的经济损失。

2. 常见的防御软件

在使用计算机时，不仅需要对其性能进行优化，还需要对病毒木马做好防范措施，不让病毒感染计算机，保证网络安全。下面介绍几款常用的杀毒软件。

（1）360 杀毒

360 杀毒是 360 安全中心出口的一款免费的云安全杀毒软件，它具有查杀率高、资源占用少、升级迅速等优点，配合 360 安全卫士可使计算机具有更高的安全等级。

（2）金山毒霸

金山毒霸是金山公司推出的一款免费的云安全智扫反病毒软件，其最大的特点是整合性高，同时具有病毒防火墙实时监控、压缩文件查毒、查杀电子邮件病毒等功能。

（3）瑞星全功能安全软件

瑞星全功能安全软件是一款基于瑞星"云安全"系统设计的新一代杀毒软件。其"整体防御系统"可将所有互联网威胁拦截在用户计算机以外。深度应用"云安全"的全新木马引擎、"木马行为分析"和"启发式扫描"等技术保证将病毒彻底拦截和查杀。再结合"云安全"系统的自动分析处理病毒流程，就能第一时间极速将未知病毒的解决方案实时提供给用户。

3.3.3 安装和使用杀毒软件

1. 安装杀毒软件

为了防止病毒和木马程序破坏计算机，最直接的方法就是安装防御软件对计算机进行安全防御。下面以"360 杀毒"软件为例,介绍通过"360 软件管家"第三方软件下载安装软件的过程。

打开"360 软件管家",单击"宝库"图标,在界面左侧"宝库分类"中选择"安全杀毒"选项,在右侧应用程序列表中选择"360 杀毒"软件,并单击"一键安装"按钮即可自动下载安装,如图 3.58 所示。

图 3.58　360 软件管家的"宝库"界面

2. 使用杀毒软件

（1）360 杀毒软件的设置

① 通过 360 杀毒软件主界面的右上角"设置"按钮,可以进行有效的、必要的设置,如图 3.59 所示。

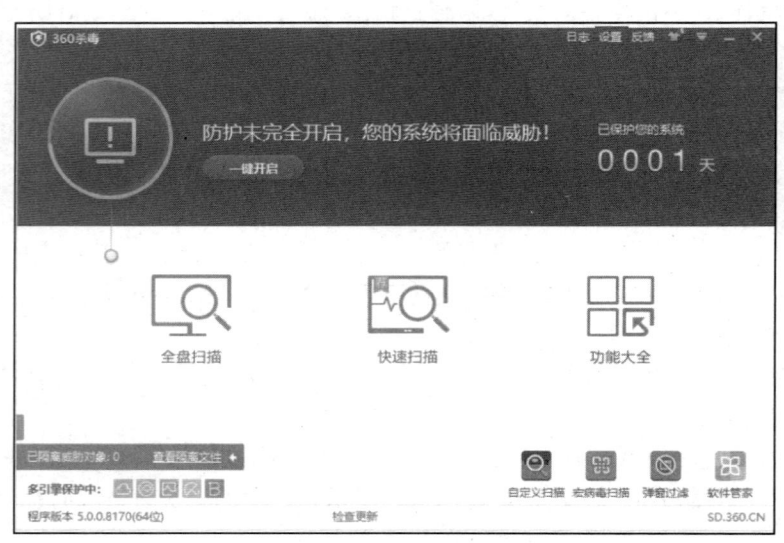

图 3.59　"360 杀毒"主界面

② 打开设置窗口,默认"常规设置"选项卡,在选项卡右侧"常规选项"栏中勾选"自动上传发现的可疑程序文件"复选框,如图 3.60 所示。

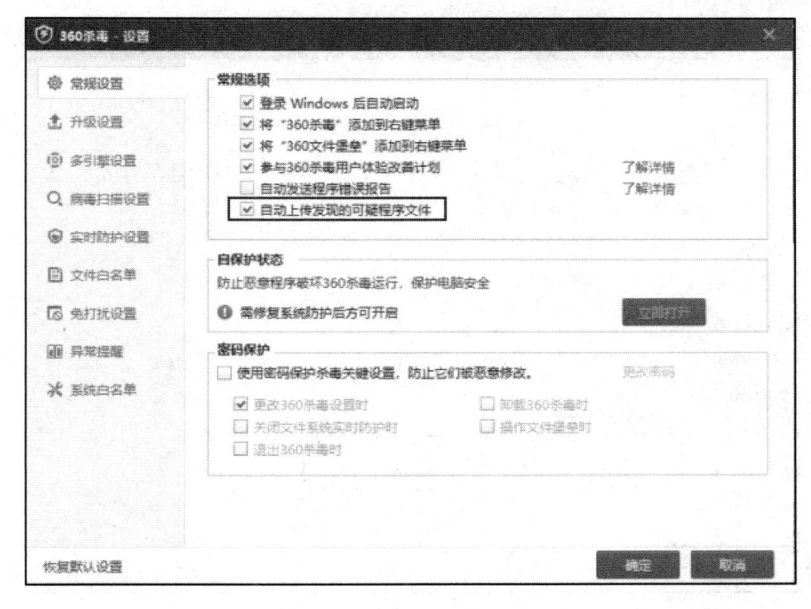

图 3.60 "常规设置"选项卡

③ 选择"多引擎设置"选项卡，使用默认查杀引擎组合即可，如图 3.61 所示。

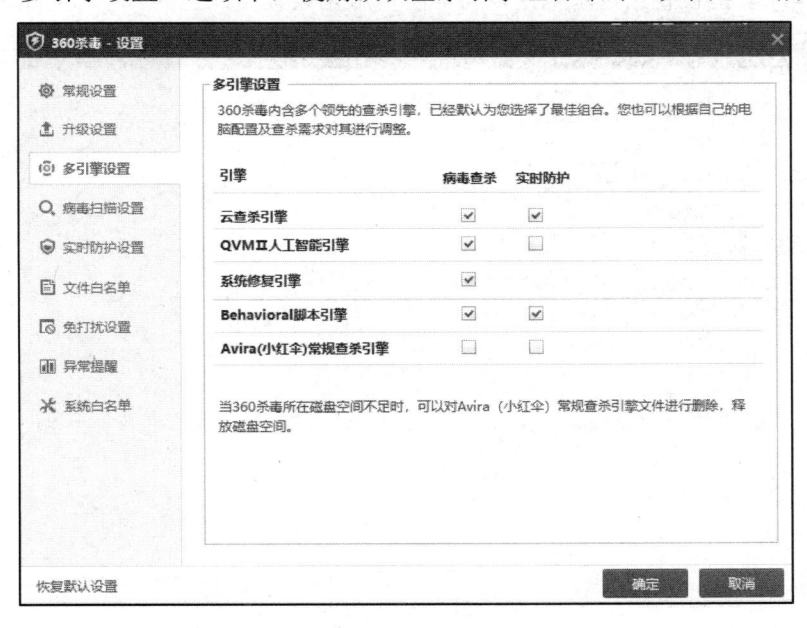

图 3.61 "多引擎设置"选项卡

④ 选择"病毒扫描设置"选项卡，设置扫描文件类型，选中"扫描所有文件"单选项，勾选"进入压缩包查毒（将增加扫描时间）"复选框；在"发现病毒时的处理方式"中选中"由用户选择处理"单选项，如图 3.62 所示。

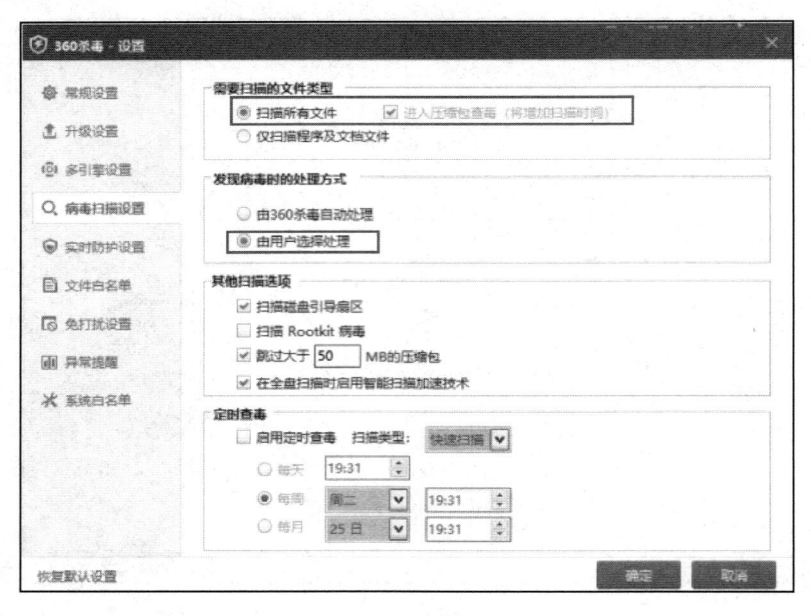

图 3.62 "病毒扫描设置"选项卡

⑤ 在"实时防护设置"选项卡中,将"防护级别设置"调整为"中",如图 3.63 所示。

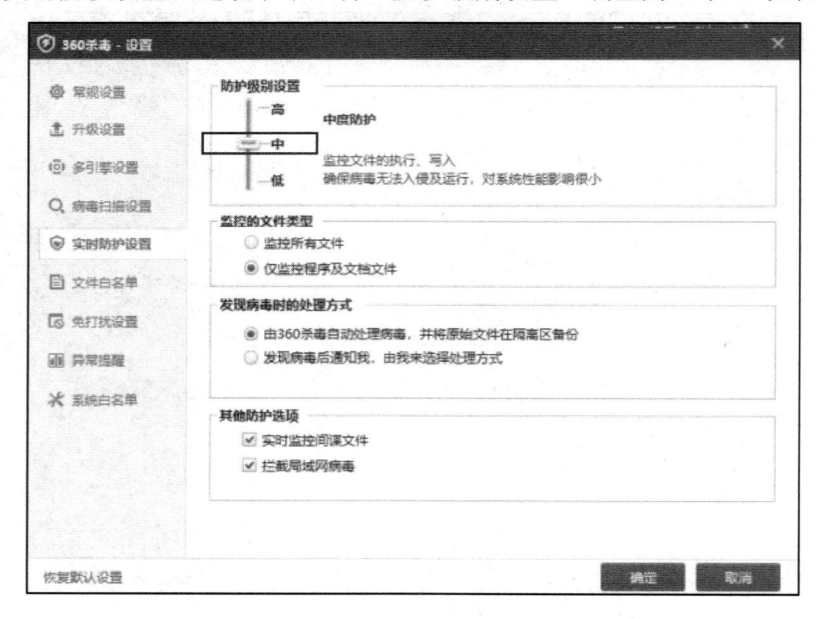

图 3.63 "实时防护设置"选项卡

(2) 360 杀毒软件的查杀

360 杀毒软件主界面提供全盘扫描、快速扫描、功能大全 3 个选项,在界面右下角也有自定义扫描、弹窗过滤等特色功能。

① 查杀类型

查杀类型主要使用全盘扫描和快速扫描,全盘扫描是对系统彻底的检查,对计算机中的每个文件都进行检测,花费的时间较长;快速扫描是推荐用户使用的类型,它只对计算机中关键的位置，以及容易受到木马侵袭的位置进行扫描，因此扫描的文件较少，速度较快，如图3.64所示。

图3.64 "快速扫描"界面

"快速扫描"完成后若有异常问题，会将扫描到的病毒程序显示在界面中，如图3.65所示。

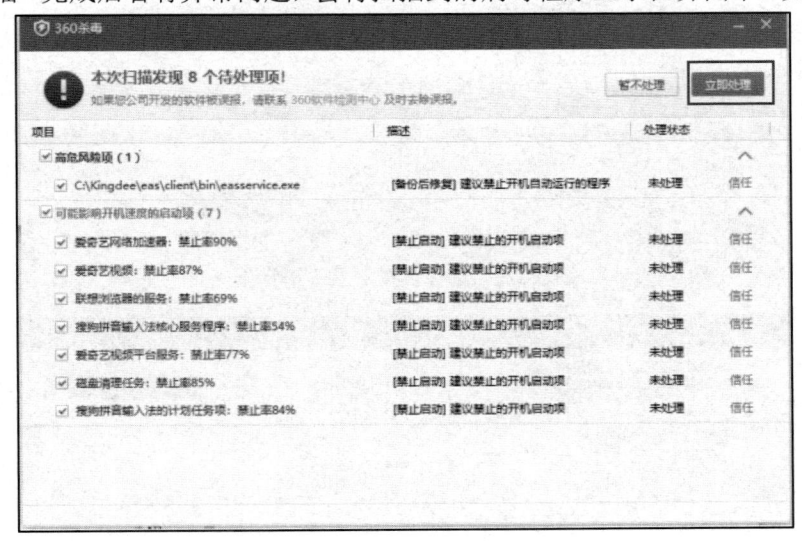

图3.65 发现异常问题

单击"立即处理"按钮，问题就会被成功修复，如图3.66所示。

② 自定义扫描

自定义扫描是指能确定病毒所在位置时，选定扫描位置有针对性的进行查杀，可为用户节约扫描时间。

在主界面右下角单击"自定义扫描"按钮，打开"选择扫描目录"对话框，在列表中勾选需要扫描的目录和文件，单击"扫描"按钮，如图3.67所示。进入"自定义扫描"界面，如图3.68所示。

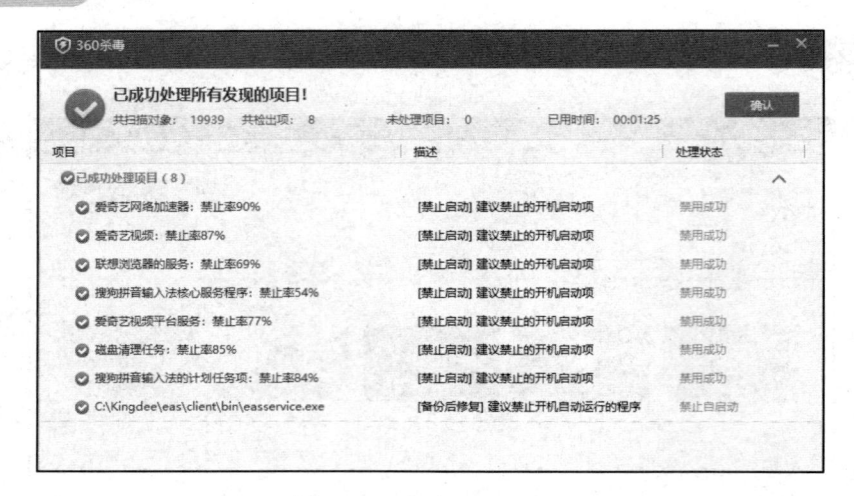

图 3.66 "成功处理"界面

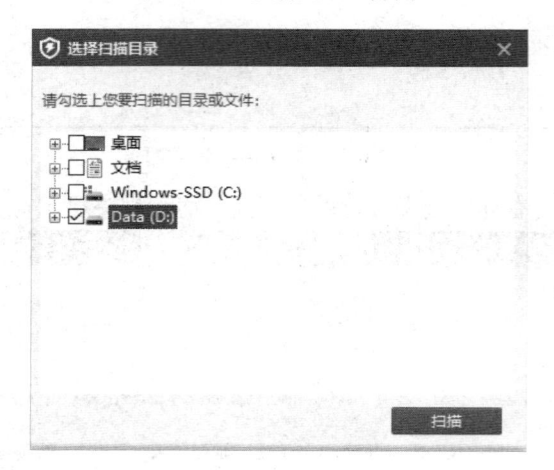

图 3.67 "选择扫描目录"对话框

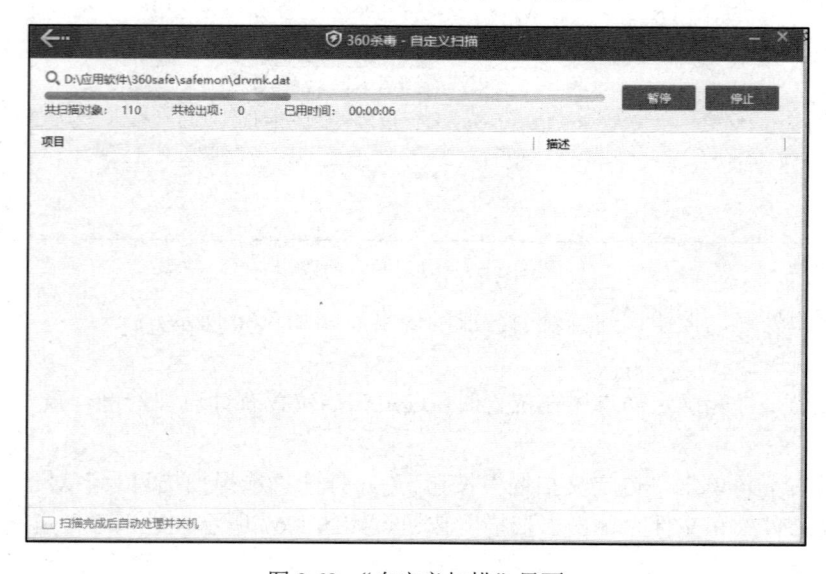

图 3.68 "自定义扫描"界面

自定义扫描完毕后，没有异常问题，本次扫描就结束了，如图 3.69 所示。

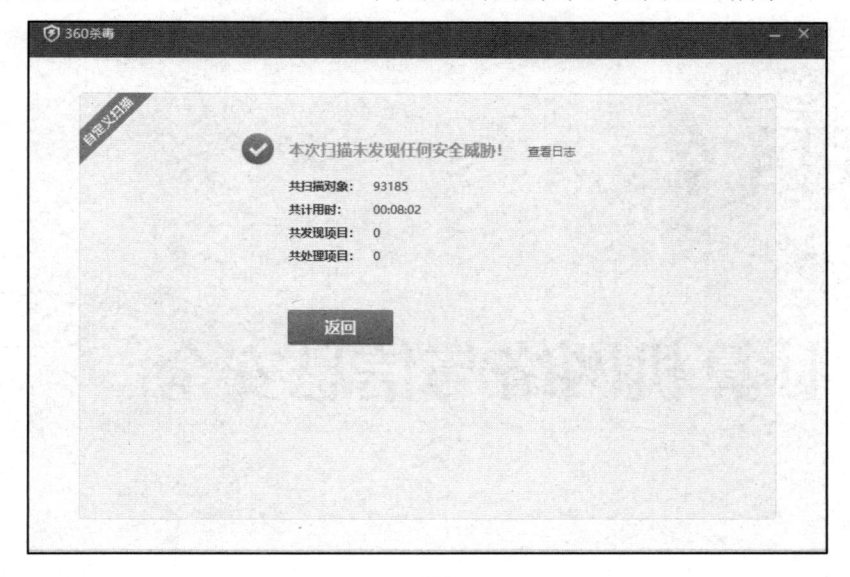

图 3.69　自定义扫描结束

拓展训练

1．随着经济的发展，越来越多的家庭需要购置计算机，我们可以去计算机销售门店通过市场调查认识计算机的硬件及其功能，解读配置表，体验按需选择高性价比计算机的过程。

2．尝试给计算机安装常用应用软件和杀毒软件，并学习其使用方法。

项目 4 计算机网络与信息安全

项目介绍

在互联网+新经济形态飞速发展时期，计算机网络的应用成为提升社会经济财富的重要手段，在社会信息化中的巨大作用越来越明显，已经成为 21 世纪知识经济社会运行的必要条件和基础设施。本项目通过介绍计算机网络的基本配置与使用，以及互联网思维的应用和信息安全的相关知识，帮助读者形成正确的互联网意识，并通过使用计算机网络来探索新知识，优化发展满足社会与个人的需求。

学习目标

- ◇ 了解计算机网络的产生及发展
- ◇ 掌握连接上网的方式及配置方法
- ◇ 掌握网络的基本使用方式
- ◇ 了解互联网的作用和思维
- ◇ 了解"互联网+"的新发展模式
- ◇ 了解互联网在信息传播中的行为规范
- ◇ 了解网络安全与信息安全的概念
- ◇ 了解我国互联网信息安全的情况
- ◇ 掌握常用的信息安全防护方法

任务1　计算机网络的基础应用

➡ 任务情境

随着计算机的普及和通信技术的发展，我们可以通过计算机网络提高学习、工作的效率，也可以通过互联网获取各种所需信息来丰富生活。如何使用网络已成为人们的一种生活基本技能。

对于渴望知识的分享与互动的大学生而言，通过使用计算机网络可以更广泛地接触前沿信息，克服时空阻碍进行实时交流，让大学生活能拥有更加广阔的天地。

通过本项目的学习，带领大家认识计算机网络，并完成计算机网络的基本配置与应用。

➡ 任务分析

计算机网络的发展日新月异，了解一些计算机网络的相关知识和技能将有助于我们从宏观的角度认识计算机网络的世界。

完成本项任务的具体要求如下：
（1）了解计算机网络的概念；
（2）了解计算机网络的发展过程；
（3）了解计算机网络的应用与现状；
（4）了解计算机网络的组成；
（5）掌握计算机网络的接入方式；
（6）掌握网络的基本配置的方法；
（7）掌握网络的基本应用技能。

➡ 预备知识

4.1.1　计算机网络的产生

1. 计算机网络的定义

计算机网络是指将分布在相同或不同地点的多台具有独立功能的计算机设备，通过通信设备与传输介质互连起来，在通信软件的支持下，实现计算机之间资源共享、信息互换或协同工作的系统。从以上定义中我们可以得知计算机网络有3个条件缺一不可：

（1）必须有两台及以上的计算机设备相互连接；
（2）计算机设备的互相连接需要一条物理的、且由设备和传输介质组成的通道；
（3）互连的计算机设备之间，需要通过某种具有规则的约定来通信，也就是我们通常所说的网络协议。

图 4.1 是一个简单网络系统的示意图，它将若干台计算机、打印机和其他外部设备互连成一个整体的系统。

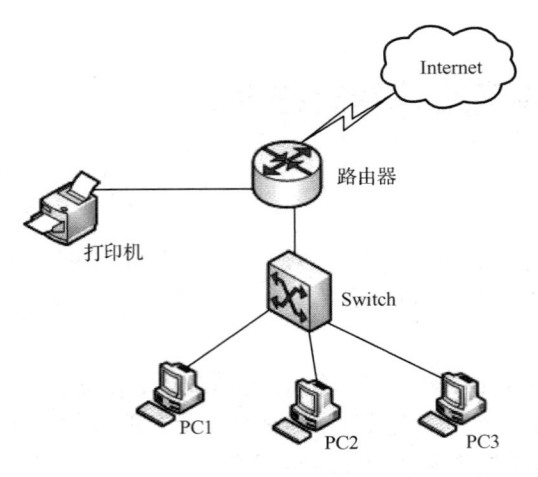

图 4.1　简单网络系统

2. 计算机网络的发展

计算机网络最初的设计目标是实现数据的传输，随着计算机技术、通信技术的发展和结合，现在的计算机网络在数据传输的同时，还具有语音、图像等多媒体传输、实时协同办公等功能。下面从 4 个阶段来介绍计算机网络的发展。

（1）面向终端的计算机网络

1946 年世界上第一台电子计算机问世后，由于价格昂贵，计算机数量极少，所以能够使用计算机的机构也不多。早期计算机网络的形式是将一台计算机经过通信线路与若干台终端直接连接。我们将这种主机是网络的中心和控制者，终端（键盘和显示器）分布在各处并与主机相连，用户通过本地的终端使用远程的主机，并且只能提供终端和主机之间的通信，子网之间无法通信的网络系统称为面向终端的计算机网络，其结构如图 4.2 所示。

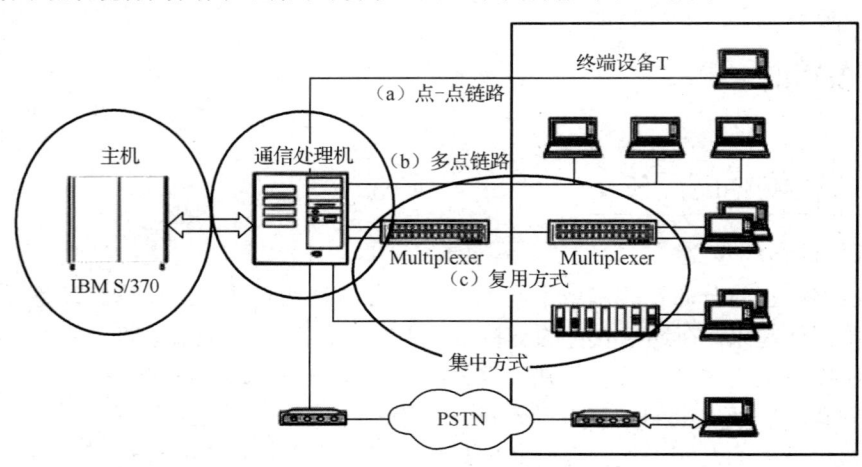

图 4.2　面向终端的计算机网络结构

这个阶段的计算机网络数据为集中式处理，数据处理和通信处理都是通过主机完成的，这样数据的传输速率就受到了限制，而且系统的可靠性和性能完全取决于主机。优点是便于维护和管理，数据的一致性也较好；缺点是主机的通信开销较大，通信线路利用率低，对主机依赖性大。

（2）多台计算机互连的计算机网络

20世纪60年代中期，加州大学洛杉矶分校（UCLA）的雷纳德·克兰罗克（L. Kleinrock）博士提出了涉及分组交换的理论，以及美国兰德公司科学家保罗·巴兰（P. Baran）提出了存储转发的理论，计算机网络迎来了发展的下一个阶段。这个阶段是以通信子网为中心的网络阶段。它们由若干台计算机相互连接成一个系统，即利用通信线路将多台计算机连接起来，实现了计算机与计算机之间的通信。

这个阶段虽然有两大标志性成果，并建立了计算机与计算机的互连与通信，实现了计算机资源的共享。但缺点是没有形成统一的互连标准，使网络在规模与应用等方面受到了限制。

1969年，美国国防部国防高级研究计划署（DOD/DARPA）资助建立了一个名为ARPANET的网络，这个网络把位于洛杉矶的加利福尼亚大学、位于圣芭芭拉的加利福尼亚大学、斯坦福大学，以及位于盐湖城的犹他州州立大学的计算机主机连接起来，位于各个节点的大型计算机采用分组交换技术，通过专门的通信交换机和线路相互连接。到1972年时，ARPANET（阿帕网）的网点数已达到40个，这40个网点彼此之间可以发送小文本文件（即现在的E-mail）和利用文件传输协议发送大文本文件，包括数据文件（即现在的FTP）。

如图4.3所示，虽然这个最早的网络传输速度慢得让人难以接受，但阿帕网的4个节点及其链接，已经具备网络的基本形态和功能。所以阿帕网的诞生通常被认为是网络传播的"创世纪"。可以说，阿帕网就是Internet最早的雏形。

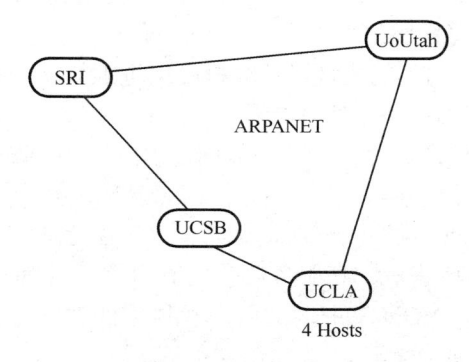

图4.3　最早的ARPANET

（3）面向标准化的计算机网络

20世纪70年代微型计算机得到了广泛的应用，各机关和企事业单位为了适应办公自动化的需要，迫切要求将自己拥有的为数众多的微型计算机、工作站、小型计算机等连接起来，以达到资源共享和相互传递信息的目的，降低网费，提高数据传输效率。然而，这个阶段计算机之间的组网是有条件的，在同网络中只能存在同一厂家生产的计算机，其他厂家生产的计算机无法接入。

于是，各大公司都推出了自己的网络体系结构。1972年，全世界计算机业和通信业的专家学者在美国华盛顿举行了第一届国际计算机通信会议，就在不同的计算机网络之间进行通信达成协议。该会议决定成立Internet工作组，负责建立一种能保证计算机之间进行通信的标准规范即"通信协议"。1973年，美国国防部也开始研究如何实现在各种不同网络之间的互连问题。其中，1973年由Vinton Cerf和Robert Kahn完成了TCP描述，1978年分离出IP和TCP。这两个协议定义了一种在计算机网络间传送报文（文件或命令）的方法。随后，美国国防部决定向全世界无条件免费提供 TCP/IP，即构成了新一代计算机网络的体系结构，为计算机网络技术的发展开辟了一个新的起点。

1986 年美国国家科学基金会投资在美国普林斯顿大学、匹兹堡大学、加州大学圣地亚哥分校、依利诺斯大学和康纳尔大学建立了 5 个超级计算中心，并通过 56kbps 的通信线路连接形成 NSFNET 的雏形。从 1986 年至 1991 年，很多大学、政府机构和私营的研究机构纷纷把局域网并入 NSFNET 中，NSFNET 的子网从 100 个迅速增加到 3000 多个。NSFNET 的正式营运及实现与其他已有和新建网络的连接开始真正成为 Internet 的基础，由国家主干网、地区主干网、校园网组成的三级层次架构逐步形成，如图 4.4 所示。

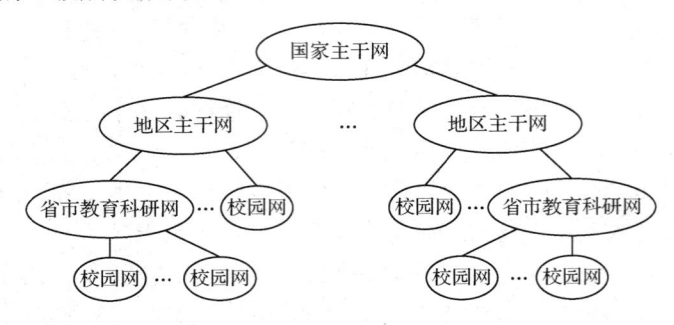

图 4.4　主干网、地区网、校园网组成的三级层次架构

（4）面向全球互连的计算机网络

20 世纪 90 年代随着数字通信的出现，计算机网络进入第 4 个发展阶段，其主要特征是综合化、高速化、智能化和全球化。1993 年美国政府发布了名为"国家信息基础设施行动计划"的文件，其核心是构建国家信息高速公路。由美国政府资助的 NSFNET 逐渐被若干个商用的 ISP 网络所代替。1994 年开始创建了 4 个网络接入点 NAP，分别由 4 家电信公司经营。

从 1994 年到现在，Internet 逐渐演变成多级结构、覆盖全球的大规模网络。这个阶段在计算机通信与网络技术方面以高速率、高服务质量、高可靠性等为指标，出现了高速以太网、VPN、无线网络、P2P 网络、NGN 等技术，计算机网络的发展与应用渗入了人们生活的各个方面，进入一个多层次的发展阶段。

4.1.2　网络的基本设置

对计算机网络的发展有了初步认识后，我们了解到，要发挥出网络的作用只有与 Internet 相连，才能充分获得网络带来的高效与便捷。本节将介绍常见的网络设备，并完成基本的网络设置。

1．IP 地址

IP 地址是 IP 中非常重要的内容，它对连入 Internet 的计算机和网络设备都规定了一个唯一的标识。网络上的设备通过 IP 地址来确认彼此的身份并进行通信，就好像快递员根据发件人和收件地址收发快递一样。IP 中规定了两种 IP 地址形式，即 IPv4 和 IPv6，现有的互联网是在 IPv4 协议的基础上运行的。

IPv4 地址由一个 32 位二进制数决定，但我们一般采用点分十进制表示为（a.b.c.d），其中 a、b、c、d 为 8 位二进制数的十进制数表示，取值范围为 0～255 的整数。例如，点分十进制数表示为 192.168.1.100，实际的 IPv4 地址为 1100 0000. 1010 1000.0000 0001.0110 0100。

IPv4 地址按照使用范围分为公有地址与私有地址两种。公有地址由因特网信息中心（Internet Network Information Center）负责管理，将公有地址分配给注册并向 Inter NIC 提出申请的组织机构。通过公有地址网络设备可以直接访问 Internet，且公有地址具有唯一性。私有地址是无须注册的，可以供组织机构和个人无偿使用，但私有地址不能直接访问 Internet，只能在局域网络中使用，不具备唯一性。由于局域网络的大小设置不一，私有地址又根据数量分为 A、B、C 三类，如表 4.1 所示。

表 4.1 私有地址的类别与范围

类别	单个网段最大主机数	私有 IP 地址范围
A	16 777 214	10.0.0.0～10.255.255.255
B	65 534	172.16.0.0～172.31.255.255
C	254	192.168.0.0～192.168.255.255

2. 配置网络设备

我们刚刚认识了 IP 地址，并且了解 IP 地址是访问网络的必需品。因此，使用计算机、手机或其他网络设备访问 Internet 时，必须先为这个设备配置 IP 地址和一些必要的网络信息。以下介绍 3 种常见的网络配置方式，将使用设备接入 Internet。

（1）宽带拨号上网（PPPoE）

宽带拨号接入是较为广泛的宽带接入方式，由运营商分配宽带用户名和密码进行用户身份认证。拨号上网的方式需要将运营商提供的接入点直接连接计算机网卡，并使用拨号上网软件进行身份验证，直接从运营商获取对应的 IP 地址。具体操作步骤如下。

进入桌面并右击左下角"开始"按钮，在弹出的快捷菜单中选择"控制面板"选项，在"控制面板"界面右上角，单击"查看方式"右侧的下拉箭头，将查看方式更改为"类别"选项，如图 4.5 所示；选择"查看网络状态和任务"选项，进入"网络和共享中心"窗口，如图 4.6 所示。

图 4.5 更改为"类别"

选择"设置新的连接或网络"选项，如图 4.6 所示。

选择"连接到 Internet"选项，然后单击"下一步"按钮，如图 4.7 所示。若计算机已连接互联网，则会显示如图 4.8 所示信息。

图 4.6　设置新的连接或网络

图 4.7　连接 Internet

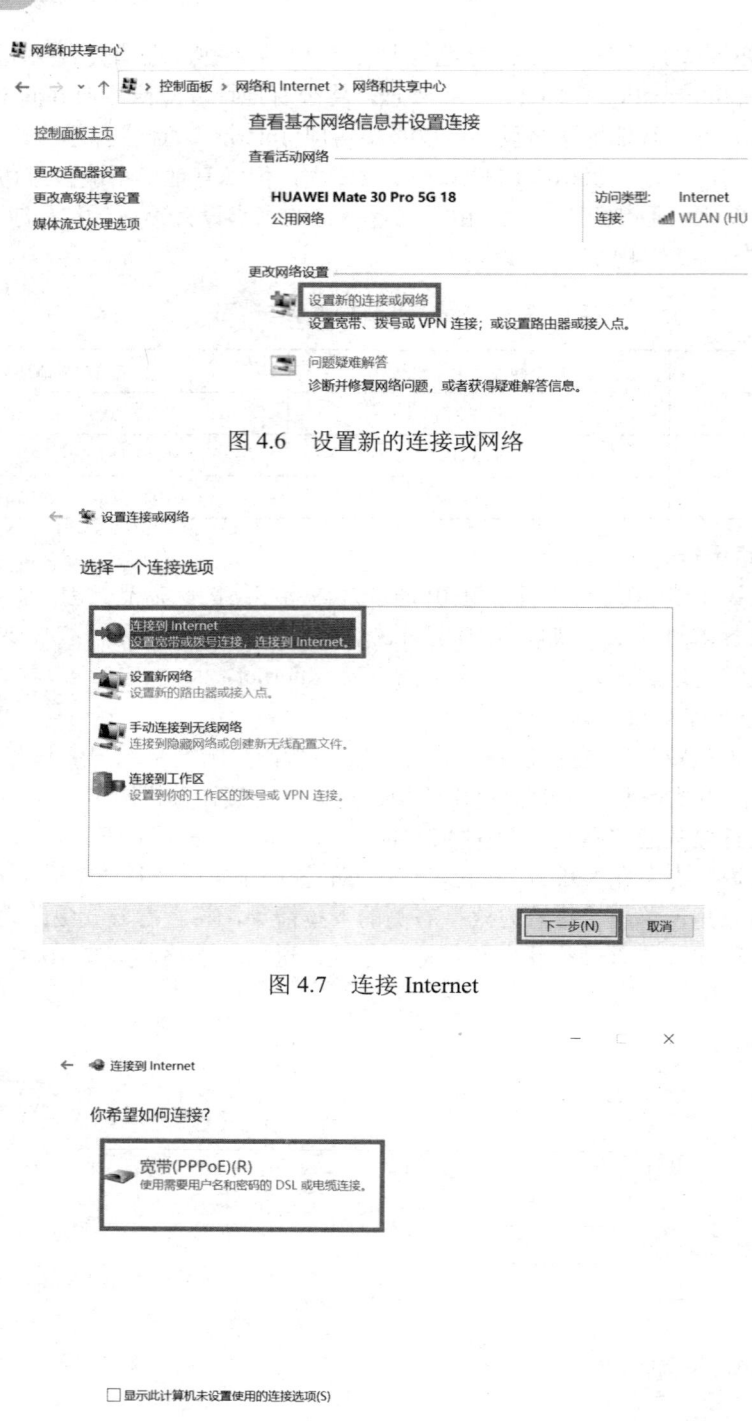

图 4.8　设置新连接

若计算机已配置过其他 PPPoE 连接，则选中"否，创建新连接"单选项，如图 4.9 所示。

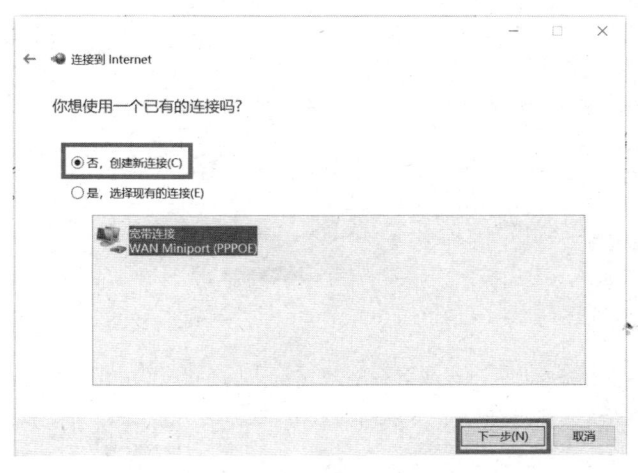

图 4.9 配置 PPPoE 连接

选择"宽带 PPPoE"选项，如图 4.10 所示。输入运营商提供的用户名及密码，勾选"记住此密码"及"允许其他人使用此连接"复选框，如图 4.11 所示，单击"连接"按钮即可拨号上网，如图 4.12 所示。

图 4.10 宽带 PPPoE

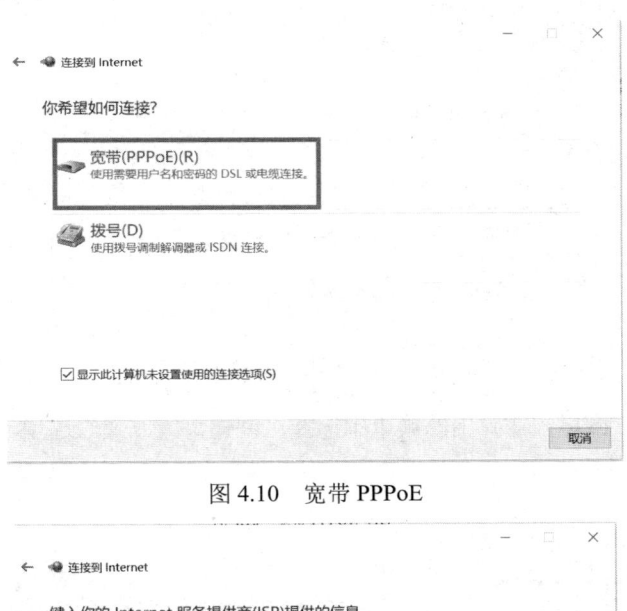

图 4.11 输入运营商提供的用户名及密码

图 4.12　拨号上网

进入"网络和共享中心"界面,选择"更改适配器设置"选项,如图 4.13 所示。

图 4.13　更改适配器设置

右击"宽带连接"图标,在弹出的菜单中选择"创建快捷方式"选项,如图 4.14 所示。

图 4.14　创建快捷方式

在弹出的提示框中单击"是"按钮，如图4.15所示。

图 4.15　确认对话框

返回桌面，可看到所创建名为"宽带连接"的拨号快捷方式，如图4.16所示。

图 4.16　桌面显示"宽带连接"快捷方式

在下次启动计算机时，可双击"宽带连接-快捷方式"图标，在弹出的界面中选择"拨号"→"宽带连接"→"连接"，即可拨号上网，如图4.17所示，不需重复设置。

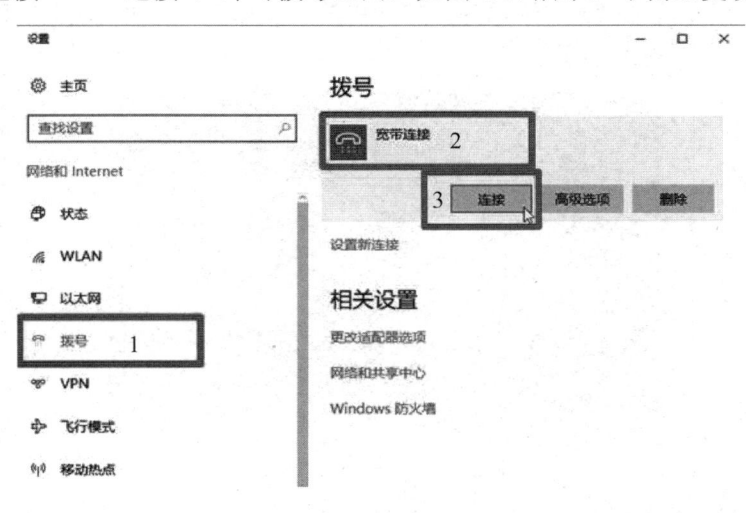

图 4.17　宽带连接

（2）自动获取 IP 地址（DHCP）

自动获取 IP 地址常见于计算机通过路由器的 DHCP 功能获得 IP 地址，并和路由器进行数据通信，通过路由器的网关访问 Internet。

在配置之前，我们先来认识一下路由器。路由器是网络中进行网间连接的关键设备，能够跨越不同的物理网络类型连接多个子网络，使两个子网络的数据进行处理转换。路由器上最常见的接口有两个，即 WAN 口和 LAN 口。WAN（Wide Area Network，广域网）指连接光猫设备的网线口。LAN（Local Area Network，局域网）指路由器和用户设备之间的网线口（如连接电视/计算机）。

对于主流家用级别的路由器而言，无线 Wi-Fi 模块是必备的，它能够允许设备通过无线信号访问网络。除此之外，路由器还集成了许多网络管理功能，如端口管理、流量限制等，如图 4.18 所示。

图 4.18　路由器

通过自动获取 IP 地址访问网络，首先要将运营商提供的接入模块连接路由器的 WAN 口，并将计算机的网卡与路由器的 LAN 口连接，然后配置路由器的 WAN 口和 LAN 口，具体操作如下。

进入路由器配置界面，选择"上网配置"选项。首先配置 WAN 口，在上网方式中选择"宽带拨号上网"选项，并单击"连接"按钮，下方出现"断开"按钮即代表此时路由器已连接到营运商网络设备，如图 4.19 所示。

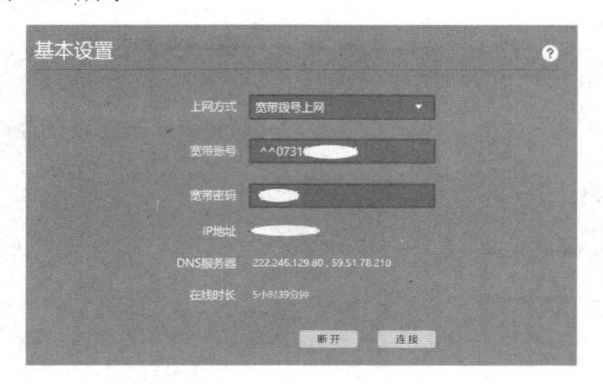

图 4.19　路由器配置界面

选择 LAN 口设置，并将 LAN 口 IP 设置为"自动"，单击"保存"按钮，如图 4.20 所示。

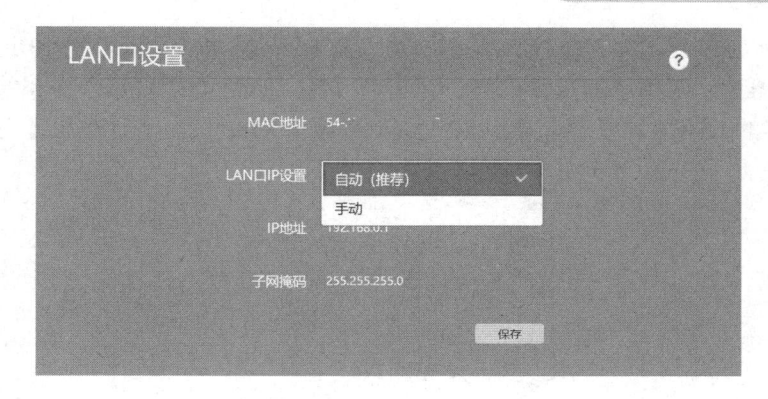

图 4.20　LAN 口设置

进入 Windows 10 的"网络和共享中心"界面，选择"本地连接"或"Ethernet"选项，如图 4.21 所示进入"Ethernet()状态"界面。

图 4.21　"网络和共享中心"界面

在"Ethernet()状态"界面中单击"属性"按钮，弹出"Ethernet()属性"窗口，在列表项目中勾选"Internet 协议版本 4（TCP/IPv4）"复选框，如图 4.22 所示，弹出"Internet 协议版本 4（TCP/IPv4）属性"窗口。

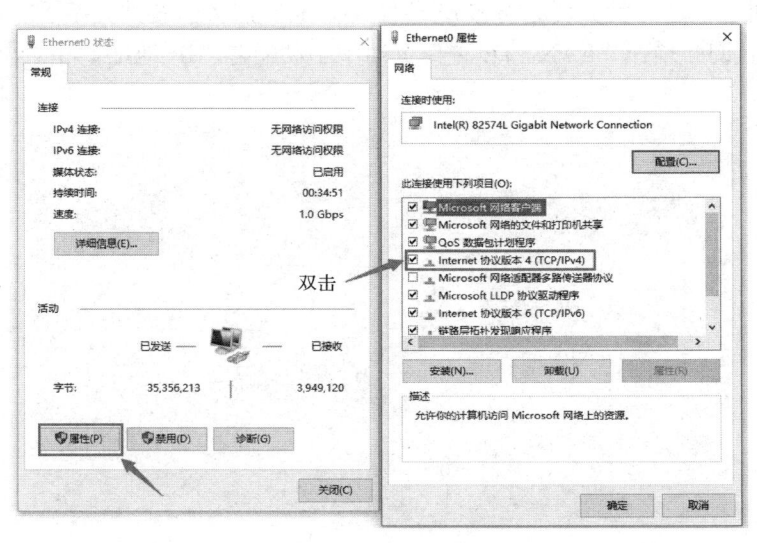

图 4.22　"Ethernet()属性"窗口

在"Internet 协议版本 4（TCP/IPv4）属性"窗口中，选中"自动获得 IP 地址"和"自动获得 DNS 服务器地址"单选项，并单击"确定"按钮，如图 4.23 所示。在稍等片刻后，计算机便会从路由器的 DHCP 服务器获取到 IP 地址，连接 Internet 后，本计算机即可通过路由器访问 Internet 了。

图 4.23　选中"自动获得 IP 地址"和"自动获得 DNS 服务器地址"单选项

（3）静态 IP 地址

在路由器没有开启 DHCP 的情况下，计算机选中"自动获得 IP 地址"单选项是无法获得 IP 地址的。这时，我们就需要手动配置 IP 地址和子网信息，并保持 IP 地址的网段与路由器的 LAN 口网段一致，具体操作如下。

进入路由器 LAN 口设置页面，并将"LAN 口 IP 设置"设置为"手动"，单击"保存"按钮，如图 4.24 所示。这时负责发送动态 IP 地址的 DHCP 服务器就被关闭了，计算机无法自动获取 IP 地址。我们必须在"LAN 口设置"页面中手动配置"IP 地址"和"子网掩码"，以确定子网网段。

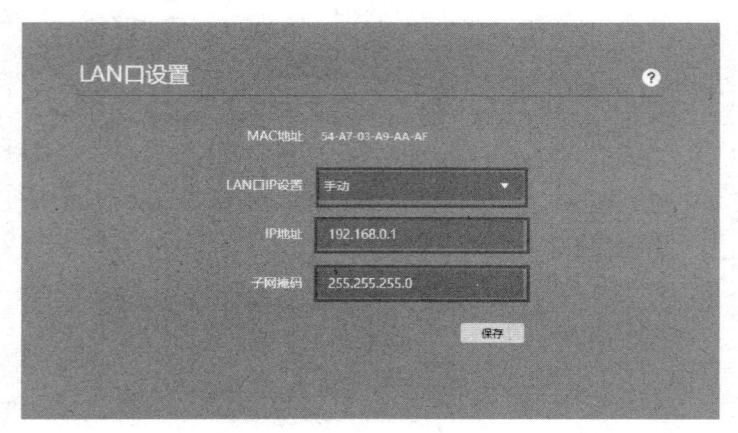

图 4.24　LAN 口设置页面

LAN 口网段不会直接在页面显示，我们必须自己计算 LAN 口网段。将设置后的 IP 地址的 4 个十进制整数位与子网掩码的 4 个十进制整数位进行"与"运算，可以得到新的 4 个十进制整数位，即为设置号的 LAN 口网段。通过 Windows 自带的计算器，我们可以轻松地算出 LAN 口网段，如图 4.25 所示中的 IP 地址为 192.168.0.1，子网掩码为 255.255.255.0，通过计算器计算，我们可以得到 LAN 口网段为 192.168.0.0。

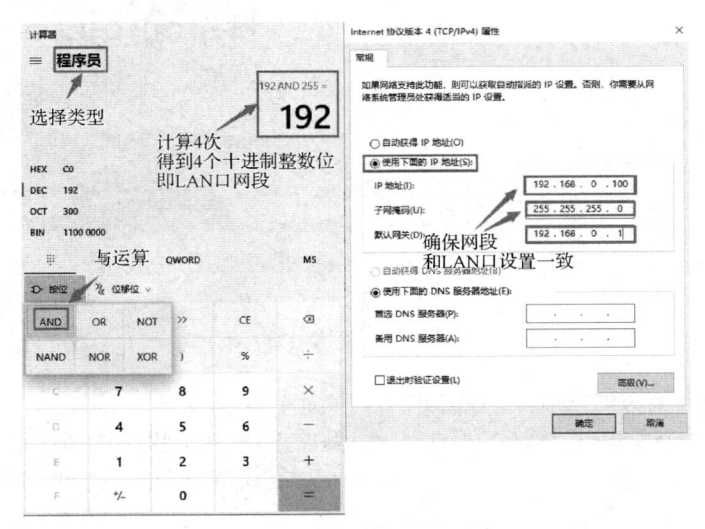

图 4.25　计算 LAN 口网段

在"Internet 协议版本 4（TCP/IPv4）属性"窗口中，选中"使用下面的 IP 地址"单选项，并填入 LAN 口设置中的子网掩码 255.255.255.0，填入 LAN 口 IP 地址到默认网关，填入 IP 地址，保证此 IP 地址与 LAN 口 IP 地址在同一网段。例如，IP 地址设置为 192.168.0.100 时，此计算机可以访问 LAN 口；IP 地址设置为 192.168.1.100 时则不能访问 LAN 口，因为此 IP 网段为 192.168.1.0，与 LAN 口 IP 网段不一致。

路由器连上 Internet，计算机通过 LAN 口静态 IP 地址设置规则，就可以通过路由器访问 Internet 了。

3．无线 Wi-Fi 配置

随着网络的普及与技术的更新，越来越多的设备装载了无线网卡，这就意味着这些设备都可以通过无线 Wi-Fi 连接访问互联网，所以，配置和使用无线 Wi-Fi 也成为一门必备的技能。

无线 Wi-Fi 配置方法与前述配置网络设备步骤类似，不再赘述。

4.1.3　网络的基本使用

认识了计算机网络，并且配置好网络设备后，我们就可以通过浏览器来访问网页了。

浏览器是指可以显示网页服务器或文件系统的 HTML 文件内容，并让用户与这些文件交互的一种软件。用来显示在万维网或局域网等内的文字、图像及其他信息。通过这些文字或图像的超链接用户可以轻松地浏览各种信息。常见的浏览器有 IE、360、火狐等。

（1）使用系统自带的 IE

打开系统自带的 IE 浏览器，在地址栏输入相应的网站地址，如 www.baidu.com，如图 4.26 所示。

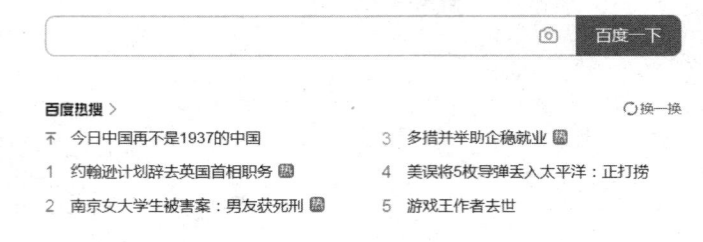

图 4.26　百度首页

（2）登录网络商城页面进行网络购物

网络购物和传统购物方式有许多不同，网上购物的主要步骤：选择购物平台、账号注册、挑选商品、在线询问卖家、填写收货地址和联系方式、选择支付方式、收货验货，所有步骤都可以在网络上完成，淘宝网的登录页面如图 4.27 所示。

图 4.27　淘宝网的登录页面

（3）资源下载

网络就像一个虚拟的世界，当用户搜索想要保存的数据时，就需要将其从网络中下载到自己的计算机硬盘里。

① 使用浏览器下载

使用浏览器直接下载是最普通的一种下载方式，但是这种下载方式不支持断点续传。一般情况下只在下载小文件时使用，对于下载大文件就很不适用了。图 4.28 为使用浏览器下载单机小游戏的页面。

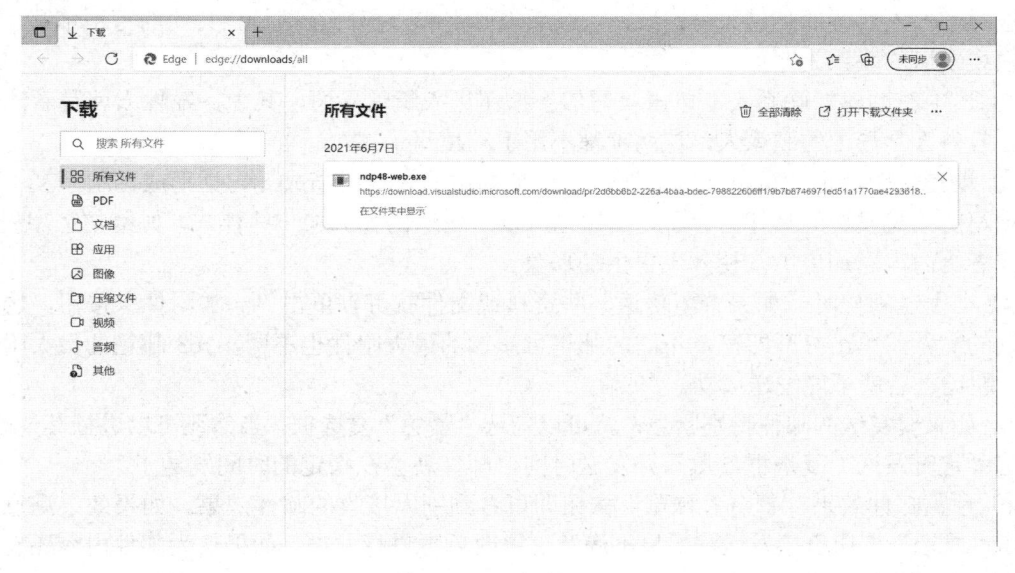

图 4.28　下载页面

② 使用工具软件下载

除了使用浏览器直接下载，选用合适的下载工具也可以帮助我们完成下载任务。迅雷是一款下载软件，但本身并不支持上传资源，它只是一个提供下载和自主上传的工具软件。

③ 使用百度网盘下载

百度网盘的主要功能是通过网络存储各类文件（被其他用户上传的文件），也有下载功能，如图 4.29 所示。百度网盘是一块挂载在互联网上的硬盘，让用户可以通过网络随时下载和上传自己的文件。

图 4.29　百度网盘

（4）实时通信与娱乐

电子邮件（E-mail）是一种使用电子手段提供信息交换的通信方式。在互联网中，使用电子邮件可以与世界各地的朋友进行通信交流。

① 登录邮箱后选择通信录，新建联系人，创建联系人的目的是方便邮件的发送，不必每次发送时都输入对方的邮箱账号，只输入联系人姓名和电子邮箱地址，其他的可不填写，能够识别出要发送的联系人即可。

② 选中新创建的联系人，单击"写信"按钮进入写信界面，其中，发件人就是新注册的邮箱，收件人是选中的联系人，这两项都不用手动填写了。

③ 填写主题，也就是发送的标题，可以把发送的内容压缩成一句话形成标题，文本编辑框中填写的就是发送的具体内容了，当然也可以给发送内容添加一些样式，如给文字加粗、标红，或者给内容添加表情，使效果更生动形象。

④ 在发送邮件时，如果希望传送一些资料或文件就可以单击"添加附件"按钮，选中需要传送的文件，单击打开即可，不同的邮箱可添加的最大附件也不同，163邮箱的最大附件是2GB，超过之后就不能发送成功。

⑤ 如果要发送的邮件特别紧急，就可以勾选"紧急"复选框。当然还可以进行其他设置，如勾选"定时发送"复选框，填写好发送时间，邮件就会在指定的时间发送了。

⑥ 预览邮件效果。单击"预览"按钮即可看到别人接收的邮件效果。如果效果满意就可以单击"发送"按钮直接发送，如果不满意可修改后再进行发送。如果认为邮件内容还有待完善，可以先保存等完善后再进行发送。

微信（WeChat）是最常用的实时通信手段之一，它是腾讯公司于2011年1月21日推出的一个为智能终端提供即时通信服务的免费应用程序，由张小龙所带领的腾讯广州研发中心产品团队打造。微信可支持跨通信运营商、操作系统平台，通过网络快速发送免费（需消耗少量网络流量）语音短信、视频、图片和文字，同时，也可以使用通过共享流媒体内容的资料和基于位置的社交插件如"摇一摇""漂流瓶""朋友圈""公众平台""语音记事本"等服务插件。微信网页版打通了微信手机版和网页版，可以直接在网页浏览器中收发信息，并在计算机和手机之间传输文件、图片等。

微博是一个由新浪网推出，提供微型博客服务类的社交网站。用户可以通过网页、Wap页面、手机客户端、手机短信、彩信发布消息或上传图片。用户可以将个人的感悟写成一句话或拍成图片，通过计算机或手机随时随地分享给朋友了。

任务2 互联网与互联网思维

任务情境

互联网的发展对传统行业产生了巨大影响，渗透到人们工作和生活的方方面面。例如，全球最大的视频网站，1天上传的影像文件可以连续播放98年。

预备知识

4.2.1 互联网概念

互联网（Internet）的雏形是美国在20世纪60年代建立的ARPANET，当时美国高级研究计划署资助建设这个网络的初衷很简单，就是为了尝试在远程的计算机上共享处理器和存储器资源。1981年，美国自然科学基金会（NSF）开始大规模扩充ARPANET网络，以方便科研人员远程使用美国超级计算中心的计算机。随着世界各国的科研院接入，这个网络逐步变成连通世界的网络。早期互联网的建设和维护都是由NSF出资，大学免费使用的。直到20世纪80年代末，一些公司希望接入互联网，于是就出现了商业的互联网服务提供商，从此互联网走上商业化的道路，大量资金的涌入使得互联网呈现出爆炸式的增长态势。

互联网采用去中心化的分布式网络结构。这种结构避免了依靠某个中心节点进行传输的弊端，而是依靠网络上的主机来保证传输的可靠性。在互联网中每个交汇点都是平等的，从一个交汇点到达另一个交汇点，都有着众多的连接和途径。

4.2.2 移动互联网

1. 认识移动互联网

移动互联网是指移动通信终端与互联网相结合成为一体，是用户使用手机、平板电脑或其他无线终端设备，通过速率较高的移动网络，在移动状态下（如地铁、公交车等）随时访问Internet以获取信息，使用商务、娱乐等各种网络服务。

通过移动互联网，人们可以使用手机、掌上电脑等移动终端设备浏览新闻，还可以使用各种移动互联网应用，如在线搜索、在线聊天、移动网游、手机电视、在线阅读、网络社区、收听及下载音乐等，其中移动环境下的网页浏览、文件下载、位置服务、在线游戏、视频浏览和下载等是其主流应用。同时，绝大多数的市场咨询机构和专家都认为，移动互联网是未来10年内最有创新活力和最具市场潜力的新领域。

移动互联网正逐渐渗透到人们生活、工作的各个领域，微信、支付宝、位置服务等丰富多彩的移动互联网应用迅猛发展，更是实现了从3G经4G到5G的跨越。全球覆盖的网络信号，使人们可随时保持与世界的联系。

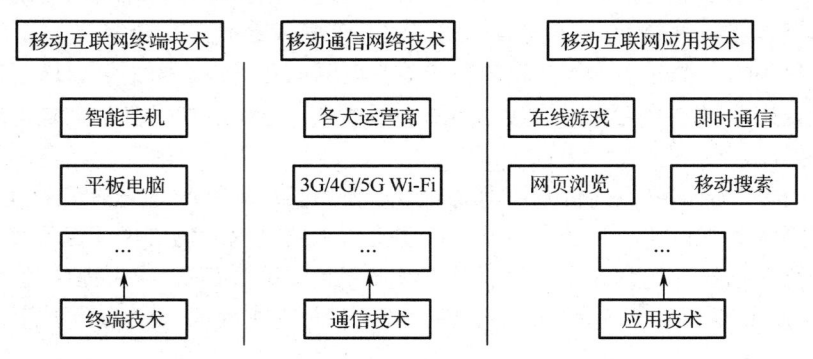

2. 移动互联网的相关技术

移动互联网的相关技术可分为三大部分，即移动互联网终端技术、移动通信网络技术和移动互联网应用技术，如图4.30所示。

图 4.30　移动互联网的相关技术

移动互联网终端技术包括硬件设备的设计和智能操作系统的开发技术。无论对于智能手机还是平板电脑来说，都需要移动操作系统的支持。在移动互联网时代，用户体验已经逐渐成为终端操作系统发展的至高追求。

移动通信网络技术包括通信标准与各种协议、通信网络技术和中段距离无线通信技术。在过去的10年中，全球移动通信发生了巨大的变化，移动通信特别是蜂窝网络技术的迅速发展，使用户彻底摆脱终端设备的束缚，实现了完整的个人移动性，以及可靠的传输手段和接续方式。

移动互联网应用技术包括服务器端技术、浏览器技术和移动互联网安全技术。目前，支持不同平台、操作系统的移动互联网应用有很多。

3. 移动互联网的应用

当我们随时随地接入移动网络时，运用最多的就是移动互联网应用程序。移动音乐、手机游戏、视频应用、手机支付、位置服务等丰富多彩的移动互联网应用发展迅猛，正在深刻改变信息时代的社会生活，移动互联网正在迎来新的发展浪潮。以下是主要的移动互联网应用。

（1）电子阅读。电子阅读是指利用移动智能终端阅读小说、电子书、报纸、期刊等的应用。电子阅读区别于传统的纸质阅读，真正实现了无纸化浏览。特别是热门的电子报纸、电子期刊、电子图书馆等功能可以方便用户随时随地浏览，移动阅读已成为继移动音乐之后最具潜力的增值业务。

（2）手机游戏。手机游戏可分为在线移动游戏和非网络在线移动游戏，是目前移动互联网最热门的应用之一。随着人们对移动互联网接受程度的提高，手机游戏是一个朝阳产业。网络游戏曾经创造了互联网的神话，也吸引了一大批年轻的用户。随着移动终端性能的改善，更多的游戏形式将被支持，客户体验也会越来越好。

（3）移动视听。移动视听是指利用移动终端在线观看视频、收听音乐及广播等影音应用。

（4）移动搜索。移动搜索是指以移动设备为终端，对传统互联网进行搜索，从而实现高速、准确地获取信息资源。移动搜索是移动互联网的未来发展趋势，随着移动互联网内容的充实，人们查找信息的难度会不断加大，内容搜索需求也会随之增加。相比传统互联网的搜索，移动搜索对技术的要求更高。移动搜索引擎需要整合现有的搜索理念来实现多样化的搜索服务。将智能搜索、语义关联、语音识别等多种技术融合到移动搜索技术中。

（5）移动社区。移动社区是指以移动终端为载体的社交网络服务，也就是终端、网络加社交的意思。

（6）移动商务。移动商务是指通过移动通信网络进行数据传输，并利用移动信息终端参与各种商业经营活动的一种新型电子商务模式，它是新技术条件与新市场环境下的电子商务形态，也是电子商务的一个分支。移动商务是移动互联网的转折点，因为它突破了仅用于娱乐的限制开始向企业用户渗透。随着移动互联网的发展成熟，企业用户也会越来越多地利用移动互联网开展商务活动。

（7）移动支付（也称手机支付）是指允许用户使用其移动终端（通常是手机）对所消费的商品或服务进行账务支付的一种服务方式。移动支付主要分为近场支付和远程支付两种。整个移动支付价值链包括移动运营商、支付服务商（如银行，银联等）、应用提供商（公交、校园、公共事业等）、设备提供商（终端厂商，卡供应商，芯片提供商等）、系统集成商、商家和终端用户。

4.2.3 认识"互联网+"

随着互联网的平台化发展和互联网思维对社会生产和生活带来的巨大影响，国家制订了

"互联网+"行动计划,以推动移动互联网、云计算、大数据、物联网等与现代制造业相结合,促进电子商务、工业互联网和互联网金融的健康发展。"互联网+"是互联网思维的进一步实践成果,它代表一种先进的生产力,可推动经济形态不断发生演变。

"互联网+"就是指"互联网+各个传统行业",但这并不是简单的两者相加,而是利用信息通信技术和互联网平台,让互联网与传统行业进行深度融合,以创造新的发展生态。例如,"互联网+信息搜索"诞生了百度;"互联网+交易手段"诞生了支付宝;"互联网+商场",诞生了淘宝;"互联网+视频"有了爱奇艺、优酷;"互联网+社交"出现了微信、微博、QQ、Twitter;"互联网+阅读"使网络小说畅行市场,新闻客户端成为信息宠儿……。民生、金融、交通、教育、医疗等领域纷纷触网,传统行业与互联网行业融合,"互联网+"加出了传统行业的新形态,加出了我们生活的新方式。

"互联网+"具有以下7大特征。

(1)跨界融合。"+"就是指跨界。敢于跨界才会有创新的基础,通过融合协同群体智能才会实现。融合本身也指代身份的融合,如客户消费转化为投资伙伴参与创新等,都是融合的体现。

(2)创新驱动。这是互联网的特质,用互联网思维来求变、自我革命,更能发挥创新的力量。

(3)重塑结构。信息革命、全球化、互联网业已打破了原有的社会结构、经济结构、地缘结构、文化结构。权力、议事规则、话语权不断在发生变化。

(4)尊重人性。人性的光辉是推动科技进步、经济增长、文化繁荣的最根本力量。互联网力量之强大,其最根本之处来源于对人性最大限度的尊重、对人体验的敬畏、对人的创造性发挥的重视。例如,卷入式营销、分享经济等。

(5)开放生态。把过去制约创新的环节化解掉,把孤岛式创新连接起来,让努力者有机会实现价值。

(6)连接一切。连接是有层次的,可连接性也是有差异的,虽然连接价值是相差很大的,但连接一切是"互联网+"的目标。

(7)法制经济。"互联网+"是建立在市场经济基础之上的法制经济,更加注重对创新的法律保护,增加了对于知识产权的保护范围。全世界对于虚拟经济的法律保护更加趋向于共通。

"互联网+"是这个时代的重要标签,其发展绝非仅是技术上的改变,它深刻影响着社会生活的方方面面;互联网思维绝非是互联网中一个孤立存在的创新点,它颠覆了人类千百年的思维模式、生活方式;互联网+绝非是短期有效的行动计划,它是社会经济形态的演变,像空气、阳光、水一般沁入人心,使得互联网、互联网思维及由此产生的一系列变化成为人类生活的常态。

麻省理工学院 David Clark 教授的讲述有助于我们更加清晰地理解互联网对人类的影响。他说:"把网络看成是计算机之间的连接是不对的。相反,网络把使用计算机的人连接起来了。互联网的最大成功不在于技术层面,而在于对人的影响。电子邮件对于计算机科学来说也许不是什么重要的进展,然而对于人们的交流来说则是一种全新的方法。"

4.2.4 互联网思维

1. 互联网思维的概念

互联网所带来的信息相互连通和快速交互,让信息不再是生活的一部分,而如同空气和水一般,因此,我们必须具备一种全新的思维方式,即互联网思维,来感知这个时代。

互联网思维是指在(移动)互联网+、大数据、云计算、物联网等科技不断发展的背景下,对市场、用户、产品、企业价值链乃至对整个商业生态进行重新审视的思考方式。也就是降低维度，让互联网产业以低姿态主动去融合实体产业。目前，互联网思维主要强调对商业模式带来的影响，例如，"用户至上，体验为王"其背后的原因是互联网开创的信息文明时代；"全民评价"可以让企业捕获用户需求变得更加便捷，让口碑传播更快，使竞争更加激烈。

关于互联网思维，很多人还存在几点误区，如因为有了互联网才有了互联网思维；认为互联网思维是互联网人的专利；互联网思维是包治百病的灵丹妙药；用互联网思维做营销最实用，等等。事实上，互联网思维的提出是因为互联网科技的发展，以及对传统商业形态的不断冲击，才导致了这种思维集中式的爆发，互联网思维本质上就是一种思维方式。

互联网思维的表征如下。

（1）便捷。互联网的信息传递和获取比传统方式快，且内容更加丰富。

（2）表达，也称"参与"。互联网让人们表达、表现自己成为可能。每个人都有参与到一件事情的创建过程中的愿望。让一个人"付出"比"给予"会让他更有参与感。

（3）免费。互联网造就了更多样的商业模式，从没有哪个时代让我们享受如此多的免费服务，"免费……共赢"是一个非常重要的互联网思维。

（4）数据思维。互联网让数据的搜集和获取更加便捷，并且随着大数据时代的到来，数据分析预测对于提升用户体验有非常重要的价值。

（5）用户体验。互联网让用户操作更加便捷，使用体验也更好。任何商业模式的根本都是用户，其核心就是更大限度地让用户满意。

2. 互联网思维带来的变化

在互联网发展下，互联网思维使得我们的社会生产、生活产生了巨大变化。这些变化归纳起来可分为以下 3 点。

（1）类聚效应，也称物以类聚的类聚。在互联网时代，由于信息特别发达，相同的观点和爱好，通过一个点就能够快速积累起来。以前，你有什么观点，或者喜欢某个人某件事，只能和周围的人交流一下，但有了社交网络，你能快速找到很多和你一样的人，这就是类聚效应。

（2）众包。众包是指能让无数人来帮你打工，而且不用付工资，如 YuoTube 从开始做到出售只花了 1 年多的时间，而且被收购时，YouTube 只有 30 多个员工。为什么他们却能做这么大的网站呢？因为那些上传分享视频的人本质上都是 YouTube 的员工，而且是免费的。再例如淘宝网只是马云创建的一个平台，让大家在上面开店赚钱，而且马云还不用付工资。所以，众包的意思就是发动更多人来免费帮你打工，来的人越多，网站就越成功。

（3）分享。有了社交网络和分享，很多创业的结构都发生了改变。例如 Uber 或 Airbnb，这种模式早就有人尝试过，但没有成功。今天能成功归功于分享和社交网络应用的普及。

任务 3　网络与信息安全

➡ 任务情境

在信息时代，作为信息资源获取的重要平台，互联网能带给人们海量的信息资源，然而人们在享受互联网带来的各种便利的同时，信息安全也面临着严峻的考验。个人信息泄露、银行账号被盗、垃圾信息、诈骗电话等事件层出不穷。时时刻刻威胁着人们的个人信息乃至国家政治、经济、文化信息的安全。信息安全问题已经成为一个世界性的问题，有许多国家都将信息安全作为保障国家安全的大事来抓，并专门为此设立了相关机构。

我国只在少数高等院校开设了"信息安全"专业，因此信息安全技术人才奇缺。对于信息安全的学科研究分为狭义安全与广义安全两个层次，狭义安全是指建立在以密码论为基础的计算机安全领域，早期的中国信息安全专业通常以此为基准，辅以计算机技术、通信网络技术与编程等方面的内容；广义安全是一门综合性学科，从传统的计算机安全到信息安全，不仅是名称的变更也是对安全发展的延伸，安全不再是单纯的技术问题，而是将管理、技术、法律等问题相结合的产物，包括政治信息安全、经济信息安全、科技信息安全、军事信息安全、文化信息安全、生态信息安全、公共信息安全等部分。在这里，我们对信息安全的论述主要是基于在互联网环境下普通的非信息安全专业的信息用户对信息的保护意识与措施，即从意识形态层面认识信息在产生、发布、传播与交流等过程中存在的安全风险，以及普通信息用户应该采取的可行性防护措施。

预备知识

4.3.1 网络安全概述

网络安全指网络系统的硬件、软件及其系统中的数据受到保护，不会因为偶然或恶意的原因而遭到破坏、更改、泄露，使系统能够连续可靠正常地运行，网络服务不中断。

网络安全包括运行系统安全、系统信息安全、信息传播安全、信息内容安全。

网络安全主要解决以下问题：网络防攻击问题；网络安全漏洞与对策问题；网络信息安全保密问题；防抵赖问题；网络内部安全防范问题；网络防病毒问题；网络数据备份与恢复，以及灾难恢复问题等。

网络安全的关键技术有加密与认证技术、防火墙技术、网络防攻击与入侵检测技术、网络文件备份与恢复技术、网络防病毒技术、安全管理技术等。

4.3.2 网络行为规范

信息时代飞速发展的今天，网络对我们的影响越来越深，每天都会用到网络，我们通过在网上接收的各种信息，可以学到很多新的知识，认识更多的朋友，同时我们也要规范网络行为，如图4.31所示。

图 4.31 规范网络行为

首先，我们要正确使用网络信息，以健康的心态去面对网络。其次，要加强网络媒体的监管，特别是浏览量很大的媒体的监管，让健康的、正能量的媒体信息占据网络主要阵地，让媒体舆论去正确的引导人们的网络行为。同时，我们要积极组织学校、团体学习网络安全法，让大家知道哪些网络行为是不能有的，加强法制教育，让人们有自觉规范网络行为的意识。

网络监管部门要组建规范网络行为的机构，组织团体进行宣传和学习如何规范网络行为，同时给有需要的人群以正确的引导。

当然，最重要的是合理使用网络，健康使用网络，不沉迷于网络，引导大家多参加体育锻炼，让网络使用者的身心都健康起来，如在健康日这天分区域地组织网友进行有奖马拉松赛，在比赛时还可以宣传网络安全法，可谓一举多得。

4.3.3 认识信息安全

1. 信息安全的内容

信息作为一种有价值的资源，在给我们带来便利的同时，也存在着极大的安全隐患。

信息安全（Information Security）指信息系统（硬件、软件、数据、人、物理环境及其基础设施）能得到技术和管理的安全保护，不会因为偶然的或恶意的原因而遭到破坏、更改、泄露，系统能连续正常地运行，使信息服务不中断，如图 4.32 所示。

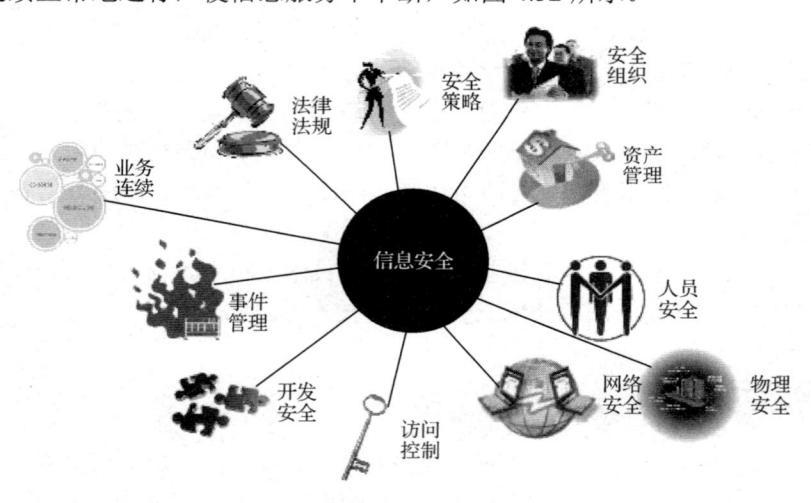

图 4.32　信息安全图解

信息安全是一项系统工程，主要包括 5 方面的内容，即需保证信息的保密性、真实性、完整性、未授权复制和所寄生系统的安全性。而网络环境下的信息安全体系则是保证信息安全的关键，包括计算机安全操作系统、各种安全协议、安全机制（数字签名、消息认证、数据加密等），直至安全系统，如 UniNAC、DLP 等，只要存在安全漏洞便可以威胁全局安全。

2. 强调信息安全的意义

中国互联网络信息中心在 2017 年 8 月 4 日发布的第 40 次《中国互联网络发展状况统计报告》中显示，截至 2020 年 12 月，我国网民规模达 9.89 亿，较 2020 年 3 月增长 8540 万，互联网普及率达 70.4%。手机网民规模达 9.86 亿，较 2020 年 3 月增长 8885 万，网民使用手机上网的比例达 99.7%，较 2020 年 3 月提升 0.4 个百分点。其中，网络支付用户规模达 8.54 亿，较 2020 年 3 月增长 8636 万，占网民整体的 86.4%。手机网络支付用户规模达 8.53 亿，较 2020 年 3 月增长 8744 万，占手机网民的 86.5%。手机上网比例持续提升。这些数据清晰地说明了，通过互联网使用计算机终端或手机移动终端已成为人们获取信息、利用信息的首选方式。

这些数据同样表达了，以互联网为代表的数字技术正在加速与经济社会各领域的深度融合，成为促进我国消费升级、经济社会转型、构建国家竞争新优势的重要推动力。它主要表现为网络购物市场消费升级特征进一步显现，用户偏好逐步向品质、智能、新品类消费转移；线上和线下相融合向数据、技术、场景等领域深入扩展，使各平台积累的庞大用户数据资源进一步得到重视；各类手机应用的用户规模不断上升，移动互联网主导地位强化，场景更加丰富。图 4.33 列示了第 47 次《中国互联网络发展状况统计报告》中 2020 年 3 月—2020 年 12 月我国网民各类互联网的应用规模和使用率，可以看出，通过网络人们进行网络支付、互联网理财、网络游戏、网络购物、搜索引擎、网络直播、远程办公、即时通信等，网络应用已无所不在。

应用	2020.3 用户规模（万）	2020.3 网民使用率	2020.12 用户规模（万）	2020.12 网民使用率	增长率
即时通信	89613	99.2%	98111	99.2%	9.5%
搜索引擎	75015	83.0%	76977	77.8%	2.6%
网络新闻	73072	80.9%	74274	75.1%	1.6%
远程办公	—	—	34560	34.9%	—
网络购物	71027	78.6%	78241	79.1%	10.2%
网上外卖	39780	44.0%	41883	42.3%	5.3%
网络支付	76798	85.0%	85434	86.4%	11.2%
互联网理财	16356	18.1%	16988	17.2%	3.9%
网络游戏	53182	58.9%	51793	52.4%	-2.6%
网络视频（含短视频）	85044	94.1%	92677	93.7%	9.0%
短视频	77325	85.6%	87335	88.3%	12.9%
网络音乐	63513	70.3%	65825	66.6%	3.6%
网络文学	45538	50.4%	46013	46.5%	1.0%
网络直播	55982	62.0%	61685	62.4%	10.2%
网约车	36230	40.1%	36528	36.9%	0.8%
在线教育	42296	46.8%	34171	34.6%	-19.2%
在线医疗	—	—	21480	21.7%	—

图 4.33 2020 年 3 月—2020 年 12 月我国网民各类互联网的应用规模和使用率

我们在微博账户上留下的昵称、QQ 号、性别、好友等信息，在支付宝中留下的身份证号、账号、真实姓名、消费记录等信息，在人人网上留下的真实姓名、QQ 号、毕业学校、电话和照片等信息会被泄露吗？

事实上，每一种应用对用户的敏感信息的泄露都是很有限的，仅是包含了用户某个方面有限的个人信息。但是，大数据时代，无论是购物消费、网络聊天等琐碎小事，还是买房、结婚、生子等人生大事，都不可避免地留下"数据脚印"。一旦将它们汇集整合，就会使敏感的信息迅速还原，令个人隐私无所遁形。例如，攻击者从用户的消费记录中可以发现用户的购物习惯、活动规律、社会地位等信息，同时又可以获取该用户的微博信息、支付宝信息及个人其他信息等，只需要简单的关联分析，该用户在网络上的虚拟信息都将直接关联到他身上，这就会在很大程度影响该用户的隐私，如图 4.34 所示，攻击者通过将从各个应用中获取到的信息进行关联分析，于是一条完整的用户信息便会呈现于攻击者眼前，这对用户的安全和个人隐私的威胁是不言而喻的。因此，加强信息安全意识是十分必要的。

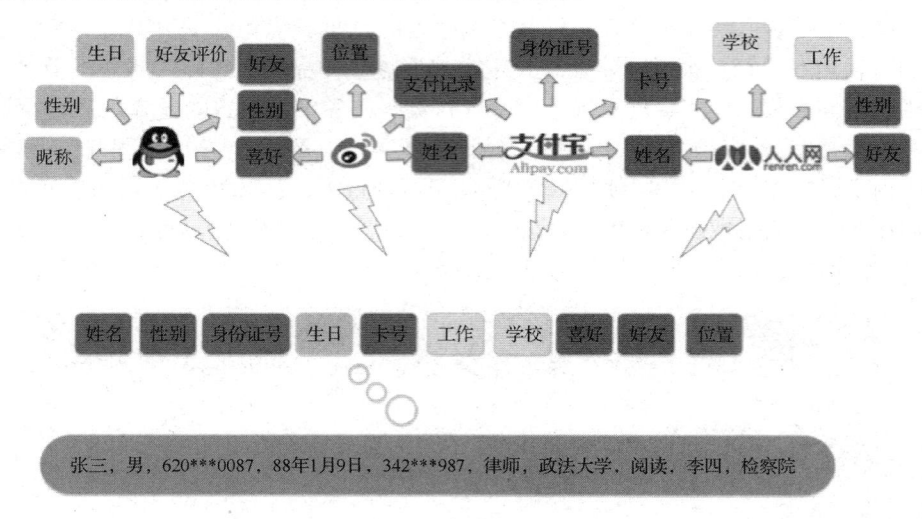

图 4.34 用户信息关系链示例

4.3.4 信息安全的现状

随着接入互联网人数的大量增加，人们使用的应用更加广泛，随之而来的信息安全问题也就更加严峻，从美国大量网站瘫痪到 Yahoo!15 亿用户信息被盗，以及 2017 年席卷全球的勒索病毒等，网络安全事件接连爆发，网络安全威胁和风险日益突出，并加快向政治、经济、文化、社会、生态、国防等领域传导渗透，成为世界各国面临的共同难题。下面结合实践来分析，网络信息安全问题主要有以下 4 种情况。

1. 公民信息泄密

近年来，我们经常在电视、互联网媒体看到关于信息泄露事件的报道，而且严重程度也愈演愈烈。2018 年 9 月江苏高校学生的学籍信息泄露；部分苹果手机用户的 ID 被盗，用户资金损失严重；2019 年 7 月，中国智能家居某公司的产品数据库暴露在互联网上，该数据库中存储的超过 20 亿条日志泄露等，手机清理软件都将对公民个人的信息安全产生严重的威胁。

2. 间谍软件

间谍软件是一种能够在用户不知情的情况下，在其计算机上安装后门、收集用户信息的软件。它能够捕获用户的隐私数据和重要信息，并被发送给黑客、商业公司等。这些"后门程序"甚至能使用户的计算机被远程操纵，组成庞大的"僵尸网络"。间谍软件是网络安全的重要隐患之一。

3. 网络病毒与黑客攻击

网络病毒攻击计算机会严重威胁网络安全，如果计算机感染可能会引发系统故障，从而导致相应网络系统的崩溃。黑客攻击和病毒入侵的原理相似，黑客攻击的手段较多。有些只是为了扰乱系统的运行，通常采用拒绝服务攻击或信息炸弹，但大多黑客都是破坏性攻击，以侵入他人计算机系统、盗窃系统保密信息、破坏目标系统的数据为目的。所以黑客在攻击计算机时一般带有较强的目的性，致使计算机网络安全遭到严重威胁。

4. 公民的信息保护意识不强

网络上个人信息的肆意传播、电话推销源源不绝等情况时有发生，从其根源来看，这与公民信息保护意识不强密切相关。公民在个人信息层面的保护意识相对薄弱，给信息被盗取创造了条件。例如，对于有的网站要求填写身份证号码等信息的行为，很多公民并未意识到这是对信息安全的侵犯。此外，部分网站基于公民意识薄弱的特点公然泄露或出售相关信息。再者，日常生活中随便填写传单等资料也存在信息被违规使用的风险。因此，急需加大力度普及推广网络安全意识教育，普及网络安全知识和技能，提升全民网络安全意识。

4.3.5 信息安全的防护途径

世界上没有绝对坚不可摧的城墙，即便我们在意识上高度重视信息安全问题，并掌握了一定的信息安全防护技能，也有可能被"攻击者"盯上。发生了信息安全事件，要学会利用法律武器，捍卫自己的信息安全。

1. 加强信息安全意识

信息安全意识指在人们头脑中建立起来的信息环境和信息工作必须安全的观念，也就是人们在发布信息、利用信息的过程中对各种各样有可能对信息本身或信息所处的介质造成损害的外在条件的一种戒备和警觉的心理状态。简言之，就是要意识到信息的存在有可能被他人恶意利用，所以要从思想意识上对一切信息行为予以警觉。

良好的安全意识主要来自持续不断的、无处不在的宣传教育。信息安全意识作为一种特殊教育内容，首先应该从政府层面进行大力倡导和支持，充分发挥各类媒体的宣传作用，尤其是网站和论坛的作用，进行全民宣传教育。把个人、企业、国家机关、事业单位等都纳入信息安全素养教育的范围，并开发出有针对性和衔接性的培养计划。其中针对个人，应注重信息安全风险识别能力、信息安全常识和信息安全基本防护能力锻炼，教育部门、各级学校应将信息安全教育纳入基础教育体系，逐渐提高国民整体信息安全意识；针对国家机关、企事业单位人员，应重点学习法律法规、职业道德、信息安全案例和防护技术，提高信息安全综合素养。特别需要指出的是，首先，要将信息安全教育纳入各级党校、行政学院等干部培训的体系中，提升广大干部的信息安全素养，提高他们在日常工作中对信息安全工作的重视程度，以便今后推动各类信息安全教育工作。其次，作为信息的制造和使用者的广大信息用户，要从自身做起，注意保护好个体信息不被泄露，坚守职业道德，不随意泄露他人或公众信息。

2. 掌握信息安全技术

当前信息安全问题的发生主要产生在互联网，因此，加强对信息用户的网络安全知识技能的教育十分重要。用户的信息安全技能主要从以下4个方面进行加强，如表4.2所示。

表4.2 信息安全技能行为示例

保护计算机信息安全方面的知识技能	☞ 设定良好的密码、安装防毒软件并定期升级、安装防火墙； ☞ 注意计算机系统的更新与提醒，不使用盗版软件； ☞ 及时备份重要资料到除计算机硬盘外的介质； ☞ 注意计算机电线和电缆的摆放、电源的负荷，不在计算机桌上放置饮食、装水的容器等，保证计算机有一个安全的操作环境

续表

保护个人资料和隐私方面的知识技能	☞ 通过浏览器的安全设定值来限制 Cookie 功能，避免隐私外泄； ☞ 不轻易在从来没有听说过或第一次访问的网站中填写重要的个人资料或留下信用卡等资料； ☞ 使用公共计算机时不要输入敏感性高的信息，不要勾选"记住密码"复选框，输入信息时注意身边的人是否在偷窥，离开公共计算机时注意注销账号、关闭浏览器等； ☞ 使用垃圾邮件过滤软件、不响应垃圾邮件的广告商品，绝不回复来历不明的邮件； ☞ 下载免费或共享软件时，仔细阅读和软件有关的所有信息，避免通过 P2P 程序或其他渠道下载来历不明的软件； ☞ 不轻易在手机上提供位置信息和发布个人照片等信息为公开可看等
安全使用网络上的各项服务技能	☞ 不随意转发未经证实的网络流言、信件； ☞ 在网络上发言应三思而后行； ☞ 利用 QQ 等即时通信软件时不随意接受来历不明的资料，不轻易传递个人资料或重要的公司机密资料； ☞ 不轻易单击即时通信好友发来的来历不明的超链接； ☞ 不轻易直接使用 E-mail 中的超链接； ☞ 不随意接入不明的免费无线网络
安全实施网络交易的技能	☞ 不在陌生的网络购物平台中购物； ☞ 不要轻易扫描不明确的二维码； ☞ 网络购物时要注意查看商家是否提供充分的联络信息，并仔细阅读相关契约条款内容； ☞ 在网络上填写个人资料或交易时，检查该网站是否有诚信标识； ☞ 注意网络商家是否提供公司的基本资料、联络方式、商品说明、退换货条件方式、申诉处理机制等必要信息； ☞ 发生争议时，积极寻求管理机构的协助； ☞ 在网络支付时确认支付网站是否有认证标识，网络付款机制是否符合 SSL 等安全机制（网址的最前方是否为 https，一般的网址为 http）； ☞ 网页的右下方是否出现锁匙图案； ☞ 选择信誉度高的商家进行交易； ☞ 手机支付时不轻易把校验码、动态口令告诉其他人等

3. 利用法律武器

虽然网络信息安全事件频发，但并不意味着我们要剪断网线，关闭计算机，扔掉智能手机，再回到"飞鸽传书"的时代，以避免自己变得"不安全"。我们要通过信息安全防护技能为自己提高安全系数，同时也要利用法律武器捍卫信息世界的安全。

近年来，一些发达国家相继出台了一系列有关信息安全的法律法规，如美国的《联邦信息安全管理法案》《联邦电子通信隐私权法》，欧盟的《打击计算机犯罪国际公约》，日本的《个人信息保护法》等。

我国除了正在征求意见的《网络产品和服务安全审查办法》，也出台了不少法律法规和文件，如《中华人民共和国保守国家秘密法（修订）》《中华人民共和国计算机信息系统安全保护条例》《计算机病毒防治管理办法》《计算机信息网络国际联网安全保护管理办法》《信息安全标准与法律法规》《信息安全等级保护管理办法》等。2015 年 7 月 1 日，全国人大常委会通过的《中华人民共和国国家安全法》明确规定了加强网络管理，防范、制止和依法惩治网络攻击、网络入侵、网络窃密、散布违法有害信息等网络违法犯罪行为，维护国家网络空间主权、安全和发展利益。2016 年 12 月，国家互联网信息办公室发布了《国家网络空间安全战略》。2017 年 6 月 1 日起施行的《中华人民共和国网络安全法》则是我国网络领域的基础性法律，针对个人信息泄露问题，《中华人民共和国网络安全法》规定，网络产品、服务具有收集用户信息功能的，其提供者应当向用户明示并取得同意；网络运营者不得泄露、篡改、毁损其收集的个人信息；任何个人和组织不得窃取或以其他非法方式获取个人信息，不得非法出售或非法向他人提供个人信息。针对网络诈骗多发态势，《网络安全法》规定，任何个人和组织不得设立用于实施诈骗、传授犯罪方法、制作或销售违禁物品、管制物品等违法犯罪活动的网站、通信群组，不得利用网络发布涉及实施诈骗，制作或销售违禁物品、管制物品及其他违法犯罪活动的信息。除此以外，我国还将采取包括经济、政治、科技、军事等一切措施，坚定不移地维护我国网络空间主权。加强网络反恐、反间谍、反窃密的能力建设，严厉打击网络恐怖和网络间谍活动，以及贩枪贩毒、传播淫秽色情、黑客攻击等违法犯罪行为。

这一切都说明，网络空间与现实世界一样，人们的一切行为都在法律法规的约束之下，当我们的信息安全受到侵犯时，要果断举起法律武器，将不法分子绳之以法，还网络信息世界一方净土。

拓展训练

1. 什么是网络犯罪？网络犯罪行为适用的法律法规有哪些？
2. 讨论在网络环境下，还有哪些行为可能侵害知识产权？
3. 你有否单击过即时通信工具或论坛、网页弹出的链接？
4. 你认为自己的信息安全意识如何？你了解和具备哪些信息安全防护技能？

项目 5

文档编辑——Word 2019

项目介绍

Word 2019 是美国微软公司开发的 Office 2019 系列办公软件中的一个组件。Word 2019 是功能强大的文字处理软件，主要用于文档编辑与制作，它集文字编辑与排版、表格表单制作、海报设计、结构图与流程图绘制、批量证件制作等功能于一身，已成为人们办公、学习、生活中必不可少的应用工具。本项目主要介绍 Word 2019 在工作中的具体应用。

学习目标

- ✧ 熟悉 Word 2019 的工作界面
- ✧ 掌握文档编辑的基本操作
- ✧ 掌握表格创建编辑与美化操作
- ✧ 掌握 SmartArt 图形插入与编辑方法
- ✧ 掌握制作流程图及美化的常用方法
- ✧ 掌握制作组织结构图及美化的常用方法
- ✧ 熟悉邮件合并的基本思想
- ✧ 掌握邮件合并进行批量制作的基本方法
- ✧ 熟悉创建新标题样式与快捷键的设置方法
- ✧ 掌握封面插入与编辑的方法
- ✧ 掌握自动目录的插入与编辑方法
- ✧ 掌握页眉和页脚的插入与编辑方法
- ✧ 掌握书签的创建与定位使用方法

任务 1　制作问卷调查表

任务描述

通过利用 Word 2019 创建"创新团队申请调查表",学习表格的基本操作、单元格合并与拆分、开发工具选项卡的开启、常用控件插入与设置的基本方法等操作。

创建好的"创新团队申请调查表"的效果如图 5.1 所示。

创新团队申请调查表

团队名称							
项目负责人		性别		民族		出生日期	
行政职务		专业职称			研究方向		
学历		学位			任教专业		
工作单位					联系电话		
预完成时间					成果类型		
预期研究成果	成果名称		成果类型		参加成员		
团队主要研究人员							
姓名	部门	性别	年龄	职称	职务	专长	科研情况

图 5.1　创新团队申请调查表

任务分析

完成本项任务,具体操作如下。

（1）打开 Word 2019,新建一个空白文档文件,另存为"创新团队申请调查表.docx"。
（2）插入表格制作表单的基本框架、数据项名称。
（3）为性别、学历、学位的内容单元格插入下拉列表控件,并设置相应控件属性。
（4）为出生日期的内容单元格插入日期选取器内容控件,并设置控件属性。
（5）美化表单,设置数据项的对齐方式、字号、边框颜色等。

（6）保存文件。

通过本任务将学会 Word 2019 表格、表单的基本操作及制作带控件的表单型表格制作的基本方法。

知识准备

5.1.1 Word 2019 的工作界面

启动 Word 2019 程序进入工作界面，如图 5.2 所示。Word 2019 的工作界面包括快速访问工具栏、标题栏、功能区、编辑区和状态栏、水平标尺等部分。

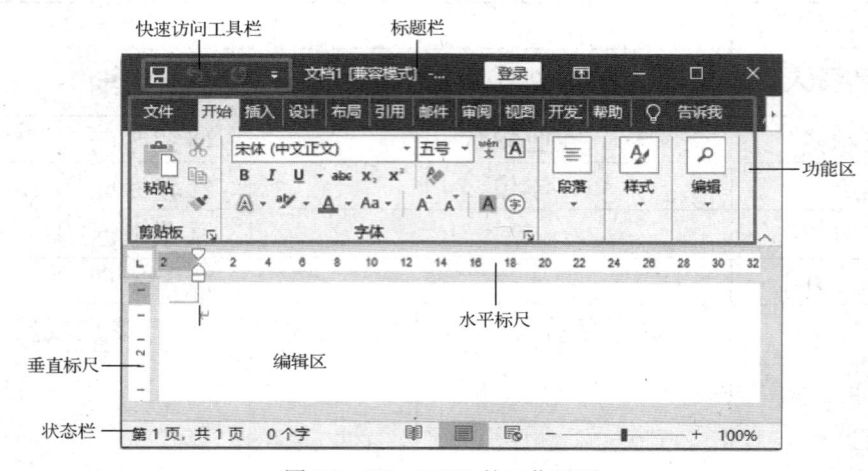

图 5.2 Word 2019 的工作界面

5.1.2 Word 2019 的基本操作

1. 文件基本操作

由 Word 2019 所创建的文件称为文档文件，默认的文件扩展名为".docx"，如"调查问卷.docx"。文件基本操作包括创建、打开、保存等，通过"文件"选项卡可以开启相关操作。文件保存的组合键是【Ctrl+S】。

2. 内容编辑基本操作

当前位置为光标所在位置。插入/改写状态：通过键盘中的【Insert】键，可以切换光标所在位置的输入状态是插入或改写；删除字符：要删除光标前的字符，按【Backspace】键；删除光标后的字符，按【Delete】键；内容移动：剪切操作时，按组合键【Ctrl+X】；内容复制：复制操作时，按组合键【Ctrl+C】；粘贴的组合键是【Ctrl+V】；文本对象选择的方法，如表 5.1 所示。连续区域选择时，按 Shift+鼠标操作；不连续区域选择时，按 Ctrl+鼠标操作。

表 5.1 应用鼠标选择文本法

选 定 区 域	操 作 方 法
任何数量文本	鼠标从起始处拖曳至文本末尾处
一行文本	鼠标左键在左侧选定栏位置进行单击

续表

选 定 区 域	操 作 方 法
一个段落	鼠标左键在左侧选定栏位置进行双击
多个段落	将鼠标指针移至本段落左侧选定栏，同时向上或向下拖曳鼠标
整篇文档	鼠标左键在左侧选定栏位置三击
文本框或框架	单击文本框内部，将鼠标指针拖曳至框架或文本框边框之上，直到鼠标指针变成四向箭头后，单击鼠标

3. 常规设置

字体设置：实现字符的格式设置，包括字体、字号、大小写、文本颜色、效果等格式的设置。操作过程：选中文本，执行"开始"→"字体"，弹出"字体"选项组，或者鼠标单击右键，自动弹出"字体"选项组的快捷面板，如图5.3所示。

段落设置：实现段落的格式设置，包括项目符号与编号、对齐方式、缩进、间距、底纹、边框、中文版式等格式的设置。操作过程：定位设置格式的段落，然后执行"开始"→"段落"，弹出"段落"选项组，选择相应选项，如图5.4所示。

图5.3 "字体"对话框　　　　　图5.4 "段落"对话框

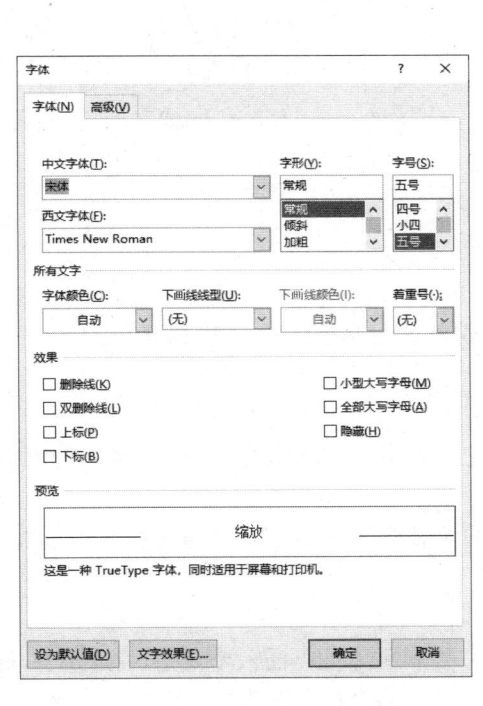

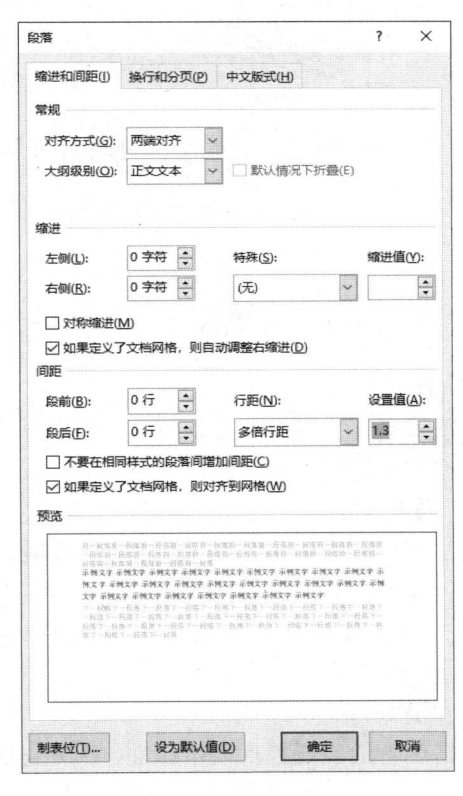

页面设置：实现页面的格式设置，包括页边距、纸张方向、纸张大小、分隔符、行号等格式的设置。操作过程：执行"布局"→"页面设置"，选择相应选项，如图5.5所示。

格式刷：实现格式复制与套用。操作过程：首先选中格式套用源文本，然后执行"开始"→"剪贴板"→"格式刷"，如图5.6所示，再把格式刷（鼠标图标）在需要设置格式的目标文本上拖曳，如果设置整个段落，可在该段落左边距侧双击鼠标即可。

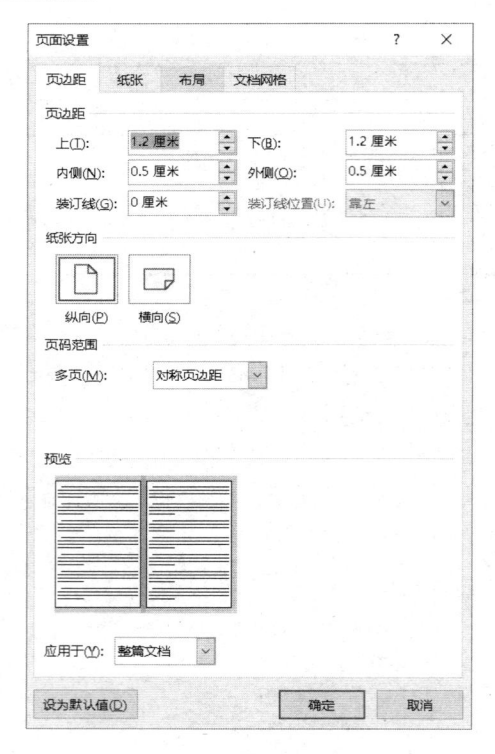

图 5.5 "页面设置"对话框　　　　　图 5.6 格式刷

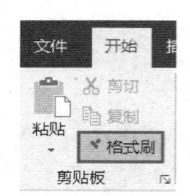

5.1.3 表格的基本操作

1. 表格

表格既是一种可视化交流模式，又是一种组织整理数据的手段。Word 环境中，表格分为规则表格和不规则表格两种。

2. 插入表格

方法 1：使用 Word 2019"插入"选项卡中的"表格"选项组的"插入表格"选项，选择表格的行和列，即可自动插入表格。

方法 2：使用 Word 2019"插入"选项卡中的"表格"选项组的"绘制表格"选项，鼠标变成绘图笔，可手动绘制表格。

3. 编辑表格

表格编辑的设置包括表格属性、单元格属性、行和列属性；插入单元格、行或列；删除单元格、行或列；合并与拆分单元格等操作。表格工具组的"布局"选项卡可以实现表格的各种编辑操作，如图 5.7 所示。

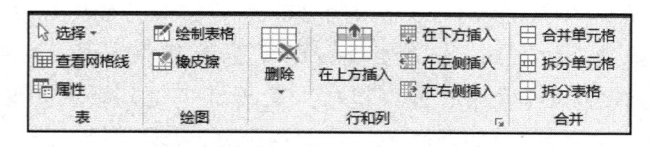

图 5.7 表格工具组的"布局"选项卡

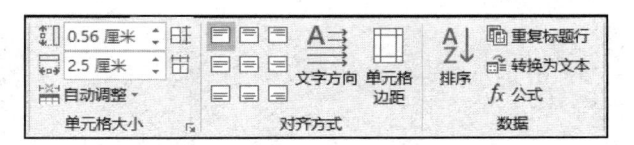

图 5.7　表格工具组的"布局"选项卡（续）

4. 美化表格

表格创建后，还可以通过添加表格样式、设置边框底纹等方法进行表格美化。表格工具组的"设计"选项卡可以实现表格的设计操作，如图 5.8 所示。

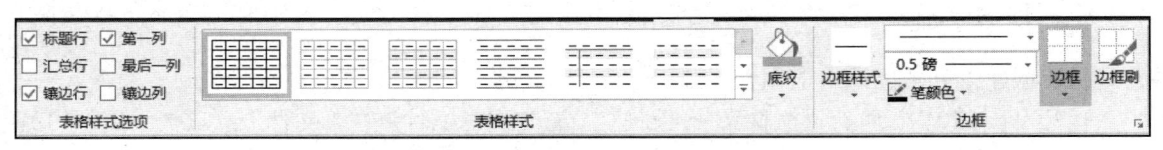

图 5.8　表格工具组的"设计"选项卡

5.1.4　Word 2019 的开发工具

1. 开发工具

开发工具是 Word 2019 可视化 Basic 脚本编程的界面，提供了一组可视化控件，可规范用户的操作，控制用户的操作行为，如操作界面人性化，方便用户操作等高级操作。

2. 勾选"开发工具"复选框

左击 Word 2019 "文件"的"选项"，弹出"Word 选项"对话框，在"自定义功能区"的"主选项卡"下方列表中，勾选"开发工具"复选框，然后单击"确定"按钮，如图 5.9 所示。

图 5.9　勾选"开发工具"复选框

3. 常用 ActiveX 控件

ActiveX 控件是 Microsoft 的 ActiveX 技术的一部分，通过使用 ActiveX 控件，可以快速地在网页、应用程序、开发工具中加入特殊的功能。Word 2019 的 ActiveX 控件如图 5.10 所示。在"控件"选项组中结合了 ActiveX 控件，其类型包括复选框、文本框、标签、选项按钮、图像、数值调节钮、组合框、命令按钮、列表框、滚动条、切换按钮等。

图 5.10 常用 ActiveX 控件

任务实施

（1）创建"创新团队申请调查表.docx"文档并保存

打开 Word 2019，执行"文件"→"新建"，新建空白文件。在"文件"选项卡中选择"另存为"（或"保存"）选项，在打开"另存为"对话框中设置"保存位置"为桌面，在"文件名"文本框中输入文件名称"创新团队申请调查表"，单击"保存"按钮。

（2）创建与编辑表格

① 插入 15 行×6 列的表格。执行"插入"→"表格"→"插入表格"，如图 5.11 所示。在对话框中输入列数为 6，行数为 15，单击"确定"按钮，完成一个 15 行×6 列表格的插入，如图 5.12 所示。

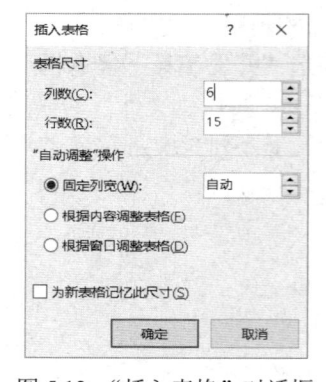

图 5.11 插入表格　　　　图 5.12 "插入表格"对话框

② 单元格合并与拆分。根据表格设计，单元格合并与拆分详情如表 5.2 所示。

表 5.2 单元格合并与拆分详情

操 作 对 象	操 作 内 容
第 1 行	合并第 2 列～第 6 列的单元格
第 2 行	分别选取第 3 列、第 4 列单元格，并将其拆分为 1 行 2 列
第 3 行和第 4 行	无变化
第 5 行	第 2 列～第 4 列单元格合并
第 6 行	第 2 列～第 4 列单元格合并
第 7 行	第 2 列和第 3 列单元格合并，第 5 列和第 6 列单元格合并
第 8 行和第 9 行	第 2 列和第 3 列单元格合并，第 5 列和第 6 列单元格合并，第 4 列单元格合并
第 7 行～第 9 行	第 1 列单元格合并。文字方向为竖向居中。单元格对齐方式为居中
第 10 行	第 1 列～第 6 列单元格合并
第 11 行～第 15 行	第 3 列和第 6 列单元格分别拆分为 2 列

③ 输入文本并设置属性。字体为黑体、小四号；段落为 2 倍行距；无首行缩进。

（3）表单控件的添加与设置

① 添加下拉列表控件。将光标定位于"性别"右侧的单元格，在"开发工具"选项卡的"控件"选项组中单击"下拉列表内容控件"按钮，如图 5.13 所示。

② 设置控件属性。单击"控件"选项组的"属性"按钮，并在弹出对话框的"下拉列表属性"区域单击"添加"按钮，将"显示名称"一列设置为"男"，"值"一列设置为"女"，单击"确定"按钮，如图 5.14 所示。

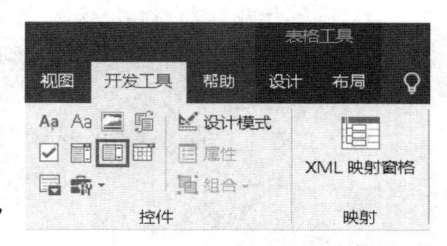

图 5.13 "开发工具"的"控件"选项组

③ 添加"学历""学位"数据的下拉列表控件。按照①，为学历、学位右侧的数据单元格添加下拉列表控件。名称与属性分别为学历（高中，专科，本科，硕士研究生，博士研究生），学位（无，学士，硕士，博士）。

④ 添加日期选取器内容控件。光标定位在"出生日期"右侧的单元格，从"开发工具"选项卡的"控件"选项组中单击"日期选取器内容控件"按钮，添加控件。然后在"控件"选项组的"属性"按钮中，设置"日期显示方式"为"yyyy'年'M'月'd'日'"，如图 5.15 所示。

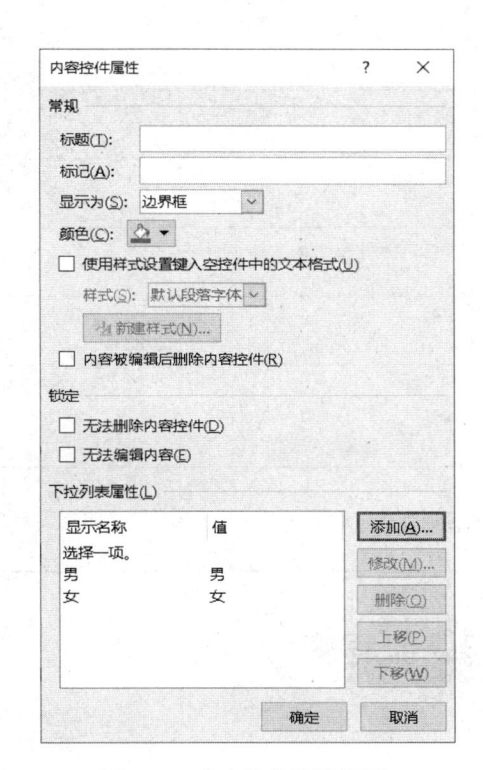

图 5.14 内容控件属性设置

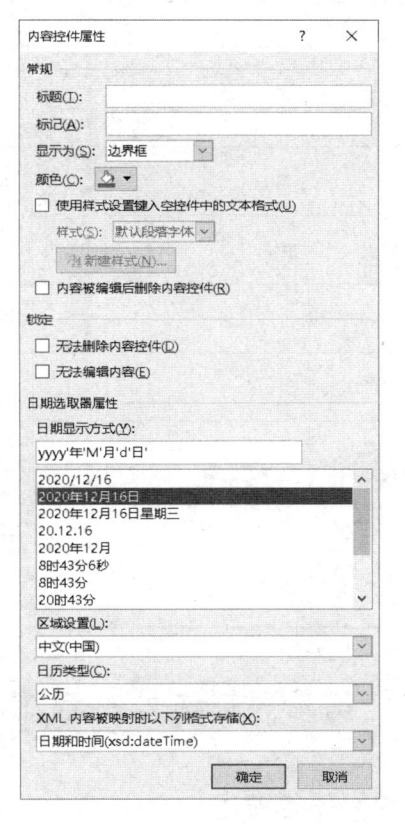

图 5.15 日期选取器内容控件属性设置

⑤ 添加格式文本内容控件。光标定位于"团队名称"右侧的单元格，在"开发工具"选项卡的"控件"选项组中单击"格式文本内容控件"按钮，完成表单整体框架。

（4）表格优化与美化

① 调整优化。整体完成后，浏览整体效果，根据内容调整单元格的列宽和行高。

② 美化。运用表格工具组的"设计"选项卡组，对表格进行样式的美化。

（5）保存文件

单击"文件"的"保存"或"另存为"按钮，或按组合键【Ctrl+S】，保存文件。

拓展训练

制作一份大学生购物调查表，如表5.3所示。

表5.3 大学生网购调查问卷

姓　　名		
性　　别	☐ 男	☐ 女
年　　级		
是否有过网购经历	☐ 是	☐ 否
网购时喜欢用哪家快递服务	☐ 中通 ☐ 顺丰 ☐ 韵达	☐ 圆通 ☐ 邮政
网购时希望的送达时间	☐ 当天 ☐ 3～5天	☐ 1～3天 ☐ 7天
网购时最担心的事情	☐ 支付的安全性 ☐ 商品和实物的差距	☐ 卖家的信誉 ☐ 其他
选择网购的原因	☐ 方便快捷 ☐ 价格比实体店价格低	☐ 商品样式品种多 ☐ 其他
使用过的电商平台	☐ 京东商城 ☐ 唯品会	☐ 淘宝网 ☐ 天猫
经常在网购平台上浏览的商品	☐ 服饰鞋帽 ☐ 生活用品 ☐ 其他	☐ 数码产品 ☐ 化妆品
选择最多的优惠方式	☐ 免邮费 ☐ 打折 ☐ 其他	☐ 满减 ☐ 积分制

任务2　制作公司组织结构图与招聘流程图

➡ 任务描述

公司组织结构图以图形的方式用来表示组织的管理结构；招聘流程图可以将整个招聘环节有个清晰的梳理。本任务利用Word 2019的"SmartArt"与"形状"工具，制作公司组织结构图与招聘流程图，效果如图5.16和图5.17所示。

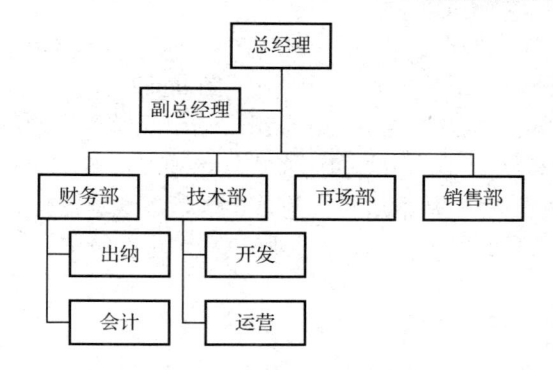

图 5.16　公司组织结构图

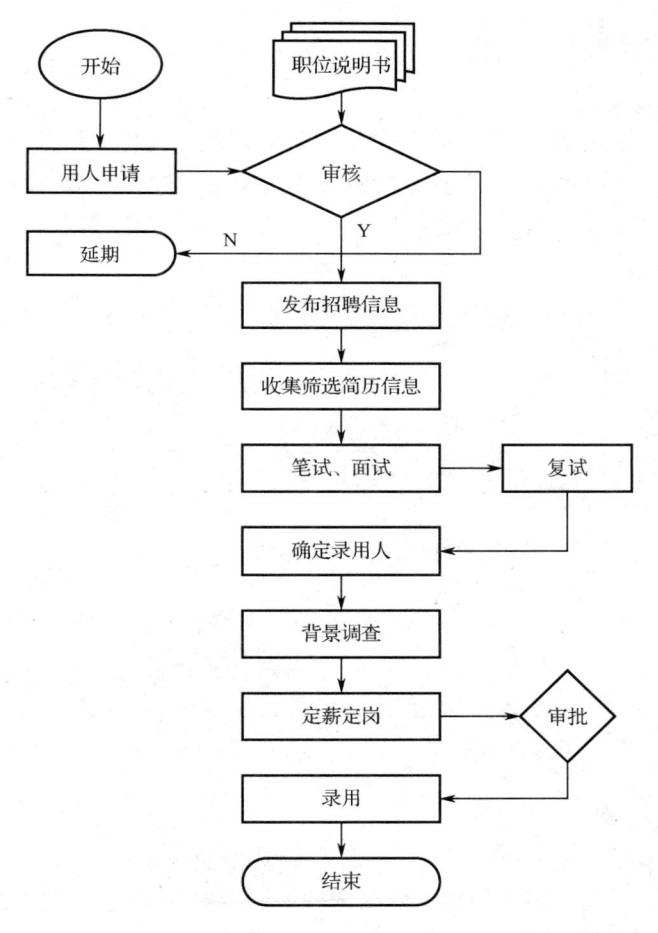

图 5.17　招聘流程图

➡ 任务分析

完成本任务需要熟悉 Word 2019 中"SmartArt"与"形状"工具的插入、绘制、属性设置等操作,明确什么任务该使用什么图形的形状来绘制表达。通过本任务的学习将学会 Word 2019 中常用 SmartArt 图形与形状的具体使用方法。

完成本项任务的具体操作如下。
① 新建文档文件"公司组织结构图与招聘流程图.docx"。
② 选用 SmartArt 工具的"层次结构"选项组中的组织结构，绘制公司的组织结构图。
③ 使用 SmartArt 工具组的"设计"和"格式"选项卡，对组织结构图进行美化。
④ 使用"流程图""线条""基本形状"的预置形状，绘制招聘流程图。
⑤ 使用绘图工具的"格式"选项卡，对招聘流程图进行美化。
⑥ 保存文件。

> **知识准备**

5.2.1　Word 2019 图形工具

1. SmartArt 图形工具

SmartArt 图形是 Office 核心组件中内建的逻辑图表，能可视化表达各文本之间的逻辑关系。SmartArt 图形表达通俗易懂，形象直观。按照其信息逻辑结构可分为"列表""流程""循环""层次结构""关系""矩阵""棱锥图""图片"八大类，每类图下面又提供了多种不同结构布局的图，如图 5.18 所示。

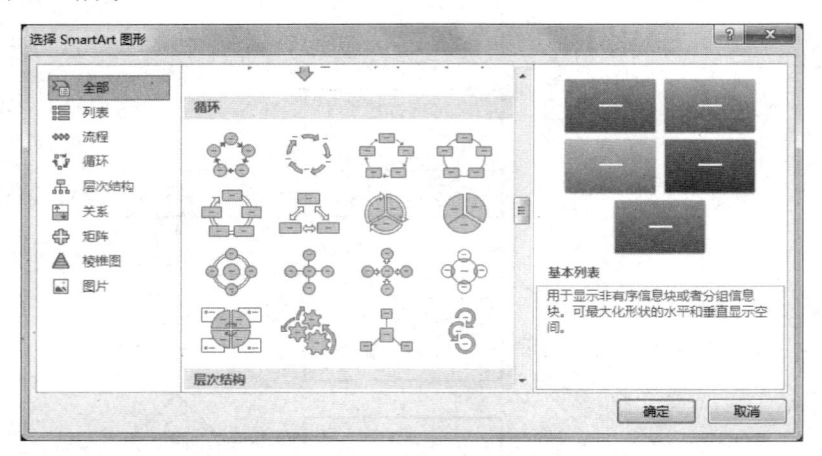

图 5.18　"选择 SmartArt 图形"对话框

2. SmartArt 工具组

插入 SmartArt 图形，并选择图形后，选项栏中会出现与之对应的 SmartArt 工具组，包括"设计"和"格式"两组选项卡。通过这两组选项卡可以对 SmartArt 图形进行美化设计和个性化设置，如图 5.19 和图 5.20 所示。

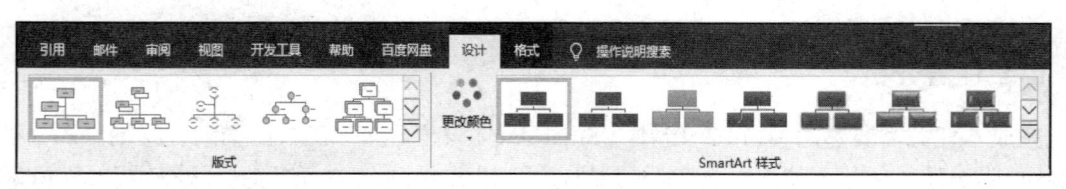

图 5.19　SmartArt 工具组的"设计"选项卡

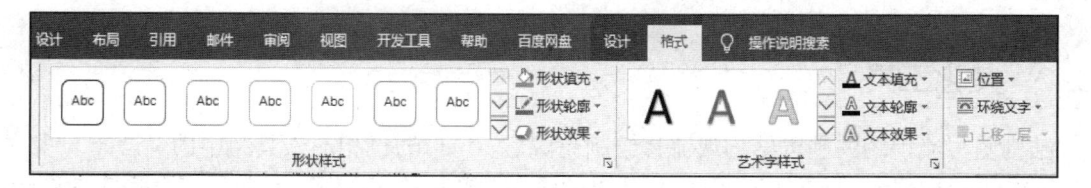

图 5.20　SmartArt 工具组的"格式"选项卡

3. 形状工具

Word 2019 绘图中有各种自选图形，包括线条、矩形、基本形状、箭头总汇、公式形状、流程图、星与旗帜、标注等，可以用来绘制包括流程图在内的各种图，如图 5.21 所示。形状图形绘制好后，可以通过形状工具的"格式"选项卡进行美化，如图 5.22 所示。

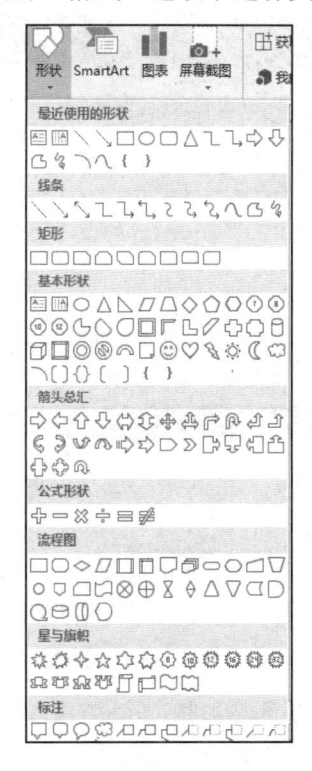

图 5.21　"形状"选项组

图 5.22　形状工具的"格式"选项卡

5.2.2 美化工具

结构图与流程图的基本结构或流程绘制完成后,可以通过相应工具组中的"设计""格式"等选项卡进行样式选择与调整、色彩与效果的设置、形状填充、轮廓与效果设置来实现图形的美化。

1. SmartArt 设计版式

版式是图形元素的排列布局形式,可以更好地反映被描述问题的内部逻辑结构关系,同时可以让读者享有更直观、快速的轻松阅读,从而更明确、精准地读取和交互信息。SmartArt 的设计版式,如图 5.23 所示。

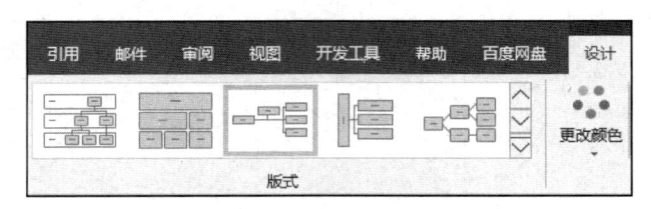

图 5.23　SmartArt 的设计版式

2. SmartArt 样式

样式是图形或对象的一组格式,可以从填充、轮廓、效果等选项组来实现图形的美化。Word 2019 中每种版式图形都预置了 9 种样式,如图 5.24 所示。

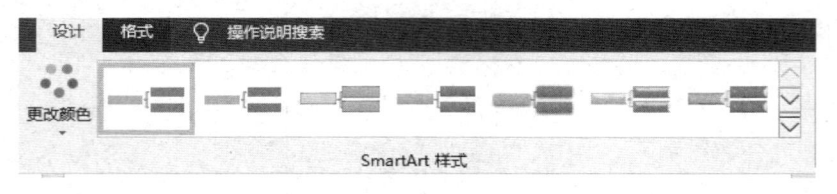

图 5.24　SmartArt 的样式

3. 形状格式工具

SmartArt 与形状绘图的基本元素都是形状,形状的格式设置主要包括对具体形状进行整体形状样式的选择、属性参数的设置、文字样式的选择,以及属性参数的设置、所有形状作为一个整体在页面中的排列参数设置等功能。

➡ 任务实施

(1) 创建文档文件

执行"文件"→"新建",在新建对话框中选择"空白文档"选项,新建空白文件。保存为"公司组织结构图与招聘流程图.docx"。

(2) 绘制组织结构图

① 插入 SmartArt 形状。在"插入"选项卡的"插图"选项组中单击"SmartArt"按钮,如图 5.25 所示,弹出"选择 SmartArt 图形"对话框,选择左侧"层次结构"选项,在右侧分类中选择"组织结构图"选项,单击"确定"按钮。完成的组织结构图如图 5.26 所示。

项目5　文档编辑——Word 2019

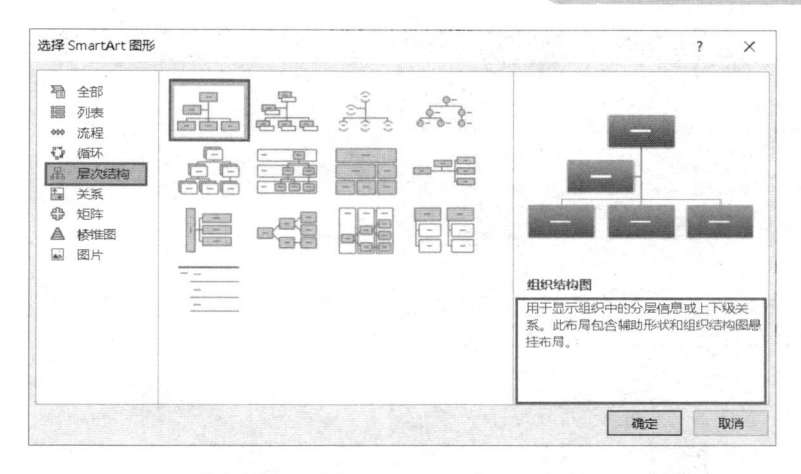

图 5.25　"选择 SmartArt 图形"对话框

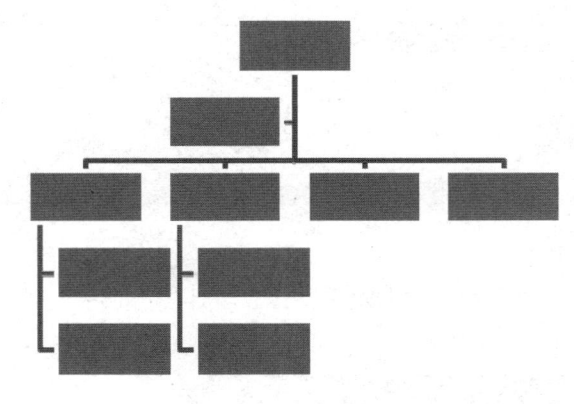

图 5.26　插入组织结构图

② 组织结构图的尺寸调整。选中对象"组织结构图",用鼠标在对角线位置拖曳可等比例缩放对象,将对象调整至合适尺寸。

③ 形状添加与编辑。选中 SmartArt 对象,单击如图 5.27 所示的文字编辑按钮展开编辑框。单击左侧所示文本选项输入内容,按【Enter】键可进行形状添加,效果图如图 5.28 所示。

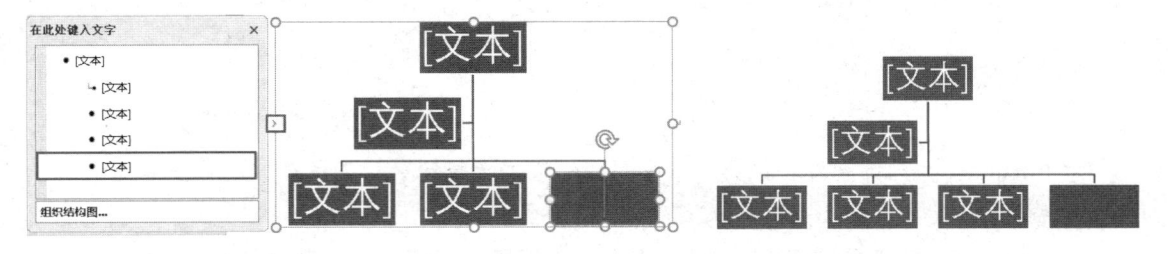

图 5.27　组织结构图文本编辑　　　　　　　图 5.28　新增同级形状

④ 添加下一级形状。单击选中第三行左起第一个形状,在"设计"选项卡的"添加形状"选项组中,选择"在下方添加形状"选项 2 次,可在当前形状下方插入 2 个形状,如图 5.29 所示。按照同样的操作方法,在第三行左起第二个形状下方添加 2 个形状,完成的效果如图 5.30 所示。

125

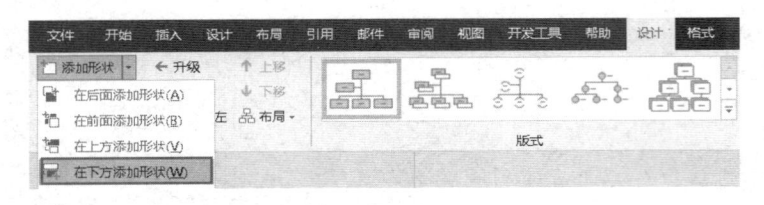

图 5.29　添加下级形状

⑤ 添加与编辑文本。如图 5.31 所示输入文本"总经理""副总经理""财务部""技术部""市场部""销售部""出纳""会计""开发""运营"。

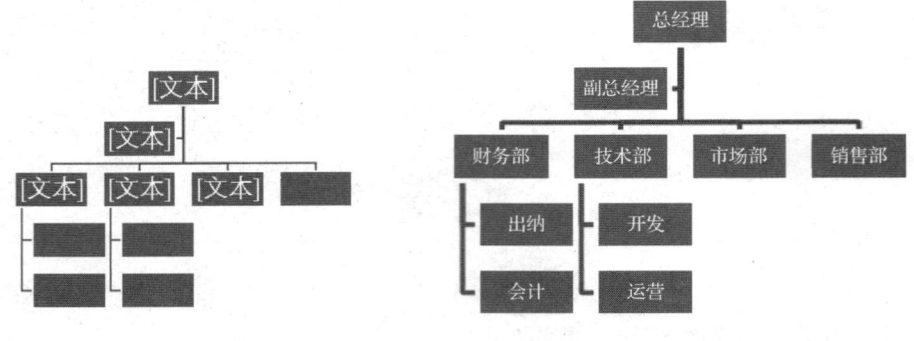

图 5.30　新增形状　　　　　　　　图 5.31　添加与编辑文本

（3）美化组织结构图

① 主题颜色设置。选中组织结构图对象，在"设计"选项卡的"更改颜色"下拉选项中，选择"个性色 1"选项，如图 5.32 和图 5.33 所示。

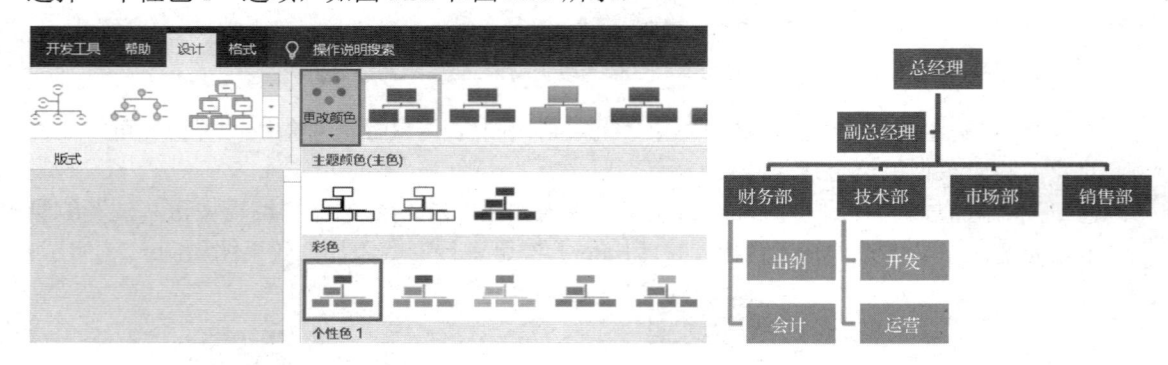

图 5.32　更改颜色　　　　　　　　图 5.33　颜色设置效果

② SmartArt 图形外观样式设置。选中对象，选择"中等效果"选项，如图 5.34 和图 5.35 所示。

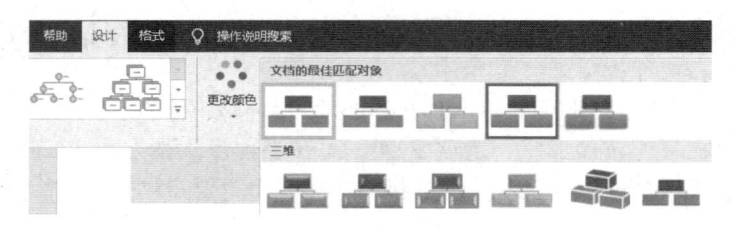

图 5.34　图形外观的样式设置

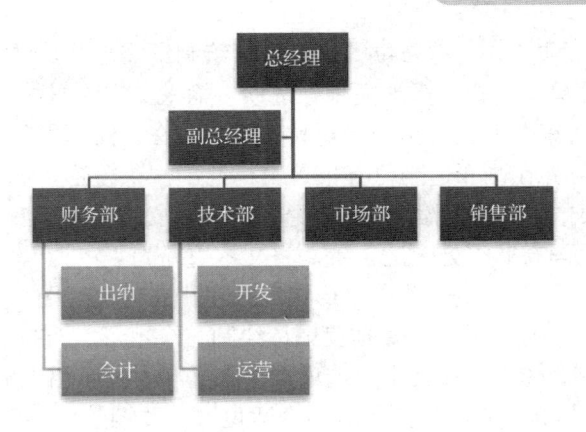

图 5.35　中等效果应用

③ 添加形状填充。选中对象后,在"格式"选项卡的"形状填充"中,选择浅蓝色进行填充,如图 5.36 和图 5.37 所示。

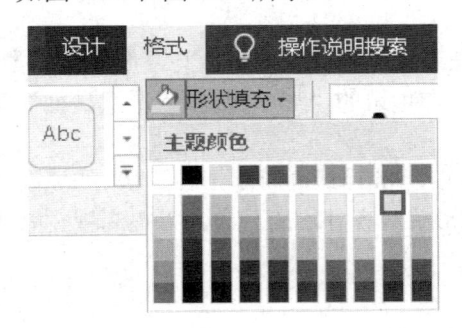

图 5.36　形状填充　　　　　　　　图 5.37　最终效果

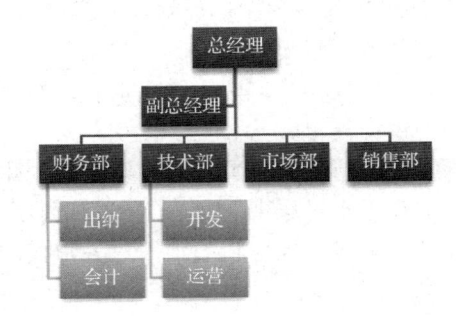

④ 保存文件。

(4) 绘制招聘流程图

① 新建画布

在"插入"选项卡的"插图"选项组中选择"形状"选项,并在"绘制形状"下拉列表中选择"新建画布"选项,即可在当前光标位置新建画布。拖曳画布右下角控制句柄使画布扩展延伸至页面底部边缘,可封装完整的招聘流程图。

② 绘制各流程图框架

- 绘制"流程图:接点"形状。单击"形状"按钮,在"流程图"类型形状中选择"流程图:接点"选项,并在画布左侧位置拖曳鼠标绘制一个小椭圆形。选中该椭圆,单击鼠标右键,在弹出的菜单中选择"添加文字"选项,输入文字"开始"。
- 绘制"流程图:过程"形状。单击"形状"按钮,在"流程图"类型形状中选择"流程图:过程"选项,并在画布左侧适当位置拖曳鼠标绘制一个矩形。选中该矩形,单击鼠标右键,在弹出的菜单中选择"添加文字"选项,输入文字"用人申请"。
- 绘制"流程图:延期"形状。单击"形状"按钮,在"流程图"类型形状中选择"流程图:延期"选项,并在画布左侧适当位置拖曳鼠标绘制一半圆角矩形。选中该对象,单击鼠标右键,在弹出的菜单中选择"添加文字"选项,输入文字"延期"。
- 绘制"流程图:多文档"形状。单击"形状"按钮,在"流程图"类型形状中选中"流程图:多文档"选项,并在画布位置拖曳鼠标绘制所需形状。选中该对象,单击鼠标右键,在弹出的菜单中选择"添加文字"选项,输入文字"职位说明书"。
- 绘制"流程图:决策"形状。单击"形状"按钮,在"流程图"类型形状中选择"流程图:决策"选项,并在画布适当位置拖曳鼠标绘制一个菱形。选中该菱形,单击鼠标右键,在弹出的菜单中选择"添加文字"选项,输入文字"审核"。复制本"流程图:决策"形状,并调整至画布右下方合适位置,将文本更新为"审批"。
- 绘制"流程图:过程"形状。单击"形状"按钮,在"流程图"类型形状中选择"流程图:过程"选项,在画布适当位置拖曳鼠标绘制一个矩形。选中该矩形,单击鼠标右键,在弹出的菜单中选择"添加文字"选项,输入文字"发布招聘信息"。同理,完成8个"流程图:过程"形状,将其拖曳至画布合适位置,并调整大小后,完成文字输入。
- 绘制"流程图:终止"形状。单击"形状"按钮,在"流程图"类型形状中选择"流程图:终止"选项,在画布适当位置拖曳鼠标绘制一个圆角矩形。选中该圆角矩形,单击鼠标右键,在弹出的菜单中选择"添加文字"命令,输入文字"结束"。

③ 调整流程图各图形尺寸及间距
- 调整各形状尺寸。以某形状为尺寸基准,适当调整各形状的宽度与高度使其基本一致。操作过程中,可选中某个形状,在"格式"选项组的"形状宽度""形状高度"对话框中进行设置。
- 对齐各形状并设置横向与纵向的间距均衡。按【Shift】键同时单击各形状(如纵向分布),选择"水平居中""纵向分布"选项,使各形状对齐并均衡分布,以提高视觉效果。同理可完成个别形状的水平对齐与横向分布。

④ 添加连接符

添加连接符。单击"形状"按钮,并在"线条"类型中选择"直线箭头"选项,在两个形状之间中心位置从上至下拖曳鼠标绘制直线箭头(鼠标移动至被连接的两个形状时会出现4个连接点),定位至连接点时可成功连接两个形状。同理,绘制与编辑直线形状、"连接符:肘形箭头",以完成各形状之间的连接。

(5)美化流程图

① 美化各形状。选中流程图中的各种形状,在"格式"选项卡的"主题样式"中,选择"彩色轮廓·金色,强调颜色4"选项;在"形状效果"选项中选择"阴影/外部"选项,使阴影偏移下方。

② 美化各连接符。操作方法与美化各形状类似,选中各连接符,在"主题样式"选项中选择"细线,强调颜色4"选项;在"形状效果"选项中选择"阴影/外部"选项,使阴影偏移下方。

③ 微调与优化。细节调整各形状与连接符至效果最佳。流程图至此完成。效果见图5.17。

(6)保存文件

拓展训练

制作如图5.38所示的程序流程图。

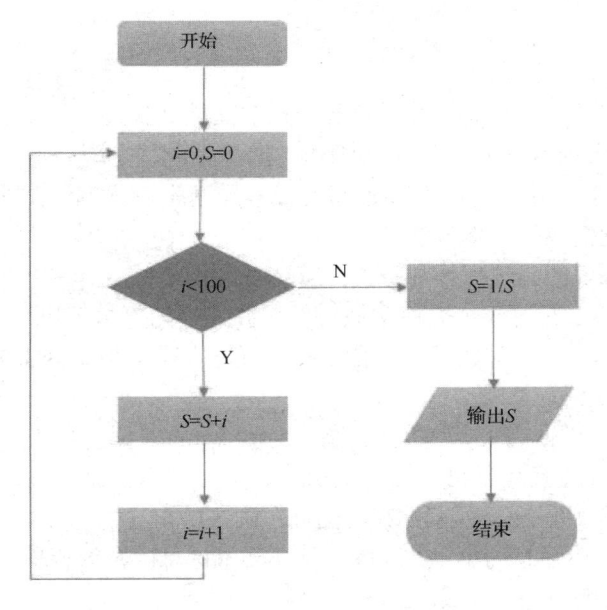

图 5.38　程序流程图效果

任务 3　批量制作员工出入证

任务描述

某公司为了做好进出人员的分类管理,需要批量制作员工出入证。本任务可采用 Word 2019 邮件合并方法,批量制作员工出入证,效果如图 5.39 所示。

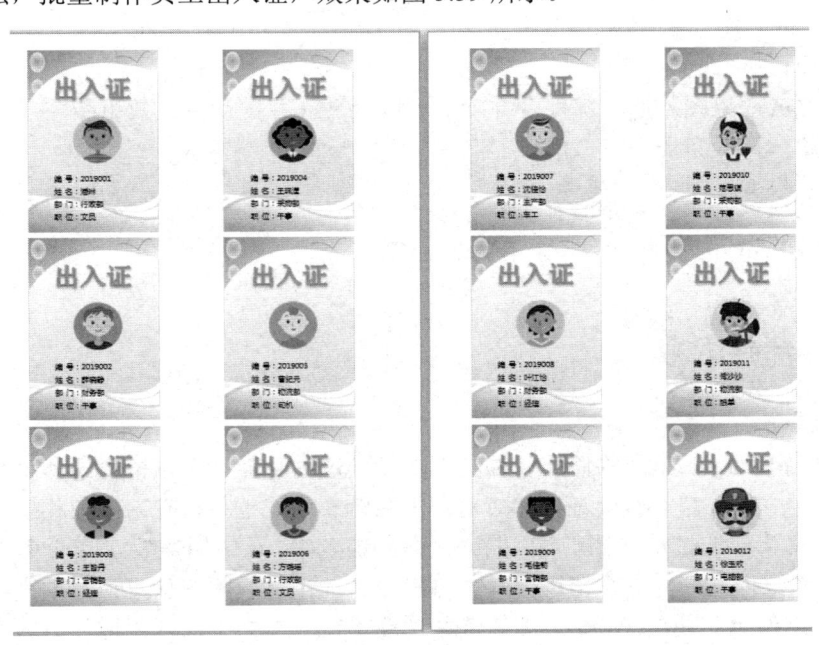

图 5.39　员工出入证批量制作效果

任务分析

完成本任务先要打开 Word 2019 并创建一个空白文档文件，选择"另存为"选项保存为"员工出入证模板.docx"。其制作过程分为模板制作、批量生成、排版布局。然后保存模板文件和效果文件。通过本任务将学会 Word 2019 形状的插入及基本设置方法，以及应用邮件合并功能进行相同版式内容批量生成的基本方法。

批量制作员工出入证的具体操作如下。

① 打开 Word 2019，新建一个空白文档文件，并另存为"员工出入证模板.docx"。

② 设置页面的纸张大小、边距等。设置纸张大小为 A4，上边距为 1.0cm，下边距为 1.0cm，左边距为 3.0cm，右边距为 3.0cm。

③ 插入出入证大小的画布，尺寸为宽×高（5cm×8cm），设置画布背景。

④ 画布中布置证件元素包括出入证、头像框、员工基本信息。出入证：艺术字（填充为橙色　主题色 2；边框为橙色　主题色 2），位置在画布的上 1/3 区域；头像框：大小（宽×高为 2.4cm×2.4cm），位置在画布的中 1/3 区域；员工基本信息区：形状填充为无颜色，形状轮廓为无颜色，位置在画布的下 1/3 区域。

⑤ 设置画布的布局选项为嵌入式。

⑥ 通过邮件合并连接数据源。开始邮件合并后，使用现有列表选择数据源文件。

⑦ 员工基本信息数据源绑定。通过邮件合并中的插入合并域，插入员工信息各字段的字段域。

⑧ 头像图片信息数据源绑定。先将头像框设置为文字添加模式，然后设置图片域属性，属性为头像文件的全地址，主文件名暂时用 photo 占位。回到邮件合并状态，选择头像框，切换成域代码模式，把代码中"photo"替换成"员工编号"字段域。

⑨ 使用【Alt+F9】组合键的切换域模式查看效果。若图像信息未显示，按【F9】键进行刷新查看。

⑩ 保存模板文件。

⑪ 批量生成效果图。通过邮件合并功能完成合并，并批量生成效果图。

⑫ 调整整体排版布局。

⑬ 保存效果文件。

知识准备

5.3.1 邮件合并思想

1. 合并原理

邮件合并是 Office Word 软件的一种实现批量处理的功能，可以批量打印信封、信件、请柬、准考证、学生成绩单、获奖证书等，适用于由统一版式框架、有着多数相同信息和部分同类型的动态信息构成的批量文档制作，能够提高办公效率。该应用需要建立两个文档，即 Word 主文档和 Excel 数据文档。主文档用于存放输出效果的主体及版式信息，数据文档以二维表形式存放动态数据信息。通过 Word 的邮件合并功能，在主文档中以插入域的方式实现主文档与数据文档之间的信息引用。

2. 合并域

在邮件合并中主文档与数据源连接，需用到合并域 MergeField 中，即字段域，将其与邮件合并中的数据源的数据字段相映射，如{ mergefield "员工编号" }， 插入的合并域与数据源中的"员工编号"字段相对应。

语法：{ MERGEFIELD FieldName [Swithces] }

参数说明：

域名：MERGEFIELD。

FieldName：域属性，对应数据源中的相应字段。

Switches：开关参数。

3. 合并流程

启动 Word 2019 程序，进入邮件合并工作界面，如图 5.40 所示。

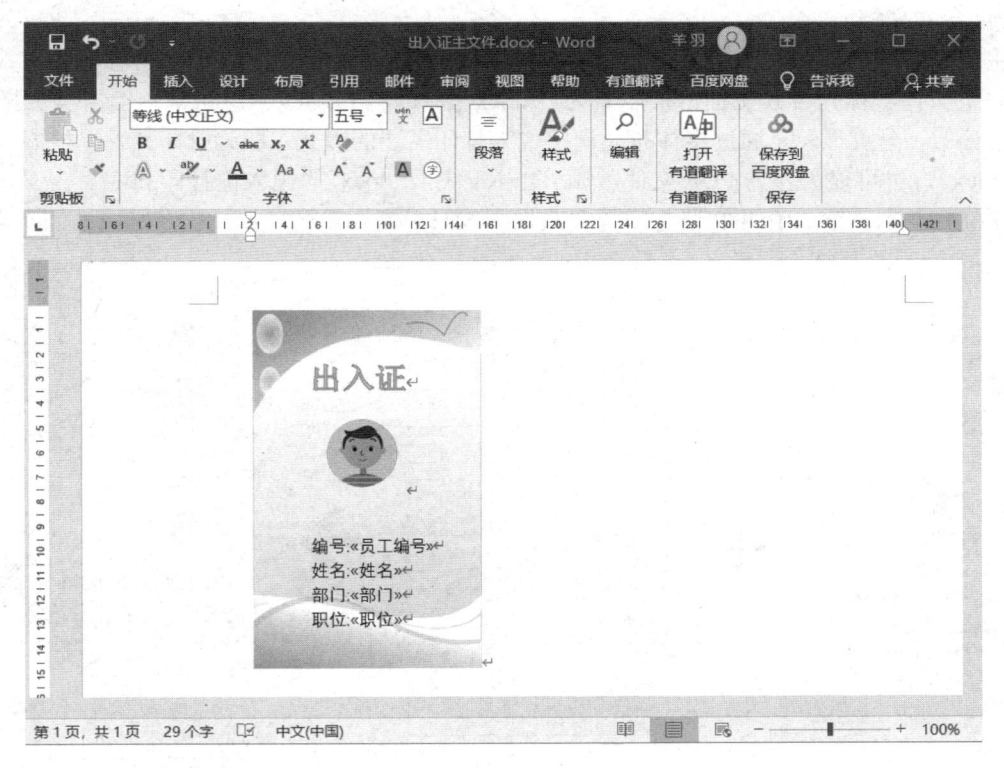

图 5.40　邮件合并工作界面

（1）开始邮件合并

选择主文档的类型。可以默认选择"信函"选项。

（2）选择收件人

新建或选择数据源，常用 Excel 文件作为数据源。

（3）插入合并域

显示相应数据的位置，可以插入域，通过域代码与数据源的相应字段进行绑定。

（4）完成合并

主文档中的域与数据源文件中的每一条记录相匹配，可批量生成合并页。

5.3.2 "主文档""数据表""合并文档"的关系

1. 主文档

使用 Word 2019 创建存放主体内容的文档文件称为主文档，默认的文件扩展名为".docx"，如"出入证主文件.docx"。主文档用于存放相对不变的主体信息及版式布局，也称模板文件。动态数据以域的形式存在于主文档中。

2. 数据表

使用 Excel 2019 所创建的存放动态内容的数据文件，简称数据表、数据源，默认的文件扩展名为".xlsx"，如"员工信息.xlsx"。数据表由行和列组成，每一列存放同一类数据，第一行存放列名，下面的行存放数据值。一列称为一个字段，第一行称为标题行，后续一行称为一条记录。

3. 合并文档

主文档的域与数据表中相应的数据连接发生数据引用，并批量生成主体内容与动态数据合体的效果文件，称为合并文档，扩展名为".docx"，如"出入证效果.docx"。合并文档的内容通常会分节、分页显示，通过整体布局调整成为打印需要的版式，即为打印文件，扩展名通常为".docx"，也可以另存为 PDF 文件，如"出入证打印.docx""出入证打印.pdf"。

主文档、数据表、合并文档之间的关系如图 5.41 所示。

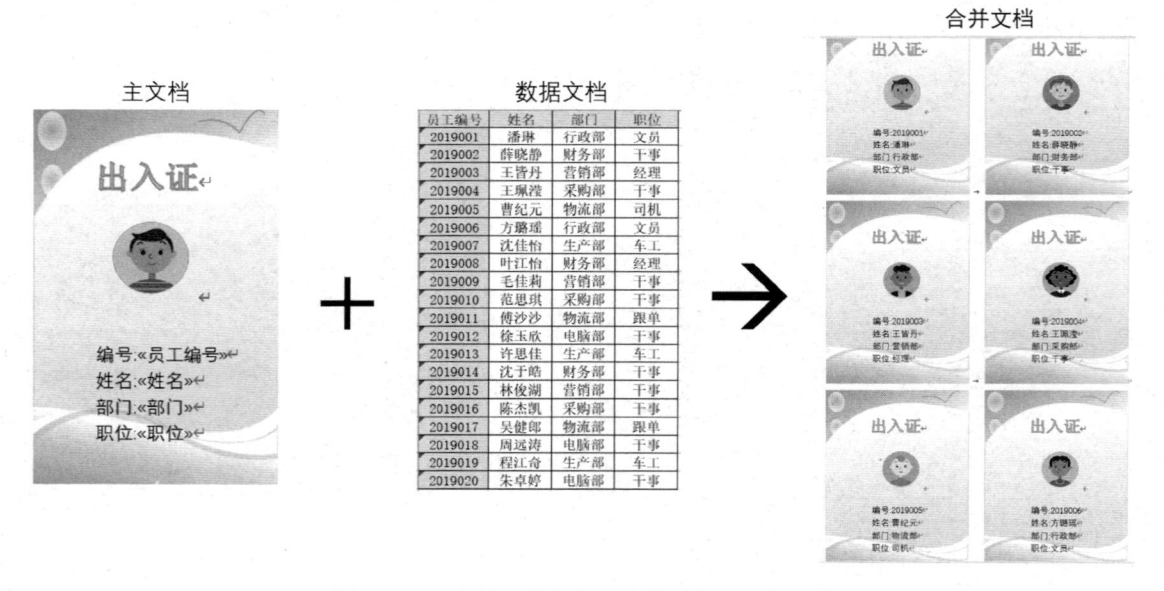

图 5.41 主文档、数据表、合并文档之间的关系

5.3.3 图片域名的处理技术

1. 域

使用 Word 域可以自动实现许多复杂的工作，包括在文档中插入的自动编号、页码、书签、超链接、题注、索引和目录、邮件合并等都是域。为方便用户操作，这 9 大类共 74 种域以命令的方式提供。域可以看成 Word 内置的函数，在文档中扮演变量的角色，包括域代码（域特

征字符、域类型、域指令、域开关）和域结果。

域特征字符：包围域代码的{}，不能用键盘输入，必须通过按【Ctrl+F9】组合键进行输入，大括号内侧各保留一个空格。域类型：域的类别与域的名称。域指令和开关：设定域类型如何工作的指令和开关。

文档信息（作者信息）的域：USER。

{}：域特征字符。

AUTHOR：域名，域类型。

* Upper：大小写开关。

* MERGEFORMAT：格式化开关，控制域代码的结果在更新时保留原格式。

2. 域的常用操作

（1）锁定/解除域操作

锁定指定域：防止修改指定域结果的方法。单击此域，按【Ctrl+F11】组合键。

解除域锁定：便于对域进行更改。单击此域，按【Ctrl+Shift+F11】组合键。

（2）显示/隐藏域代码

显示或隐藏指定的域代码：选中需要操作的域，按【Shift+F9】组合键。

显示或隐藏文档中有所得域代码：按【Alt+F9】组合键。

（3）更新域操作

更新单个域：选中需要更新的域，按【F9】键。

更新文档中所有域：按【Ctrl+A】组合键全选，选定整个文档，然后按【F9】键。

打印前自动更新文档中所有域：执行"文件"→"选项"→"显示"→"打印选项"，勾选"打印前更新域"复选框。

（4）解除域的链接

选中相关域，按【Ctrl+Shift+F9】组合键，当前的域结果会变为常规文本，以后再不能更新。若用户需要重新更新信息，必须在文档中插入同样的域来实现。

3. 域的插入

域的插入有3种方法。

（1）使用命令插入

适合一般人员操作。将光标放置准备插入域的位置，执行"插入"→"文档部件"→"域"，弹出如图5.42所示的"域"对话框。提供了"类别""域名""域属性"等设置，可以通过左下角"域代码"按钮切换出域代码，并进行域代码的编辑。

（2）使用手动插入

适合对域代码比较熟悉的人员，或者需要引用他人设计域代码的情况。

操作方法：光标放置到需要插入域的位置，按【Ctrl+F9】组合键插入域特征字符{}，接着将光标移到域特征代码中间，按从左到右的顺序输入域类型、域指令、开关等。然后按【F9】键更新域，或者按【Shift+F9】组合键显示域结果。如果显示的域结果不正确，可再次按

图5.42 "域"对话框

【Shift+F9】组合键，切换到显示域代码状态，重新对域代码进行修改，直至显示的域结果正确为止。

（3）使用功能命令插入

复杂域的域指令和开关参数非常多，采用上述两种方法很难控制和使用。Word 2019 把经常用的一些功能以命令的形式集成在系统中，如"插入页码""插入日期""拼音指南""纵横混排""带圈文字"等。用户可以像使用普通 Word 命令那样使用它们。

4．图片域

域名：includepicture。

语法：{INCLUDEPICTURE "FileName" [Switches]}

参数说明：

FileName：图形文件的名称和位置，由路径、文件名组成，如 D:\churu\photo\201901.jpg。其中"D:\churu\photo\"为路径，"201901.jpg"为文件名，"201901"为主文件名，".jpg"为扩展名，表示文件类型。在域代码中，以双斜杠替代单反斜杠：{INCLUDEPICTURE "D:\\churu\\photo\\201901.jpg" [Switches]}。

Switches：开关参数。斜杠\为特征符号。如{INCLUDEPICTURE "D:\\churu\\photo\\201901.jpg" * mergeformat }，其中* mergeformat 为格式化开关，图片域代码的结果在更新时保留原格式。

5．图片域嵌套合并域

（1）问题描述

图片域中图片的主文件名与数据源中的"员工编号"字段相对应，需要把主文件名替换成合并域的"员工编号"字段。

（2）操作分析

先插入图片域，然后在图片域的主文件名处插入合并域的"员工编号"，替换原来的主文件名。

（3）操作过程

① 插入图片域，输入文件的完整路径和文件名，主文件名可以先设定为第一个图片文件的文件名，如图 5.43 所示。生成的域代码如图 5.44 所示。

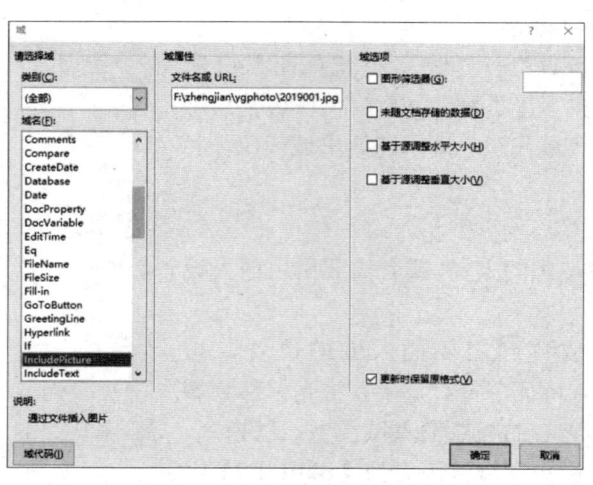

图 5.43 "域"对话框

图 5.44　生成的图片域代码

② 选中域代码中的字符串"2019001",鼠标点开邮件合并中的插入合并域,单击"员工编号"字段。替换前与替换后的域代码如图 5.45 所示。

若图片文件存放在 D:\churu\photo\路径下,则完整的域代码为 {INCLUDEPICTURE "D:\\ churu\\photo\\ {MERGEFIELD"员工编号"}.jpg"*MERGEFORMAT}。

替换前
{INCLUDEPICTURE "F:\\zhengjian\\ygphoto\\2019001.jpg"\x \y *MERGEFORMAT}

替换后
{INCLUDEPICTURE "F:\\zhengjian\\ygphoto\\{MERGEFIELD 员工编号}.jpg"\x \y *MERGEFORMAT}

图 5.45　替换前与替换后的域代码

任务实施

(1) 邮件合并文档的路径初始化

将邮件合并的素材文件夹 crz 放在 D 盘的根目录下:D:\。

素材:图片文件夹 ygphoto,背景文件 bg.jpg,数据文件 ygdata.xlsx。

(2) 创建主文档

启动 Word 2019,新建空白文档文件。在"文件"菜单中选择"另存为"(或"保存")选项,在打开"另存为"对话框中设置"保存位置"为 D:\ygphoto,在"文件名"文本框中输入文件名称"员工出入证主文档",单击"保存"按钮即可成功创建"员工出入证主文档.docx"。

(3) 主文档页面设置

执行布局→页面设置(纸张大小为 A4)→页边距(上边距为 1.0cm,下边距为 1.0cm,左边距为 3.0cm;右边距为 3.0cm)。

(4) 画布插入与设置

① 执行插入→形状→新建画布→选中画布→绘图工具→格式→大小,先取消"锁定纵横比"选项,设置高和宽后,再重新选择"锁定纵横比"(宽×高为 5cm×8cm),如图 5.46 所示。

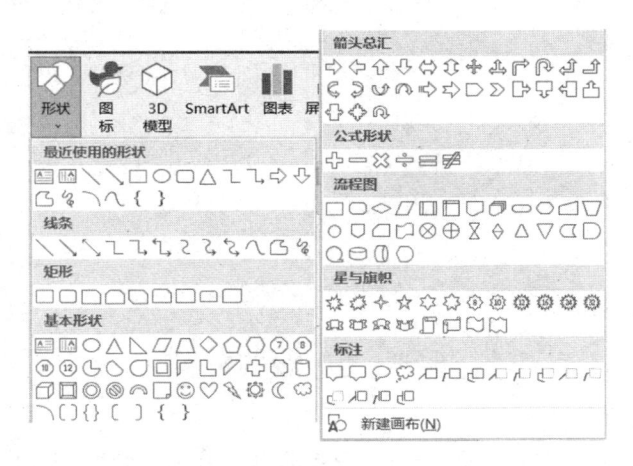

图 5.46　画布插入

② 填充画布背景，选中画布，右键单击，在弹出的快捷菜单中选择"设置图片格式"选项，选中"图片或纹理填充"单选项，选择图片文件为 bg.jpg，如图 5.47 所示。画布背景设置效果如图 5.48 所示。

图 5.47　画布背景设置

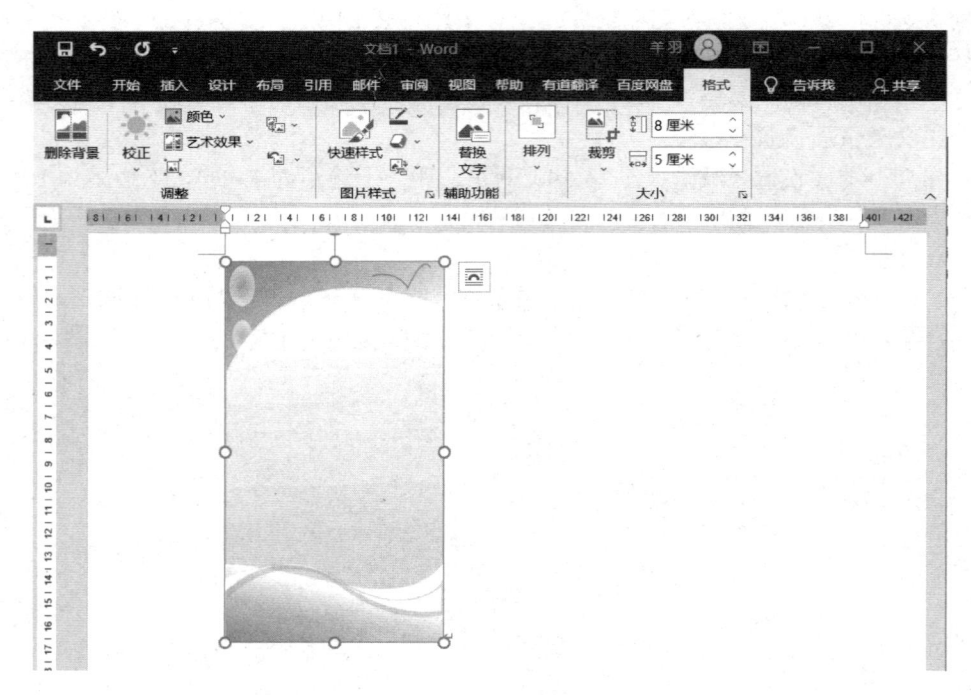

图 5.48　画布背景设置效果

（5）基本形状与内容输入

① "出入证"输入。执行插入→文本→艺术字（填充为橙色 主题色 2；边框为橙色 主题色 2）。拖曳艺术字到合适的位置（上面 1/3 的范围），输入"出入证"，并调整为垂直居中的

位置。

② 输入头像框。执行插入→基本图形（圆形或矩形）→设置大小（宽×高为2.4cm×2.4cm）→拖曳到中间1/3的范围，设置为垂直居中的位置。

③ 员工基本信息框制作。插入文本框，输入"编号："，按【Enter】键；输入"姓名："，按回车键；输入"部门："，按回车键；输入"职位："。设置"左对齐"。文本框设置为（形状填充:无颜色，形状轮廓），位置放置在画布下1/3区域，位置与"出入证"左对齐，效果如图5.49所示。

④ 布局选项设置。将鼠标放置图片区，单击图片右上角的"布局选项"按钮，选择"嵌入型"选项。设置后的效果如图5.50所示。保存文件为"出入证主文件.docx"。

图5.49　基本形状与内容输入　　　　图5.50　布局选项设置

（6）连接数据源

执行"邮件"→"开始邮件合并"→"信函"，以及执行"选择收件人"→"使用现有列表"→"选择数据源"，如图5.51所示。选择本例的数据信息文件为"ygdata.xlsx"。

（7）插入合并域

将光标放在员工基本信息框的相应位置，单击"插入合并域"按钮插入员工基本信息域，包括编号：插入"员工编号"，姓名：插入"姓名"，部门：插入"部门"，职位：插入"职位"，如图5.52所示。

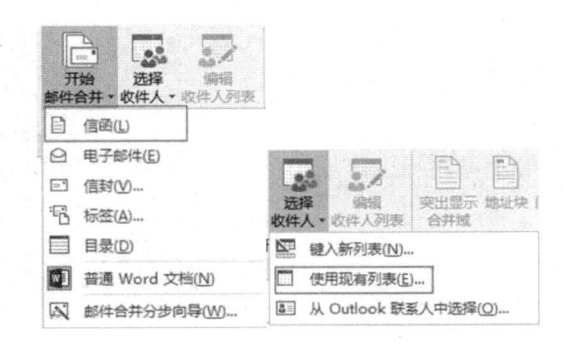

图5.51　连接数据源　　　　图5.52　插入合并域

（8）插入图片域

① 选中头像框添加文字。将光标放在头像框内，使其处于文本编辑状态。

② 在"插入"选项卡的域对话框中，选择图片域为 includepicture 域，设置域属性，并填入文件所在的文件夹地址和第一张图片的文件名"D:\crz\ygphoto\20190001.png"，选中"更新时保留原格式"单选项。

（9）在图片域中插入合并域

按【Alt+F9】组合键切换图片域为域代码模式，如图 5.53 所示。选中"20190001"，插入合并域"员工编号"，如图 5.54 所示。保存文件为"出入证主文件.docx"。

图 5.53　图片域代码

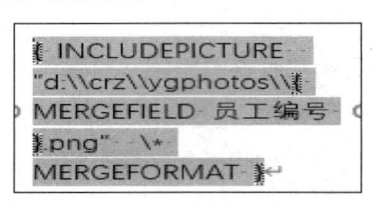

图 5.54　图片域中插入合并域

（10）完成并合并

完成效果制作后，可开始生成批量效果。

① 执行"完成并合并"→"编辑单个文档"，在打开"合并到新文档"对话框中选中"全部"单选项，如图 5.55 所示。

② 查看每页效果，如果头像框中的图片未显示出来，选中未显示图片的头像框后可按

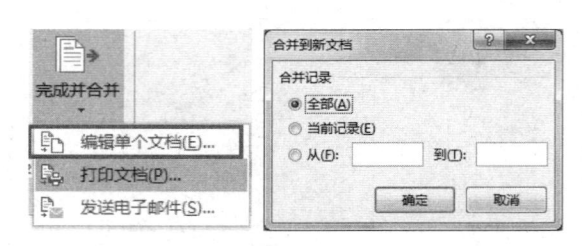

图 5.55　完成并合并

【F9】键进行刷新。或者按【Ctrl+A】组合键，再按【F9】键进行刷新。如果显示出错，可按【Alt+F9】组合键切换成代码模式，查看图片文件地址和文件名是否有错，其他语法是否有错。检查修改完毕，再按【F9】键进行刷新。

（11）整体布局调整

删除多余的空格分隔符，将每页排列成 2 列×3 行的版式布局。

（12）保存文件

批量生成的文件，排版布局完成后，保存为"出入证打印.docx"，至此流程完成，效果见图 5.39。

拓展训练

根据"参会名单.xlsx"文件，利用邮件合并功能自行设计版式，批量制作会议使用的参会人员名牌。

任务 4　制作员工手册

任务描述

新员工进入公司后可以通过员工手册来学习企业文化，以及各项规章制度。本任务利用

Word 2019 制作员工手册，并学习样式的创建与使用、封面的插入与编辑、目录的生成、页眉和页脚的设置、书签的创建与定位应用等方法，员工手册的制作效果如图 5.56 所示。

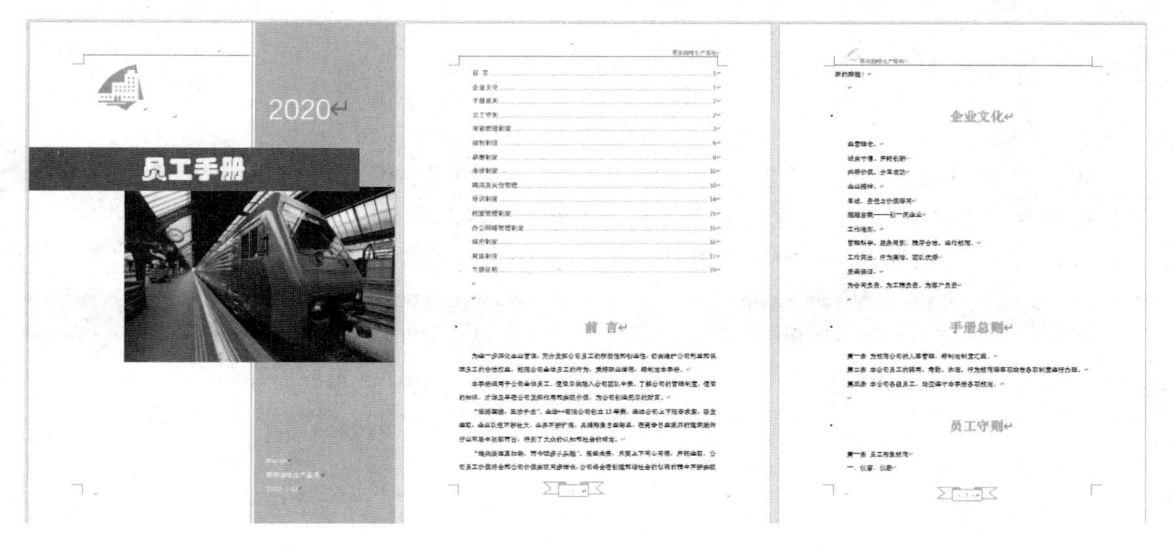

图 5.56　员工手册的制作效果

任务分析

员工手册包括封面、前言、企业文化、员工守则、考勤管理制度、福利制度、薪酬制度、考核制度等。完成本项任务的具体操作如下。

① 打开 Word 2019，新建一个空白文档文件，另存为"员工手册.docx"。

② 录入文本。在"插入"选项卡中，执行"文本"→"对象"→"文件中的文字"，导入文本内容。

③ 制作封面。在"插入"选项卡中，执行"封面"→"运动型"，导入封面模板。

④ 样式应用。对正文的段落字体格式、标题样式进行设置，并完成内容的编辑排版。

⑤ 设置页眉和页脚。对页眉和页脚区域的内容、格式进行设置。

⑥ 提取目录。在"引用"选项卡中，选择"目录"选项生成手册目录。

⑦ 保存文件。

知识准备

5.4.1　制作封面

1. 封面

封面指通过艺术形象设计的形式来反映书籍的理念、文化、观点与内容。图形、色彩、文字是封面的三要素，通过三要素的设计组合，能为读者营造一种气氛、意境或格调。如员工手册的封面就应凸显出企业的文化和理念等信息。

2. 封面模板

Word 2019 中内置了 10 多种不同版式风格的封面模板，用户也可以访问产品网站获取更多的封面模板。封面模板包括文档主标题、副标题、摘要信息、作者信息等。用户可以在合适的模板上进行编辑，设计出能反映文档主题的封面作品。

5.4.2 样式应用

1. 样式

Word 中的样式是格式指令的集合。在 Word 长文档编辑中可以轻松实现批量格式的修改，如批量修改标题字体颜色、字号、对齐方式、段落格式等，让文档拥有一致、精美的外观。在 Word 2019 的"开始"选项卡中，就可以看到"样式"选项组，如图 5.57 所示。

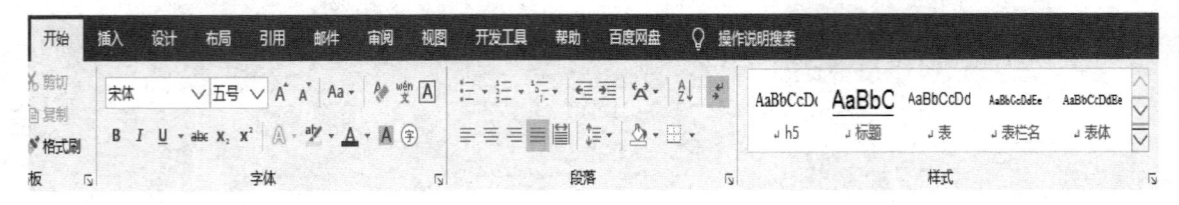

图 5.57 "样式"选项组

2. 样式修改

若要对已有样式的局部格式进行修改，可以通过单击"样式"选项组右下角的启动器，打开"样式"对话框，选择相应样式的右侧下拉按钮，选择"修改"选项，如图 5.58 所示，进入"修改样式"对话框，如图 5.59 所示。

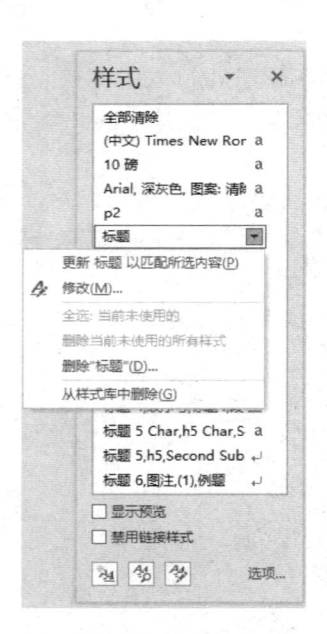

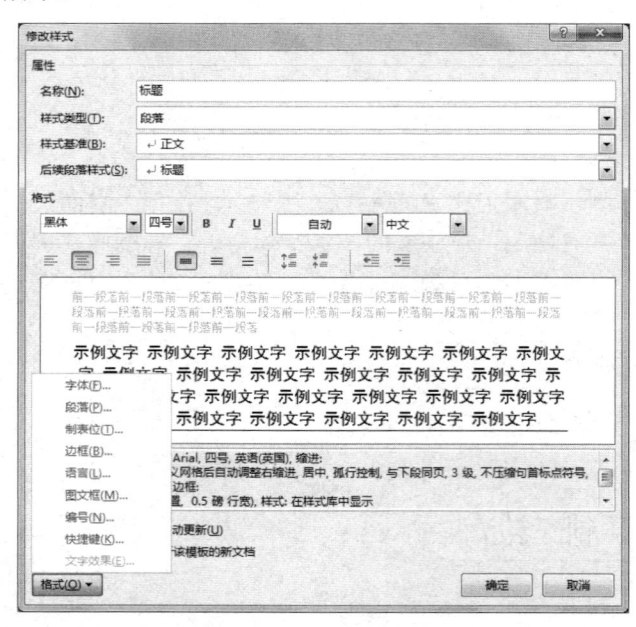

图 5.58 "样式"对话框　　　　图 5.59 "修改样式"对话框

3. 新建样式与应用

（1）新建样式。单击"样式"对话框的"新建样式"按钮，进入"根据格式化创建新样式"对话框创建新样式，如图 5.60 所示。

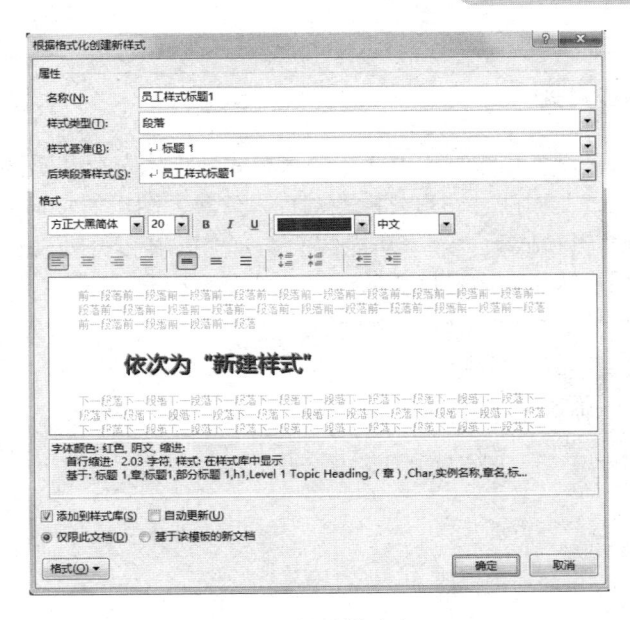

图 5.60　新建样式窗口

（2）样式应用。新建样式完成后，可以通过"样式"选项组找到新样式进行应用。

（3）新建快捷键。如果新样式使用频率很高，可以为新样式添加快捷键。进入相应的"修改样式"对话框，单击"格式"按钮，弹出菜单中选择"快捷键"选项，如图 5.61 所示。进入"自定义键盘"对话框，在"请按新快捷键"输入框中设置按键，如"Alt+1"。然后再单击"指定"按钮，样式的快捷键就指定完成了，如图 5.62 所示。

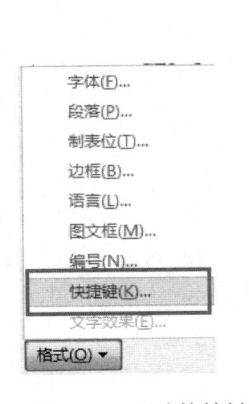

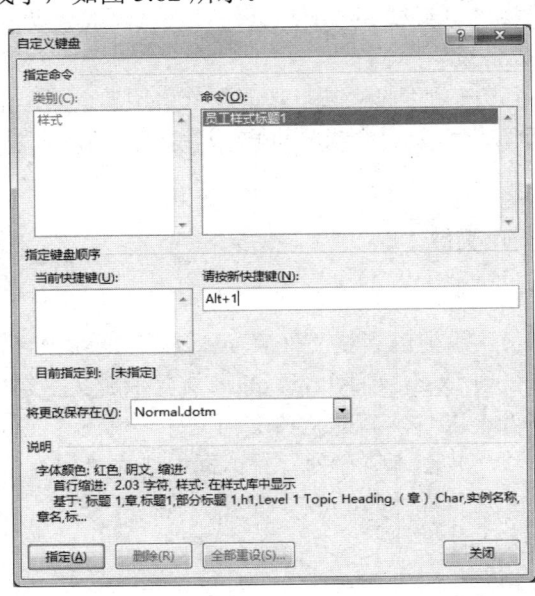

图 5.61　新建快捷键　　　　图 5.62　"自定义键盘"对话框

（4）样式快捷键的使用。光标放置在需要样式应用的文字前，按快捷组合键，即可实现样式的应用。

5.4.3 设置页眉和页脚

通过在页眉和页脚区域双击鼠标，由文档编辑模式切换到页眉和页脚的编辑模式。页眉和页脚可以包含文本信息、文档信息、章节标题、页码信息、图像信息等。

进入页眉和页脚编辑模式后，菜单功能区会出现"页眉和页脚设计"选项卡，如图 5.63 所示。选项卡包含在页眉和页脚中可以插入的对象信息及相关设置。

图 5.63 "页眉和页脚设计"选项卡

5.4.4 提取目录

1. 目录

目录本质上是一种索引，是为了加速对正文内容的检索定位而创建的一种引用结构，包括关键词及关键词在正文中的页码位置，关键词通常为章节标题。其中章节标题需要引用相应级别的标题样式，以便在目录生成时引用。将鼠标放置目录的标题上时，通过使用组合键可以快速定位到标题所在的正文位置。

当正文的内容有增加、删除、修改，或发生页码编号变更时，可以右键单击目录，弹出快捷菜单，选择"更新域"选项，更新目录页码或目录内容，以保持与正文内容一致。

2. 生成目录

Word 可以自动生成章节目录，在"引用"选项卡的"目录"选项组中，选择"自动目录"选项，可以自动生成文档目录。自动生成目录的内容需要是设置过标题样式、大纲级别或目录项的字段。

➡ 任务实施

（1）新建文件

将制作员工手册的素材文件夹 ygsc 放在 D 盘根目录下：D:\。

素材：公司 Logo 文件 Logo.jpg，员工手册文字素材文件 ygsc.txt。

启动 Word 2019，新建空白文档文件。单击"文件"按钮，在菜单中选择"另存为"（或"保存"）选项，并在"另存为"对话框中选择"保存位置"选项为 D:\ygsc，在"文件名"文本框中输入文件名称"ygscpb"，单击"保存"按钮。成功创建"ygscpb.docx"文件。

（2）插入文件

执行"插入"→"文本"→"对象"→"文件中的文字"，插入素材文件夹中的 ygsc.txt，如图 5.64 所示。

（3）正文样式设置

执行"开始"→"样式"→"正文"→"修改样式"→"格式"→"段落"（首行缩进 2 字符，1.5 倍行间距），如图 5.65 所示。

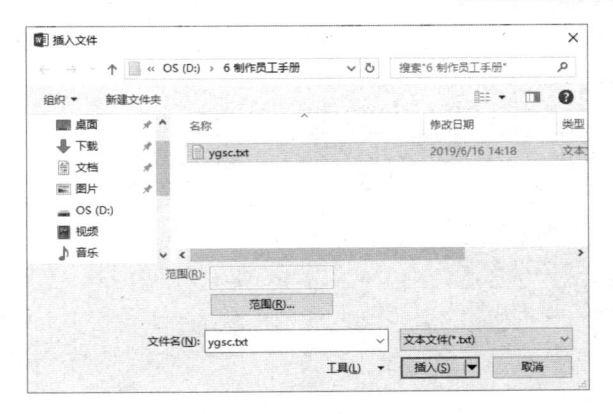

图 5.64　插入文本文件

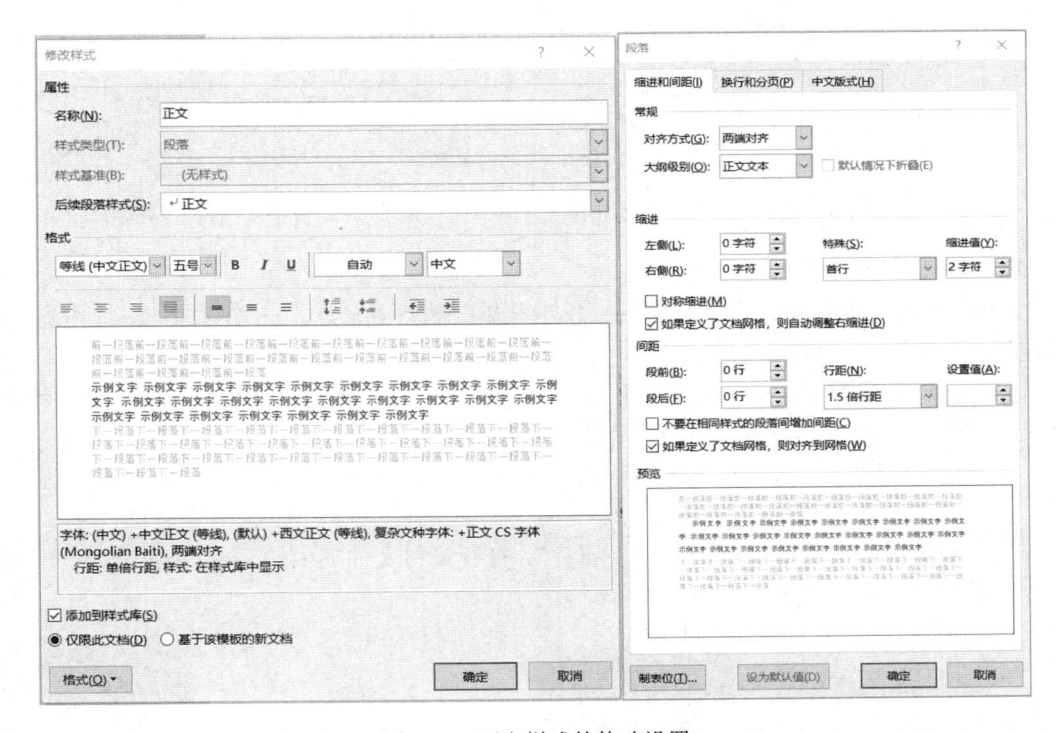

图 5.65　正文样式的修改设置

(4) 标题样式设置

① 新建样式。执行"开始"→"样式",单击"新建样式"按钮,在"根据格式化创建新样式"对话框中设置名称为"员工标题 1",样式基准为"标题 1",格式为(宋体、二号、居中),字体颜色为"红色",文字效果为(轮廓:橙色,0.5 磅),如图 5.66 所示。

② 快捷键设置。修改新建的样式,按快捷键设置"自定义键盘",单击"指定"按钮,如图 5.67 所示。

③ 样式快捷键的使用。把光标放置在一级标题内容前,按【Alt+1】组合键,如果标题多,需要按多次【Alt+1】组合键。文档中需要设置之处:前言、企业文化、手册总则、员工守则、考勤管理制度、福利制度、薪酬制度、考核制度、聘用及岗位管理、培训制度、档案管理制度、办公网络管理制度、保密制度、奖惩制度、手册说明。

图5.66 "根据格式化创建新样式"对话框　　图5.67 "自定义键盘"对话框

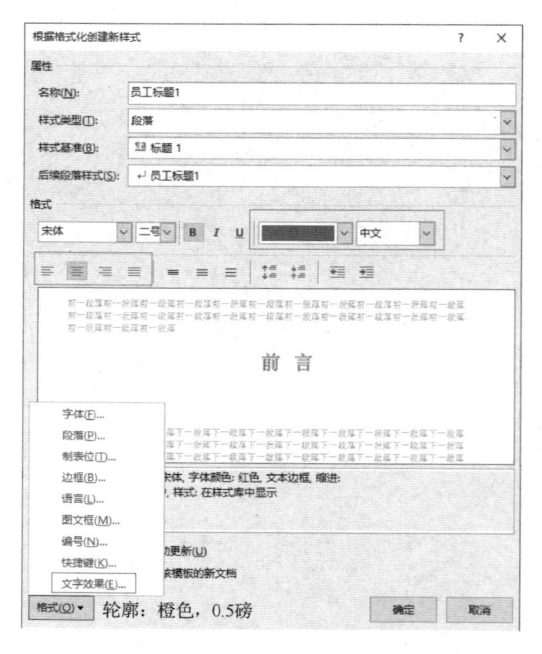

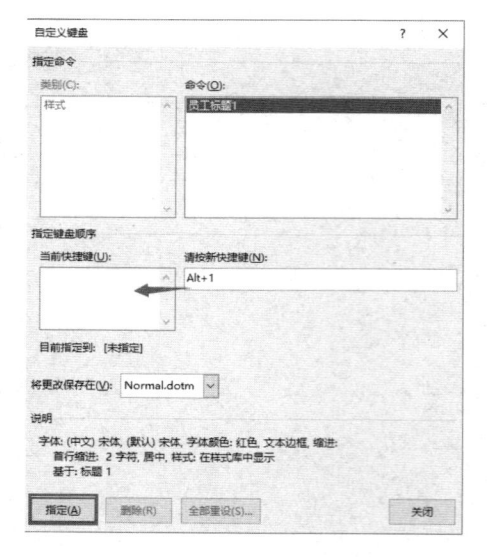

（5）封面插入与编辑

① 插入封面。光标定位在文档头部。单击菜单，执行"插入"→"封面"→"内置模板：运动型"。

② 编辑封面。年份编辑，输入文字为2020，也可以通过选择日期提取年份。标题编辑，输入文字为员工手册。删除页面下方的作者、日期等多余控件。

③ 标题格式修改。标题框填充为蓝色，字体为华文琥珀，初号，居中。效果如图5.68所示。

④ 插入公司标志。执行"插入"→"图片"，打开素材文件夹中的Logo.png，插入图片后，调整位置及尺寸大小，如图5.69所示。

图5.68 标题格式设置　　图5.69 插入公司标志

（6）页眉和页脚的设置

① 插入页眉。执行"插入"→"页眉和页脚"→"页眉"，勾选"奇偶页不同"复选框。在奇数页页眉处输入公司名称，右对齐；在偶数页页眉处插入 logo.png，输入公司名称，左对齐。

② 插入页脚。光标定位到奇数页的页脚，执行"插入"→"形状"→"星和旗帜"。调整形状大小、填充色与轮廓色、位置等，然后右键单击该形状添加文字，使形状处于编辑状态。

执行"插入"→"页眉页脚"→"页码"→当前位置,选择"颚化符"选项。将光标定位到偶数页的页脚,重复上述操作,如图5.70所示。

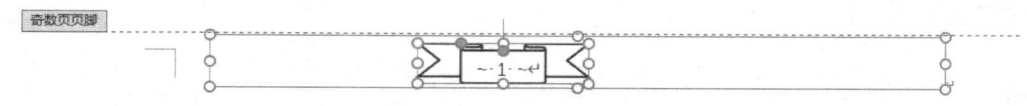

图 5.70　在页脚处添加页码

（7）目录提取

① 插入点。光标放置于正文信息的顶部。

② 插入目录。执行引用→目录→自动目录1。

③ 编辑目录。删除"目录"两字。"前言"会变成"目录"两字的大小,用格式刷复制"企业文化"的格式,刷一遍"前言"两字所在行。完成目录修改,如图5.71和图5.72所示。

图 5.71　插入后的目录

图 5.72　编辑后的目录

（8）效果浏览

通过 Word 2019 任务栏右下角的"缩放级别"比例尺,调整查看文档的整体效果,如图5.73所示。

图 5.73　整体效果

（9）文件保存

该任务已完成,单击"保存"按钮将文件及时保存。

拓展训练

制作《中华人民共和国宪法》读本的操作方法如下。

1．启动 Word 2019，纸张大小 A4（宽 21cm×高 29.7cm），文件保存为"中华人民共和国宪法.docx"。

2．导入文本。导入"中华人民共和国宪法.txt"。

3．正文样式设置。设置字体格式（字号为小四；字体为楷体；字体颜色为深蓝色）和段落格式（首行缩进 2 字符，行间距为 1.5 倍）。

4．标题样式设置。为各个内容版块的标题新建样式为宪法标题 1，并设置【Alt+2】组合键。

5．封面插入与编辑。插入"怀旧"封面模板，编辑标题，输入文字为"中华人民共和国宪法"，副标题为"2020 年 01 月 01 日"，并插入国徽标志。

6．页眉和页脚设置。在奇数页页眉中插入"中华人民共和国宪法"；在偶数页页眉中插入国徽标志和"中华人民共和国宪法"。页脚插入"形状"中"星和旗帜"的星形:五角。编辑"形状"（填充:无；轮廓:红色），在形状中添加页码。

7．目录提取。光标放置在正文的最前面，添加自动目录。

8．效果预览。调整放大或缩小比例尺，查看文档制作的整体效果。

9．保存文件。

项目 6

数据统计与分析——Excel 2019

项目介绍

Excel 2019 是美国微软公司开发的 Office 2019 系列办公软件中的一个组件。它是功能强大的数据处理软件,主要用于处理电子表格,集表格设计、数据统计、报表分析、图形分析等功能于一身,被广泛应用于办公数据处理、财务、金融、经济、审计和统计等众多领域。本项目主要介绍 Excel 2019 在日常工作中的具体应用。

学习目标

- 熟悉 Excel 2019 的工作界面
- 掌握工作表的基本操作
- 掌握单元格中各种类型数据的输入方法
- 掌握工作表中数据的基本编辑方法
- 掌握设置单元格格式的常用方法
- 熟悉单元格引用的类型及含义
- 熟悉公式中各种运算符的应用
- 熟练掌握公式及常用函数的使用
- 了解使用公式后常见的出错信息及处理方法
- 熟悉数据清单的概念
- 掌握记录的排序操作
- 掌握记录的筛选操作
- 掌握记录的分类汇总操作

计算机信息素养

◇ 熟悉数据清单的打印方法
◇ 掌握图表的创建与编辑
◇ 掌握数据透视表与数据透视图的创建与编辑
◇ 掌握数据透视表中切片器的使用

任务 1　创建公司员工档案表

任务描述

本任务通过利用 Excel 2019 创建公司员工档案表，学习工作表的基本操作、单元格的选择操作、单元格中各种类型数据的输入方法、设置单元格格式的常用方法等操作。

创建完成的公司员工档案表效果如图 6.1 所示。

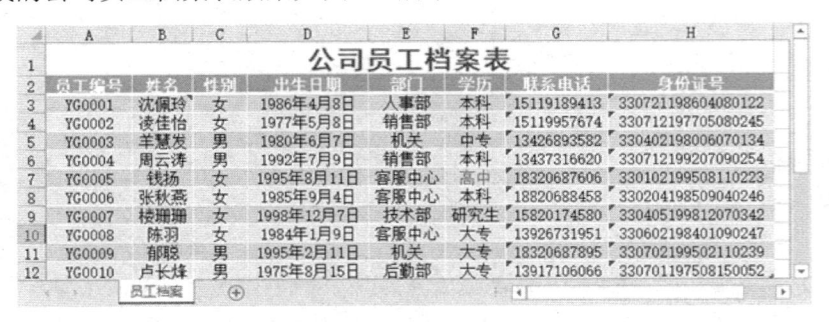

图 6.1　公司员工档案表

任务分析

完成本任务首先要打开 Excel 2019 并创建一个空白工作簿文件，选择"另存为"选项保存为"员工档案表.xlsx"，再录入员工基本信息，然后按要求对文本及单元格进行编辑修改，制作完成后保存文档。通过本任务我们将学会 Excel 2019 的基本操作及制作日常简单电子表格的基本方法，具体操作如下。

① 打开 Excel 2019，新建一个空白工作簿文件，另存为"员工档案表.xlsx"。
② 录入员工档案基本信息。
③ 设置标题格式字体为黑体、字号为 20、字型为加粗、颜色为紫色，合并 A1～H1 单元格且水平对齐方式为居中。
④ 设置所有日期型数据格式为"2012 年 3 月 14 日"，设置除标题外的所有数据单元格的宽度为"自动调整列宽"，水平对齐方式为居中。
⑤ 把工作表标签"Sheet1"更名为"员工档案"。
⑥ 将除标题外的数据清单设置套用表格格式为"橄榄色，表样式中等深浅 11"，并取消"筛选"效果。
⑦ 设置学历为"高中"的单元格的条件格式为"黄填充色深黄色文本"。
⑧ 设置"沈佩玲"所在单元格的批注为"人事部经理"。
⑨ 保存文件。

知识准备

6.1.1 Excel 2019 的工作界面

启动 Excel 2019 程序进入工作界面，如图 6.2 所示。Excel 2019 的工作界面与 Word 2019 的类似。

图 6.2 Excel 2019 的工作界面

6.1.2 Excel 2019 的基本术语

1. 工作簿

由 Excel 2019 所创建的文件称为工作簿文件，简称工作簿，默认的文件扩展名为".xlsx"，如"员工信息.xlsx"。

2. 工作表

Excel 2019 的工作簿由多张工作表所组成，默认情况下，每个工作簿包含 1 张工作表，工作表的标签名为 Sheet1。用户可以自行设置新建工作簿时包含的工作表数为 1~255。但一个工作簿能包含多少张工作表仅受内存限制，如果需要更多的工作表可通过插入工作表完成。当前正在使用的工作表称活动工作表。Excel 2019 的所有操作都是在工作表中进行的。

3. 单元格

工作表中的网格称为单元格，它以行号、列标作为标识名，称为单元格地址，如 B5 表示 B 列第 5 行的单元格。Excel 2019 的数据通常就保存在各单元格中，这些数据可以是文本、数值、公式等不同类型的内容。当前被选中的单元格称为当前单元格或活动单元格，以粗线框表示。Excel 2019 所进行的许多操作都是针对活动单元格进行的。活动单元格右下角的小黑点称

149

为填充柄。当用户将鼠标指针指向填充柄时，鼠标指针呈黑十字形状，拖曳填充柄可以将单元格内容复制或填充到相邻单元格中。

4．单元格区域

当对工作表中的数据进行操作时，通常应先选中需操作的单元格或单元格区域。单元格区域由组成这个区域的左上角至右下角对角线两端的地址作为区域的标识，中间用":"分隔。例如，单元格区域"B2:D5"表示从 B2 单元格到 D5 单元格组成的矩形区域中的 12 个单元格，如图 6.3 所示。区域的选取可以采用鼠标从左上角到右下角直接拖曳，待虚线边框移至所需的单元格时释放鼠标键即可。

5．行号和列标

行号是行的标识，用数字在每一行的行首标识。列的标识简称列标，用字母在每一列的列首标识。行号和列标的标识见图 6.2。

6．编辑栏

编辑栏中显示的是当前单元格中的原始数据或公式，可修改单元格中的原始数据或公式。

7．名称框

名称框是用来显示当前单元格的名称或用以选择函数。例如选中 A5 单元格，则在名称框中显示"A5"，若在某单元格中输入公式编辑号"="，则在名称框中显示函数列表，用以选择所需函数，如图 6.4 所示。

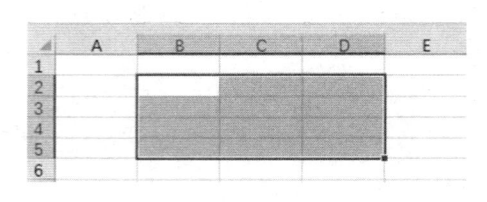

图 6.3　单元格区域 B2:D5　　　　　图 6.4　通过名称框选择函数

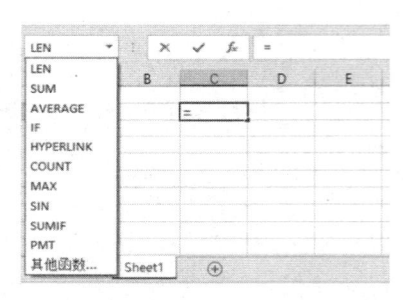

8．工作表标签

工作表标签位于 Excel 2019 窗口底部左侧，用来标识工作簿中的各个工作表。其中高亮显示的工作表为当前活动工作表，用户可以在不同的工作表之间进行切换。

6.1.3　工作簿的创建与打开

1．创建工作簿

Excel 2019 启动后会自动建立一个名为"工作簿 1"的工作簿，其中包含 1 张空白的工作表 Sheet1。在工作表的相应单元格中输入与编辑数据，保存后就完成了工作簿的创建。

2．打开工作簿

打开工作簿有以下两种方法。

（1）使用 Excel 2019 窗口，在"文件"选项卡中选择"打开"选项，选择需要的工作簿，单击"打开"按钮即可打开工作簿。

（2）在"此计算机"窗口中（Windows 10），双击需打开的工作簿文件即可启动 Excel 2019

并同时打开该文件。

6.1.4 工作表操作

1. 工作表更名

用户根据需要更改工作表标签名的方法有以下两种。

（1）双击要更名的工作表标签后，输入新的工作表标签名即可。

（2）右键单击要更名的工作表标签后，在快捷菜单中选择"重命名"选项，再输入新的工作表标签名即可。

2. 插入工作表

单击工作表标签栏中的"新工作表"按钮，即可插入一个新工作表，如图 6.5 所示。

3. 删除工作表

删除工作表的方法有以下两种。

（1）选择要删除的工作表标签，在"开始"选项卡中，选择"单元格"选项组中"删除"下拉列表的"删除工作表"选项即可。

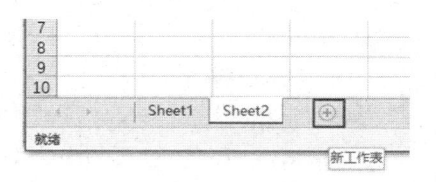

图 6.5 "新工作表"按钮

（2）右键单击要删除的工作表标签，并在快捷菜单中选择"删除"选项即可。

注意：工作表删除后，将无法撤销删除工作表的操作。

4. 移动或复制工作表

移动或复制工作表的方法有以下两种。

（1）右键单击工作表标签，在快捷菜单中选择"移动或复制"选项，并在"移动或复制工作表"对话框中，勾选"建立副本"复选框表示复制操作，否则表示移动操作。

（2）选择工作表标签，如果要移动该工作表，则用鼠标直接拖曳该标签至相应位置；如果要复制该工作表，则在按【Ctrl】键的同时用鼠标拖曳该标签至相应位置。

6.1.5 单元格的选择操作

在对 Excel 2019 工作表中的数据进行操作前应先选中被操作的单元格或单元格区域。当单元格或单元格区域被选中后，对应的行号和列标处将显示为暗灰色底纹，且该单元格（或被选中区域的左上角单元格）的名称将出现在名称框内。

单元格或单元格区域的选择操作方法如表 6.1 所示。

表 6.1 单元格或单元格区域的选择操作方法

选 择 项 目	操 作 方 法
单个单元格	单击要选择的单元格
	在名称框中先输入单元格地址如 B10，再按【Enter】键
矩形区域	单击区域左上角的单元格，然后沿对角线方向拖曳鼠标
	单击区域左上角的单元格，按住【Shift】键再单击区域右下角单元格
多个不相邻单元格（区域）	先选第一个单元格（或区域），再按住【Ctrl】键并选择其他单元格（或区域）

续表

选 择 项 目	操 作 方 法
一行或一列	单击行号或列标
相邻的行或列	拖曳行号或列标

若要取消单元格选定区域，只需单击相应工作表中的任意单元格即可。

6.1.6 单元格中数据的输入

Excel 2019 单元格中的数据主要分为两种基本类型，即常量和公式。常量又分为数值、文本、货币、日期、时间等类型；公式是以"="开头的由常量、运算符、单元格引用、函数等组成的表达式。

1. 文本的输入

文本是指由字母、汉字、数字、符号等组成的字符串，常用于标题、字段名称或文字说明等。通常情况下，当输入的数据中含有字母、汉字、符号时，Excel 2019 会自动把它确定为文本数据，文本在单元格中默认的对齐方式为左对齐。

如果要将数字作为字符串（文本）输入，应先输入一个英文的单引号"'"，再输入相应的数字，如键入"'0001"则输入的是文本"0001"，若键入"0001"则输入的是数值"1"。

2. 数值的输入

直接输入的数值数据可以是整数、小数，也可以用科学记数法表示的数，如 2.34E+7 表示 2.34×10^7。

当数字的长度超过单元格宽度时，显示为一串"####"，只要增大列宽即可让数值正常显示。当数值过大或过小时，会自动以指数方式显示。数值在单元格中默认的对齐方式为右对齐。

输入负数可采用两种方式：一种是在数字前加"-"号，如"-2021"；另一种是在数字前后加一对小括号，如"（2021）"。

3. 日期和时间的输入

输入日期和时间数据时，必须遵循相应的格式。用斜线"/"或点号"."作为日期数据中年、月、日的分隔符，如"2020.10.01"或"2020/10/01"；用冒号":"作为时间数据中时、分、秒的分隔符，如"15:20:25"。如果输入 12 小时制的时间，应加上 AM 或 PM 表示上午时间和下午时间，如"10:00 AM"，字母与数字之间必须留一空格。日期和时间型数据在单元格中默认的对齐方式为右对齐。

4. 自动填充数据

数据填充是指将数据按一定规律自动输入到相邻的多个单元格中。当在多个连续的单元格中需要输入有规律的数据如"1、2、3、4…""2、4、6、8…""男、男、男……"等时，不必针对每个单元格都进行数据的输入操作，而可以利用 Excel 提供的自动填充功能一次性完成所有的输入操作。

例如，要求利用数据的自动填充功能在 A1:A10 中依次填入数值"1、3、5、7、…、19"，操作方法有两种。

（1）在单元格 A1 中先输入"1"，用鼠标右键拖曳单元格 A1 的填充柄至单元格 A10，在快捷菜单中选择"序列"选项，并在"序列"对话框的"步长值"文本框中输入"2"，单击"确定"按钮即可，如图 6.6 所示。

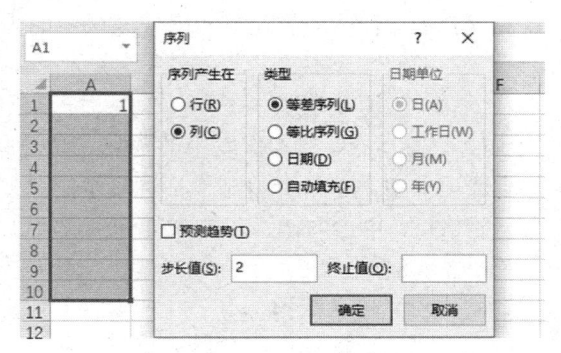

图 6.6 "序列"对话框

（2）在单元格 A1 和 A2 中分别输入"1""3"，选中区域 A1:A2，直接拖曳填充柄至单元格 A10 即可。

6.1.7 工作表中数据的编辑

1. 插入单元格、整行和整列

编辑工作表时，我们需要在已有数据的区域中插入空白单元格、整行或整列，以便在其中添加新的数据。

选择需插入单元格（行或列）处的单元格，在"开始"选项卡中，单击"单元格"选项组中"插入"按钮，选择"插入单元格"（"插入工作表行"或"插入工作表列"选项）。

2. 删除和清除

（1）删除整行或整列的方法

先选择要删除的行（列），然后单击右键，在快捷菜单中选择"删除"选项。注意：不能同时选择行和列进行删除操作。

（2）删除单元格

选择一个或多个单元格，然后单击右键，在快捷菜单中选择"删除"选项，弹出一个如图 6.7 所示的"删除"对话框，在对话框中选择相应选项后，单击"确定"按钮。

（3）清除单元格或区域

与删除不同，清除只是清除单元格或区域中的内容、格式、批注、超链接等，而保留单元格本身。

选择一个或多个单元格，在"开始"选项卡中，选择"编辑"选项组中"清除"选项，在打开的下拉列表中选择相应的选项。

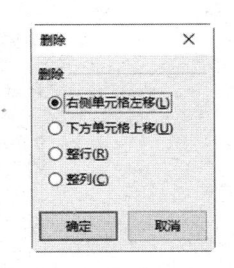

图 6.7 "删除"对话框

"清除"下拉列表各选项功能如下。

① 全部清除：清除单元格中所有的内容和格式，包括批注和超链接。

② 清除格式：只清除单元格的格式，如字体、颜色、底纹等，不清除内容和批注。

③ 清除内容：清除单元格的内容，即数据和公式，既不影响单元格的格式，也不会删除批注。

④ 清除批注：只清除插入单元格中的批注。

⑤ 清除超链接：清除单元格的超链接。

选择单元格或区域后，按【Delete】键可清除单元格或区域中的内容。

3. 复制和移动数据

（1）复制数据

选中要复制工作表中的数据（单元格或区域），在"开始"选项卡中，单击"剪贴板"选项组的"复制"按钮，选定目标单元格后，单击右键，在快捷菜单中选择"粘贴选项"的粘贴类型，如图 6.8 所示。

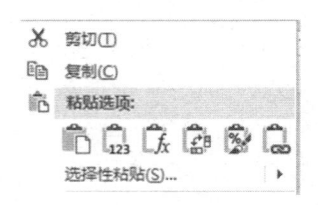

图 6.8 "粘贴选项"的快捷菜单

（2）移动数据

移动数据操作同复制数据操作类似，将"复制"按钮变为"剪切"按钮即可。

6.1.8 工作表的格式化

工作表的格式化是指调整工作表中数据或单元格的显示效果，使其更加规范、整齐、美观或满足某些特殊需求。

1. 调整行高和列宽

新建工作表时所有单元格都具有相同的宽度和高度。在实际使用中可以根据需要调整列宽和行高，其方法主要有以下 3 种。

（1）鼠标拖曳列标右侧（或行号下方）的分隔线。

（2）使用"列宽"（或"行高"）命令。先选中需调整列宽的列（或需调整行高的行），在"开始"选项卡的"单元格"选项组中，单击"格式"按钮，选择"列宽"（或"行高"）选项，并在对话框中设置列宽（或行高），单击"确定"按钮，如图 6.9 所示。

（3）要使列宽与单元格内容宽度相适合（或行高与内容高度相适合），可先选择要调整的列（或行），在"开始"选项卡的"单元格"选项组中，单击"格式"按钮，在弹出的"单元格大小"快捷菜单中，选择"自动调整列宽"（或"自动调整行高"）选项，如图 6.10 所示。

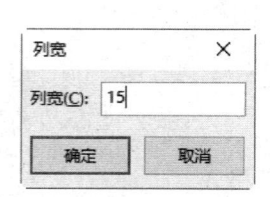

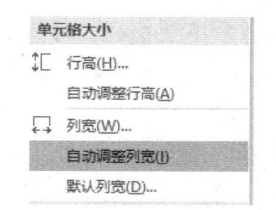

图 6.9 "列宽"对话框　　　　图 6.10 "单元格大小"快捷菜单

2. 设置单元格格式

单元格的格式可利用"开始"选项卡的"字体""对齐方式""数字"选项组进行分别设置，也可利用"设置单元格格式"对话框进行设置。分别单击"字体""对齐方式""数字"选项组中的"设置单元格格式"对话框启动器，可打开"设置单元格格式"对话框，如图 6.11 所示，其中含有"数字""对齐""字体""边框""填充""保护"6 个选项卡。

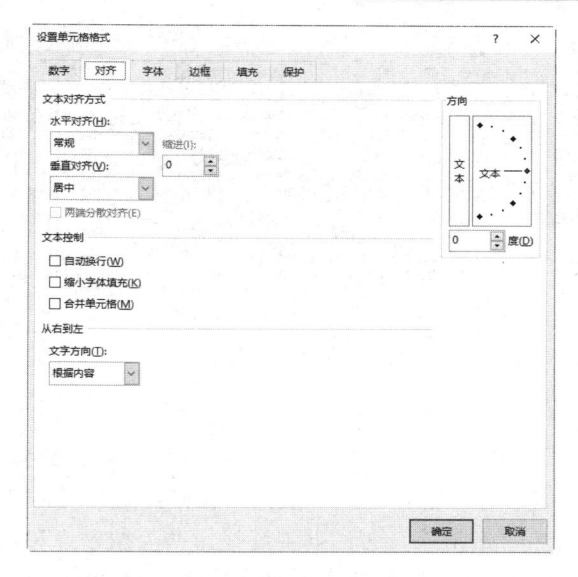

图 6.11 "设置单元格格式"对话框

3. 设置条件格式

当单元格被设置了条件格式后,只有当单元格中的数据满足所设定的条件时才会显示成所设置的格式,便于查看表格中符合条件的数据。

4. 套用表格格式

Excel 2019 中提供了多种表格格式让用户进行套用,以便快速美化表格外观。

选择需套用格式的单元格区域或数据清单中的任一单元格,在"开始"选项卡的"样式"选项组中,单击"套用表格格式"按钮,选择表的样式,再在"套用表格式"对话框中设置"表数据的来源",单击"确定"按钮即可。

任务实施

创建公司员工档案表的步骤如下。

(1) 创建"员工档案表.xlsx"工作簿并保存

启动 Excel 2019,系统默认建立一个以"工作簿 1"为名的空白工作簿文件。在"文件"菜单中选择"另存为"(或"保存")选项,在打开"另存为"对话框中选择"保存位置"为桌面,并在"文件名"文本框中输入文件名称为"员工档案表",单击"保存"按钮。

(2) 输入员工档案基本信息

① 在工作表 Sheet1 的单元格 A1 中输入"公司员工档案表"。

② 在单元格 A2、B2、C2、D2、E2、F2、G2、H2 中分别输入如图 6.12 所示的文字内容。

③ 在单元格 A3 中输入文本"YG0001",用鼠标拖曳 A3 单元格的填充柄至单元格 A12。

④ 在单元格区域 B3:H12 中分别输入如图 6.12 所示的内容。

(3) 设置标题格式

① 选中单元格 A1,通过"开始"选项卡的"字体"选项组设置字体为黑体,字号为 20,字型为加粗,颜色为紫色。

② 选中单元格区域 A1:H1,单击"开始"选项卡中"对齐方式"选项组的"合并后居中"按钮,如图 6.13 所示。

图 6.12　员工信息输入效果

（4）设置日期型数据格式

① 选中日期型数据区域 D3:D12，单击"开始"选项卡中"数字"选项组的"设置单元格格式"对话框启动器，在"设置单元格格式"对话框中选择日期类型为"2012 年 3 月 14 日"。

② 选中单元格区域 A2:H12，单击"开始"选项卡中"单元格"选项组的"格式"按钮，选择"自动调整列宽"选项。

图 6.13　"合并后居中"按钮

③ 选中单元格区域 A2:H12，单击"开始"选项卡中"段落"选项组的"居中"按钮。

（5）工作表更名

右键单击工作表标签"Sheet1"，选择"重命名"选项，输入"员工档案"。

（6）设置套用表格格式

① 选中单元格区域 A2:H12，单击"开始"选项卡中"样式"选项组的"套用表格格式"按钮，选择样式为"橄榄色，表样式中等深浅 11"，单击"确定"按钮。

② 取消"筛选"效果。先单击单元格区域 A2:H12 中的任一单元格，再单击"数据"选项卡中"排序与筛选"选项组的"筛选"按钮，设置后的效果如图 6.14 所示。

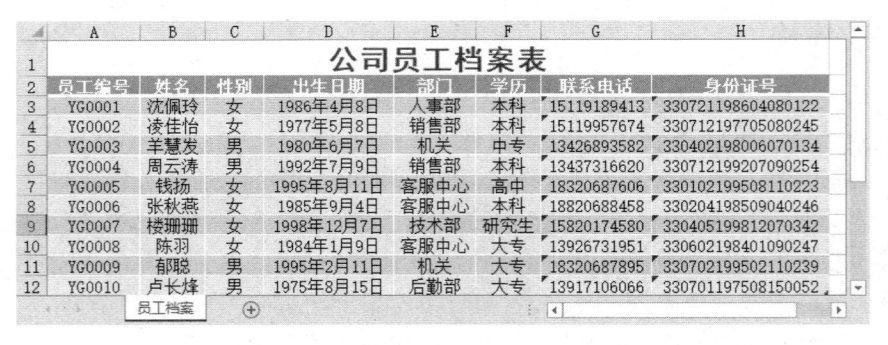

图 6.14　设置套用表格格式后的效果

（7）设置条件格式

选中单元格区域 F3:F12，单击"样式"选项组中的"条件格式"按钮，选择"突出显示单元格规则"的"等于"选项，在"等于"对话框中的"为等于以下值的单元格设置格式："文本框中输入"高中"，如图 6.15 所示。在"设置为"下拉列表中选择"黄填充色深黄色文本"选项，单击"确定"按钮。

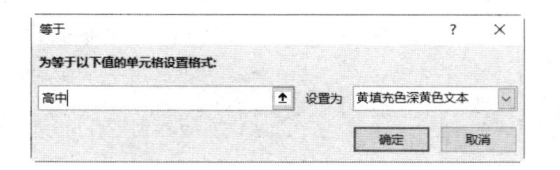

图 6.15 "等于"对话框

（8）设置批注

选中单元格 B3，单击"审阅"选项卡中"批注"选项组的"新建批注"按钮，在批注框中输入文字即可。

（9）保存文件

至此，电子表格已制作完成，单击"保存"按钮将文件及时保存。

拓展训练

创建员工出勤量统计表的步骤如下。

1．启动 Excel 2019，在工作表 Sheet1 中输入如图 6.16 所示的数据。

图 6.16 员工出勤量统计表

2．在数据清单前插入标题行"2020 年公司员工出勤量统计表"，设置字体为隶书，字号为 24，颜色为"橙色，个性色 6，深色 50%"，合并 A1～F1 单元格并水平居中。

3．给数据清单的字段名所在行设置浅绿色的底纹。

4．给整个数据清单（标题行除外）加上深蓝色、双实线的边框，内部单元格加蓝色、单实线的边框。

5．利用条件格式将列宽小于 65 的单元格设置为红色。

6．在工作表 Sheet1 后增加 1 个新工作表 Sheet2，把工作表 Sheet1 中的数据清单复制到工作表 Sheet2 中，把工作表 Sheet2 中的数据清单设置套用表格格式为"红色，表样式中等深浅 3"。

7．将该统计表保存为"2020 年公司员工出勤量统计表.xlsx"。

任务 2　职工考评成绩表的数据处理

➡ 任务描述

本任务通过利用 Excel 2019 对职工考评成绩表进行数据处理，学习单元格引用的类型及含义、公式中各种运算符的应用及常用函数的使用等。原销售部业务员业绩考核表如图 6.17 所示。

销售部业务员业绩考核表

姓　名	小　组	销量考核（40分）	利润考核（20分）	培训能力（10分）	管理能力（10分）	团队合作（10分）	业务潜力（10分）	总　分	平均分	排名	考核等级
管海生	第1小组	34	16	8	7	8	9				
于炜杰	第1小组	36	19	9	8	8	8				
白汉易	第1小组	39	18	7	8	7	9				
韦思同	第1小组	38	20	10	9	9	10				
谢云飞	第2小组	34	18	7	8	8	10				
管立强	第2小组	36	19	8	9	9	7				
钟生生	第2小组	26	14	4	5	6	7				
黄和滨	第3小组	26	14	5	7	7	6				
杜成宇	第3小组	34	16	7	6	6	8				
李高威	第3小组	38	19	6	7	8	8				
卢威宏	第4小组	23	12	4	5	6	7				
张英剑	第4小组	32	18	7	8	7	6				
宁健全	第4小组	36	18	9	9	6	10				

销量考核成绩大于或等于36分的成绩个数：	
利润考核成绩大于15分且小于20分的员工数：	
业务潜力成绩大于8分员工的总分之和：	

考核表

图 6.17　原销售部业务员业绩考核表

任务分析

完成本任务要先熟悉 Excel 2019 的常用函数功能及使用格式，通过本任务的学习将学会 Excel 2019 的常用基本函数及函数嵌套的具体使用方法。

完成本项任务的具体操作如下。

① 打开素材文件夹中的工作簿“职工考评成绩表.xlsx”。

② 使用求和函数 SUM 计算出每位员工的总分。

③ 使用平均值函数 AVERAGE 计算出每位员工的平均分。

④ 使用 RANK 计算出每位员工按总分从高到低的名次(注意:不能对数据进行排序操作)。

⑤ 使用条件函数 IF 计算出每位员工的考核等级，具体条件：总分大于或等于 90 分的考核等级为“优秀”，总分大于或等于 80 分的考核等级为“良好”，总分大于或等于 70 分的考核等级为“一般”，总分大于或等于 60 分的考核等级为“合格”，总分小于 60 分的考核等级为“不合格”。

⑥ 使用单条件计数函数 COUNTIF 统计出销量考核成绩大于或等于 36 分的成绩个数。

⑦ 使用多条件计数函数 COUNTIFS 统计出利润考核成绩大于 15 分且小于 20 分的员工数。

⑧ 使用条件求和函数 SUMIF 计算出业务潜力成绩大于 8 分员工的总分之和。

⑨ 保存文件。

知识准备

6.2.1　单元格引用

在处理单元格中的数据时，经常要用到公式，而几乎所有的公式中都会用到单元格的引用。根据单元格中的公式被复制到其他单元格后，单元格的引用是否会改变，可将单元格的引用分为相对引用、绝对引用、混合引用 3 种。

1. 相对引用

相对引用也叫相对地址，指公式中的单元格地址是当前单元格与公式所在单元格的相对位置，它是直接用单元格的列标和行号表示的引用，如A1、B5、C20等。当把一个含有相对地址的公式复制到一个新的位置时，公式中的相对地址就会随之变化。在使用过程中，除了特别需要，一般都使用相对地址来引用单元格的内容。

2. 绝对引用

绝对引用也叫绝对地址，它是分别在单元格的列标、行号前加上美元符号"$"表示的引用，如$B$5、$C$20等。当把一个单元格中含有绝对引用的公式复制到另一单元格后，公式中的绝对地址始终保持不变。

3. 混合引用

混合引用指既有绝对引用又有相对引用的引用，如$B12、C$6等。

6.2.2 运算符

在Excel 2019中，几乎所有的公式中都会用到运算符，运算符用于对操作数进行运算。Excel 2019中的运算符包括算术运算符、文本运算符、比较运算符。

1. 算术运算符

算术运算符有%（百分数）、^（乘幂）、*（乘）、/（除）、+（加）和-（减）。

运算优先级：高→低。

2. 文本运算符

Excel 2019的文本运算符只有一个，即&。"&"的作用是将两个文本连接起来自成一个连续的文本，如公式"="电子表格软件"&"Excel 2019""计算后的值为"电子表格软件Excel 2019"。

3. 比较运算符

比较运算符有=（等于）、<（小于）、>（大于）、<=（小于或等于）、>=（大于或等于）、<>（不等于）。

比较运算符用于比较两个值的大小或用于判定一个条件是否成立。比较的结果是一个逻辑值"True"或"False"。"True"表示比较的条件成立，"False"表示比较的条件不成立。例如，公式"=80>78"的计算结果为逻辑值"True"。

6.2.3 公式

Excel 2019中的公式由数字、运算符、单元格引用和函数等组成。使用公式可以对工作表中的数据进行加、减、乘、除等各种运算。在单元格中输入公式必须以等号"="开头，如"=35+12*3""=SUM（A1:C10）"等。当单元格中的公式输入完成并确认后，单元格中显示的是公式计算的结果，而在编辑栏中显示的是具体的计算公式。当引用单元格中的值发生变化时，公式计算结果将会自动更新。

6.2.4 函数

Excel 2019常用函数包括财务函数、日期与时间函数、数学与三角函数、统计函数、数据库函数、文本函数、逻辑函数等。

1. 常用函数

在 Excel 2019 所提供的众多函数中，常用函数的语法和功能如表 6.2 所示。

表 6.2 常用函数的语法和功能

函数名称	语法	功能
求和函数	SUM(number1, number2, …)	计算单元格区域中所有数值的和
求平均值函数	AVERAGE(number1, number2, …)	计算单元格区域中所有数值的算术平均数
求最大值函数	MAX(number1, number2, …)	返回一组数值中的最大值
求最小值函数	MIN(number1, number2, …)	返回一组数值中的最小值
取整函数	INT(number)	返回一个小于 number 的最大整数
四舍五入函数	ROUND(number, num_digits)	返回数字 number 按指定位数 num_digits 四舍五入后的数字
条件函数	IF(logical_test, value_if_true, value_if_false)	根据条件 logical_test 的真假值，返回不同的结果。若 logical_test 的值为 True，则返回 value_if_true，否则返回 value_if_false
计数函数	COUNT(number1, number2, …)	计算单元格区域中数字项的个数
单条件计数函数	COUNTIF(range, criteria)	统计给定区域 range 内满足特定条件 criteria 的单元格的数目
多条件计数函数	COUNTIFS(criteria_range1, criteria1, [criteria_range2, criteria2]…)	统计一组给定条件所指定的单元格数目。注意：每一个附加的区域都必须与参数 criteria_range1 具有相同的行数和列数
条件求和函数	SUMIF(range, criteria, [sum_range])	对区域中符合指定条件的值求和。注意：sum_range 可选，表示要求和的单元格区域，如果忽略，则使用 range
条件求平均值函数	AVERAGEIF(range, criteria, [average_range])	返回某个区域内满足给定条件的所有单元格的平均值（算术平均值）。注意：average_range 可选，表示要计算平均值的单元格区域，如果忽略，则使用 range。
文本截取函数	MID(text, start_num, num_chars)	返回文本字符串中从指定位置开始的特定数目的字符
排位函数	RANK(number, ref, order) 或 RANK.EQ(number, ref, order)	返回指定数字 number 在一列数字 ref 中的排位（若 order 不为 0，则为升序；若 order 为 0 或省略，则为降序）
逻辑与函数	AND(logical1, [logical2] ,…)	所有参数的计算结果为 True 时，返回 True；只要有一个参数的计算结果为 False，即返回 False
逻辑或函数	OR(logical1, [logical2] ,…)	在其参数组中，任何一个参数逻辑值为 True，即返回 True；所有参数的逻辑值为 False 时，返回 False

2. 函数的使用

函数必须应用在具体的公式中，使用函数有多种方法。

（1）手动输入函数

若对相应的函数及其语法比较熟悉，则可直接在单元格的公式中输入函数。

（2）使用函数向导输入函数

单击编辑栏前的"插入函数"按钮 *fx*，在"插入函数"对话框中选择所需函数。

（3）嵌套函数

在某些情况下，要将某个函数的返回值作为另一个函数的参数使用，这个函数就是嵌套函数。一个公式可以包含多达七级的嵌套函数。

例如，公式"=IF(OR(C2>AVERAGE($C$2:$C$7), D2>AVERAGE($D$2:$D$7)),"好", "一般

")"，就是嵌套函数的具体应用。

6.2.5 公式或函数的出错信息

当输入的公式中有错误，不能正确计算出结果时，在单元格中将显示一个以#开头的错误值。如表 6.3 所示。

表 6.3 常见的公式或函数出错信息

错误值	原因	例子
#DIV/0!	除法时除数为 0	在 B2 中输入公式 "=5/0"
#VALUE!	使用错误的参数或运算对象类型	A3 中输入文字 "信息学院"，B3 中输入公式 "=A3+5"
#NAME?	在公式中使用了未定义的名称或不存在的单元格区域名	在 A2 中输入 "=abc+5"
#REF!	引用了无效的单元格	在 A2 中输入 "=A1+8"，将 A2 中的公式复制到 B1
#NUM!	在数学函数中使用了不适当的参数	在 B6 中输入 "=SQRT(.6)"，该函数用于求平方根
#NULL!	指定的两个区域不相交	在 B8 中输入 "=SUM(A1:B4　D3:F8)"
＃＃＃＃	单元格所含的数字、日期或时间值的数据宽度比单元格宽	在 B2 单元格中输入 "2020.4.18"，减少 B 列宽度会发现该单元格显示成 "＃＃＃＃"

🡆 任务实施

职工考评成绩表数据处理的方法如下。

（1）打开文件

在素材文件夹中找到文件"职工考评成绩表.xlsx"并双击即可打开。

（2）计算总分

① 在工作表 Sheet1 的单元格 I3 中输入 "=su" 后，从函数自动匹配列表（见图 6.18）中双击选择函数 "SUM"，选定要计算的单元格区域为 "C3:H3"，输入右小括号 ")"，按【Enter】键（或单击"输入"按钮）确认。

② 双击 I3 单元格的填充柄（或拖曳单元格 I3 的填充柄至 I15）完成公式的复制填充。

（3）计算平均分

① 在工作表 Sheet1 的单元格 J3 中输入 "=av" 后，从函数自动匹配列表（见图 6.19）中双击选择函数"AVERAGE"，选定要计算的单元格区域"C3:H3"，输入右小括号")"，按【Enter】键（或单击"输入"按钮）确认。

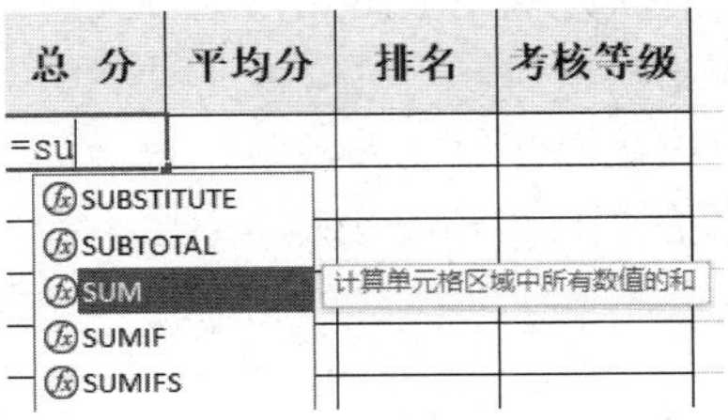

图 6.18　函数自动匹配列表（1） 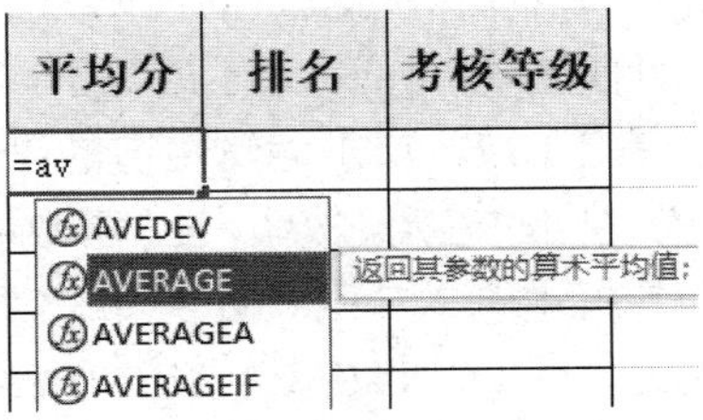　　　　图 6.19　函数自动匹配列表（2）

② 双击 J3 单元格的填充柄（或拖曳单元格 J3 的填充柄至 J15）完成公式的复制填充。

③ 选中平均分区域 J3:J15，单击"开始"选项卡中"数字"选项组的"减少小数位数"按钮 4 次，使平均分的小数位数变为 2 位，如图 6.20 所示。

（4）计算排名

① 选中工作表 Sheet1 的单元格 K3，单击编辑栏前的"插入函数"按钮，在"插入函数"对话框中选择函数"RANK"选项，单击"确定"按钮，在"函数参数"对话框的"Number"框中输入参加排序数据所在单元格"I3"，在"Ref"框中输入排序数据列表的绝对引用"$I$3:$I$15"，单击"确定"按钮。

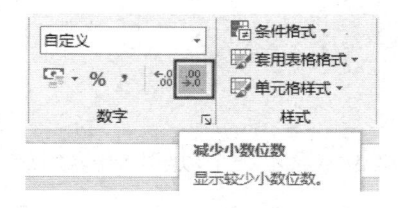

图 6.20 "减少小数位数"按钮

② 双击 K3 单元格的填充柄（或拖曳单元格 K3 的填充柄至 K15）完成公式的复制填充。

（5）计算评价

① 选中工作表 Sheet1 的单元格 L3，单击编辑栏前的"插入函数"按钮，在"插入函数"对话框中选择函数"IF"，单击"确定"按钮，在"函数参数"对话框（见图 6.21）的"Logical_test"框中输入判定条件"I3>=90"，在"Value_if_true"框中输入值"优秀"，在"Value_if_false"框中输入值"IF(I3>=80,"良好", IF(I3>=70,"一般", IF(I3>=60,"合格","不合格")))"，单击"确定"按钮（此时单击单元格 L3，在编辑栏中显示的公式为"=IF(I3>=90,"优秀", IF(I3>=80,"良好", IF(I3>=70,"一般", IF(I3>=60,"合格","不合格"))))"。

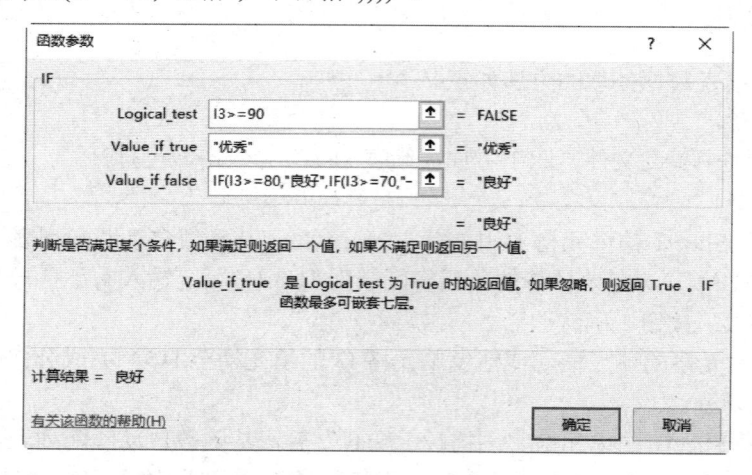

图 6.21 函数 IF 的"函数参数"对话框

② 双击 L3 单元格的填充柄（或拖曳单元格 L3 的填充柄至 L15）完成公式的复制填充。

（6）统计销量考核成绩大于或等于 36 的成绩个数

选中单元格 L17，单击编辑栏前的"插入函数"按钮，在"插入函数"对话框中选择函数"COUNTIF"，单击"确定"按钮，在"函数参数"对话框的"Range"框中输入计数区域"C3:C15"，在"Criteria"框中输入计数条件">=36"，单击"确定"按钮（单击单元格 L17，在编辑栏中显示的公式为"=COUNTIF(C3:C15, ">=36")"。

（7）统计利润考核成绩大于 15 分且小于 20 分的员工数

选中单元格 L18，接下去的操作方法与步骤（6）类似，选用的函数为"COUNTIFS"，相应的函数参数对话框中的参数设置如图 6.22 所示（单击单元格 L18，在编辑栏中显示的公式为"=COUNTIFS(D3:D15, ">15", D3:D15,"<20")"。

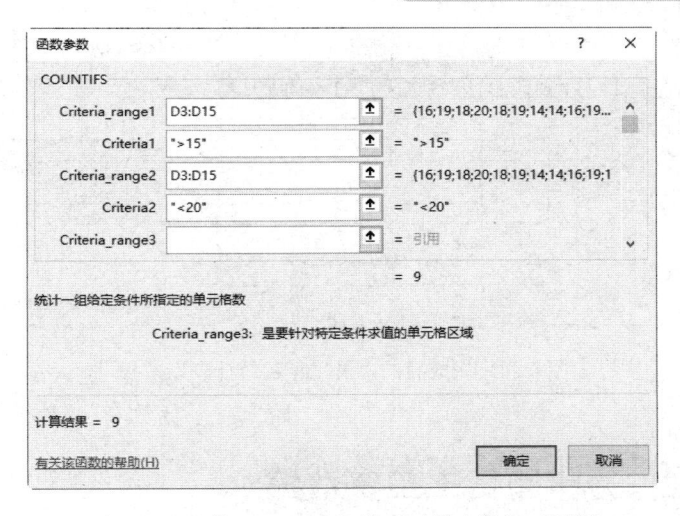

图6.22 函数COUNTIFS的"函数参数"对话框

（8）计算业务潜力成绩大于8分员工的总分之和

选中单元格L19，接下去的操作方法与（6）类似，选用的函数为"SUMIF"，相应的函数参数对话框中的参数设置如图 6.23 所示（单击单元格 G15，在编辑栏中显示的公式为"=SUMIF(H3:H15, ">8", I3:I15)"，最后结果如图6.28所示。

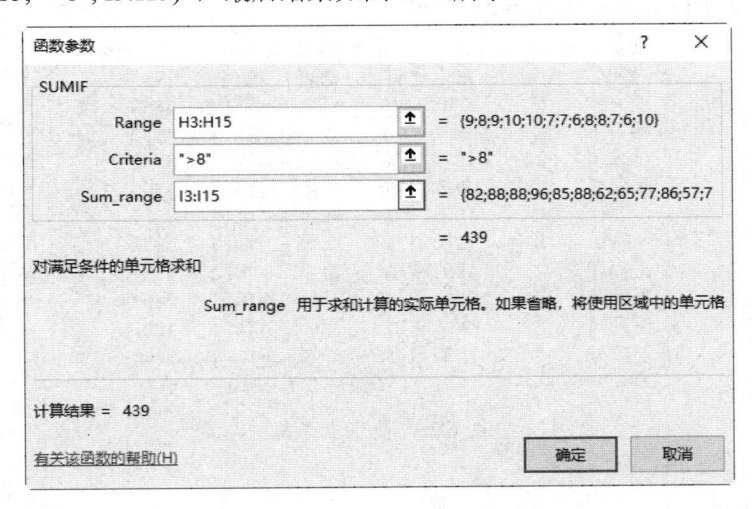

图6.23 函数SUMIF的"函数参数"对话框

（9）保存文件

至此，电子表格已按要求统计完成，单击"保存"按钮将文件及时保存。

拓展训练

计算"员工年龄统计表.xlsx"表中各项统计值，完成后的效果如图6.24所示。

	A	B	C	D	E	F	G	H
1	公司员工年龄统计表							
2	职工号	姓名	性别	年龄	年龄是否大于等于40	年龄排名		
3	2020001	陈小鹰	男	33	否	20		
4	2020002	陆东兵	女	38	否	15		
5	2020003	闻亚东	男	50	是	7	男员工人数:	19
6	2020004	曹吉武	男	28	否	22	女员工人数:	11
7	2020005	彭晓玲	女	24	否	25	男职工平均年龄:	39.68
8	2020006	傅珊珊	男	46	是	9	女职工平均年龄:	36.09
9	2020007	钟争秀	男	26	否	24		
10	2020008	周旻璐	女	24	否	25		
11	2020009	柴安琪	男	22	否	30		
12	2020010	[illegible]	女	34	否	18		

年龄统计表

图 6.24 完成后的“员工年龄统计表”效果

任务 3 制作并打印员工工资数据

任务描述

本任务通过利用 Excel 2019 制作并打印员工工资数据，可学习排序、筛选、分类汇总等操作及数据清单的打印方法。

要处理的员工工资表数据如图 6.25 所示。

	A	B	C	D	E	F
1	姓名	性别	出生年月	婚否	部门	工资
2	沈海红	女	1970/11/9	已婚	一部门	4880
3	盛新苹	女	1980/12/7	未婚	二部门	4850
4	施米尔	女	1974/8/4	已婚	五部门	3769
5	孙明森	女	1968/5/10	已婚	四部门	4403
6	汪萍	女	1968/9/7	已婚	二部门	4850
7	王凡	男	1963/8/6	已婚	二部门	4950
8	王涵超	女	1981/7/8	已婚	三部门	4727
9	王婕洁	男	1972/12/23	已婚	四部门	3492
10	王京雨	男	1962/9/11	已婚	五部门	4927
11	[illegible]	男	1989/9/5	未婚	五部门	3640

Sheet1 Sheet2 Shee ...

图 6.25 员工工资表

任务分析

为了完成本任务需要熟练掌握 Excel 2019 的排序、筛选、高级筛选、分类汇总等操作方法，以及数据清单的具体打印方法。

制作并打印员工工资数据的具体操作如下。

① 打开素材文件夹中的工作簿文件“员工工资表.xlsx”。

② 把工作表 Sheet1 中的数据清单分别复制到工作表 Sheet2、Sheet3、Sheet4、Sheet5、Sheet6、Sheet7、Sheet8 中。

③ 对工作表 Sheet2 中的数据清单按婚否排序。

④ 对工作表 Sheet3 中的数据清单按部门的工资排列。

⑤ 对工作表 Sheet4 中的数据清单按“一部门、二部门、三部门、四部门、五部门”顺序

排序。

⑥ 对工作表 Sheet5 中的数据清单利用自动筛选命令，筛选出已婚且工资高的前 5 条记录。

⑦ 对工作表 Sheet6 中的数据清单利用自动筛选命令，筛选出二部门和五部门中姓李或姓王的记录。

⑧ 对工作表 Sheet7 中的数据清单利用高级筛选命令，筛选出姓李或工资大于 4000 元且小于 4200 元的记录。

⑨ 对工作表 Sheet8 中的数据清单利用分类汇总命令，统计出各部门及所有部门的平均工资显示为第 2 级的记录。

⑩ 保存文件并打印工作表 Sheet2、Sheet3、Sheet4、Sheet5、Sheet6、Sheet7、Sheet8 中的数据清单。

知识准备

6.3.1 数据清单的概念

数据库（也称为表）是以相同结构方式存储的数据集合。在 Excel 2019 中，数据清单作为一个数据库来看待。数据清单应是一连续的数据区域，其第一行称为标题行，由字段名组成，除标题行外，数据清单中的每一行数据都称为一条记录，每个记录中包含的各项信息内容称为字段。

6.3.2 记录排序

记录排序指对数据清单的数据记录按某个标准重新排列。若字段值是文本，则按 ASCII 码或内码进行排序；若是汉字则默认按第一个汉字拼音的首字母进行排序，也可以设置按汉字笔划的多少进行排序。

1. 简单数据排序

在排序时只是按照数据清单中的某一字段（关键字）进行排序称为简单排序。

例如，需要对图 6.26 中家电销售统计数据清单的记录按销售总额从高到低进行排序。操作方法：选中销售总额列任意一个数据单元格，在"数据"选项卡的"排序和筛选"选项组中，单击"降序"按钮（"升序"按钮为从低到高排序）即可，升序和降序按钮如图 6.27 所示。

图 6.26　家电销售统计数据清单　　　　　　图 6.27　"升序"和"降序"按钮

2. 复杂数据排序

在排序时按两个或两个以上字段（关键字）的值进行排序的，称为复杂排序。

例如，对图 6.26 中的家电销售统计数据清单的记录按数量降序排序时，若数量相同则再按单价的降序排序。

单击数据清单中的任一数据单元格，在"数据"选项卡"排序和筛选"选项组中，单击"排序"按钮，打开"排序"对话框，主要关键字选择"数量"，次序选择"降序"，单击"添加条件"按钮，次要关键字选择"单价"，次序选择"降序"，如图 6.28 所示，单击"确定"按钮。

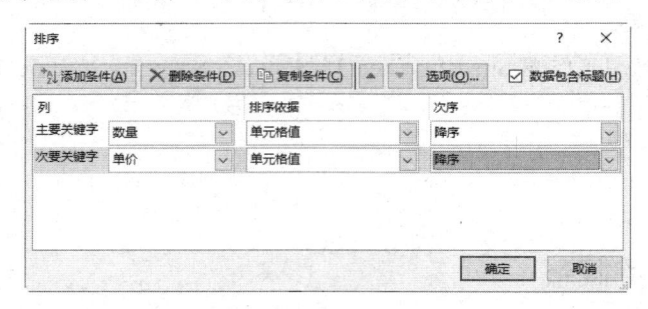

图 6.28 "排序"对话框

3. 部分数据记录的排序

在排序时若只是数据清单的部分记录参加排序，操作时应先选择参加排序的数据记录区域，再进行排序操作。

6.3.3 自动筛选

通过筛选可显示数据清单中符合特定条件的记录，而把不符合条件的记录隐藏起来，可快速又方便地查找到所需的记录。对于筛选后的记录，可直接进行复制、查找、编辑、设置格式、制作图表和打印等操作。

单击数据清单中的任一单元格，在"数据"选项卡的"排序和筛选"选项组中，单击"筛选"按钮，此时在数据清单的每个字段后都会出现筛选条件设置按钮，通过相关设置即可完成筛选。

6.3.4 高级筛选

在实际应用中，常常会用到更复杂的筛选条件，利用自动筛选已无法完成，这时就需要使用高级筛选功能。

使用高级筛选要先在工作表的空白区域根据筛选条件进行设置。条件区域首行中包含的字段名必须与相应数据清单中的字段名一致，但条件区域内不一定包含数据清单中的所有字段名。条件区域的字段名中至少要有一行用来定义相应字段的筛选条件。

各个字段间的条件关系分为"与"和"或"两种。

设置"与"复合条件：设置条件区域时，如果在各字段名下方的同一行中输入条件，则系统会认为所有条件都成立才算是符合筛选条件。

设置"或"复合条件：设置条件区域时，如果分别在各字段名下方的不同行中输入条件，则系统会认为只要符合其中任何一个条件就算筛选条件成立。例如，对图 6.26 中家电销售统计数据清单的记录进行高级筛选，筛选条件为数量大于 30 或单价大于 5000 元。

在空白区域设置好条件区域（见图 6.29），单击家电销售统计数据清单中的任一单元格，在"数据"选项卡的"排序和筛选"选项组中，单击"高级"按钮，在"高级筛选"对话框中设置列表区域和条件区域（见图 6.30），单击"确定"按钮。高级筛选后的结果如图 6.31 所示。若筛选条件改成数量大于 30 且单价大于 5000 元，则只需把条件区域改成如图 6.32 所示即可；若筛选条件改成数量大于 30 且小于 40，或单价大于 5000 元，则只需把条件区域改成如图 6.33 所示即可。

图 6.29　条件区域

图 6.30　"高级筛选"对话框

图 6.31　高级筛选结果

图 6.32　数量大于 30 且单价大于 5000 元的条件区域

图 6.33　数量大于 30 且小于 40，或单价大于 5000 元的条件区域

6.3.5　分类汇总

在数据清单中，对记录按某个字段的内容进行分类，即先把该字段值相同的记录归为一类，然后对每一类进行统计（如求和、求平均值、计数等）的相关操作称为分类汇总。

用户在使用分类汇总时，必须先对数据清单中，按要分类汇总的字段进行排序，从而使相同字段值的记录排列在相邻的行中，以便于正确显示分类汇总结果。

例如，对图 6.26 中的家电销售统计数据清单进行分类汇总，要求统计销售总额之和及各产品的销售总额之和。

对数据清单按产品列数据进行排序（如降序排序），单击数据清单的任一单元格，在"数据"选项卡的"分级显示"选项组中，单击"分类汇总"按钮（见图 6.34），在"分类汇总"对话框中设置好分类字段、汇总方式、选定汇总项（见图 6.35），单击"确定"按钮。分类汇总后的效果如图 6.36 所示。

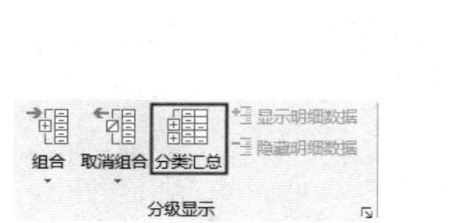

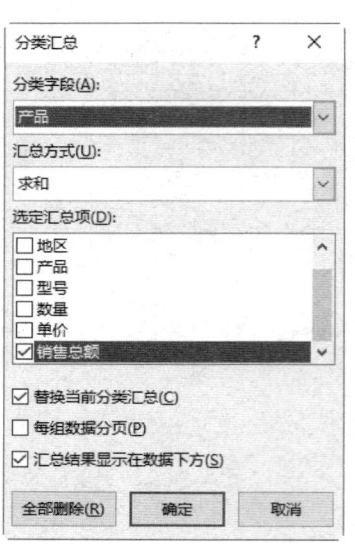

图 6.34 "分类汇总"按钮　　　　　　　图 6.35 "分类汇总"对话框

图 6.36 分类汇总结果

分类汇总后，汇总结果将以分级显示方式显示汇总数据和明细数据，并在工作表的左上角显示 3 个用于显示不同级别分类汇总结果的按钮，分别单击它们将显示不同级别的分类汇总结果，如单击级别"2"按钮后显示的效果如图 6.37 所示。

图 6.37 单击级别"2"按钮后的分类汇总效果

要撤销分类汇总的操作，只要重新打开"分类汇总"对话框，单击"全部删除"按钮即可。

任务实施

制作并打印员工工资数据的具体方法如下。

（1）打开工作簿文件"员工工资表.xlsx"

在素材文件夹中找到文件"员工工资表.xlsx"并双击即可打开。

（2）复制数据清单

选中工作表 Sheet1 中的数据清单，在"开始"选项卡的"剪贴板"选项组中，单击"复制"按钮，选中工作表 Sheet2 的单元格 A1，在"开始"选项卡的"剪贴板"选项组中，单击"粘贴"按钮。用同样的方法把工作表 Sheet1 中的数据清单分别复制到工作表 Sheet3、Sheet4、Sheet5、Sheet6、Sheet7、Sheet8 中。

（3）按婚否排序

选中工作表 Sheet2 中婚否数据的任一单元格，在"数据"选项卡的"排序和筛选"选项组中，单击"升序"按钮"。

（4）按部门的工资排序

单击工作表 Sheet3 中数据清单中的任一数据单元格，在"数据"选项卡的"排序和筛选"选项组中，单击"排序"按钮，打开"排序"对话框，主要关键字选择"部门"选项，排序次序选择"升序"选项，单击"添加条件"按钮，次要关键字选择"工资"选项，排序次序选择"降序"选项，如图 6.38 所示。

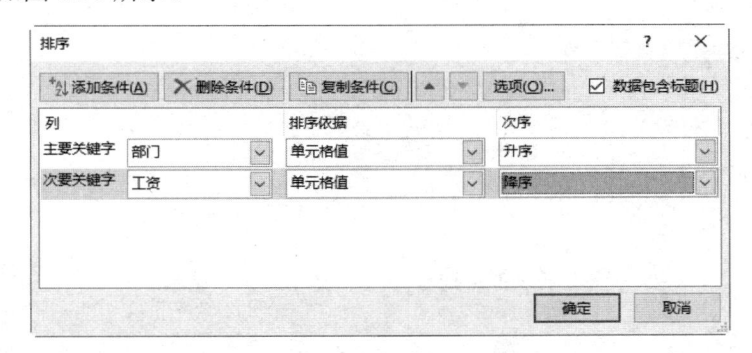

图 6.38 设置"排序"对话框参数

（5）按"一部门、二部门、三部门、四部门、五部门"顺序排序

① 选中工作表 Sheet4 数据清单中的任一数据单元格，在"数据"选项卡的"排序和筛选"选项组中，单击"排序"按钮，打开"排序"对话框，主要关键字选择"部门"选项，排序次

序选择"自定义序列"选项，在"自定义序列"对话框的"输入序列："框中输入排序序列为"一部门，二部门，三部门，四部门，五部门"，如图 6.39 所示。

② 依次单击"添加"和"确定"按钮，最后单击"排序"对话框的"确定"按钮。

（6）利用自动筛选，筛选出已婚且工资高的前 5 条记录

① 选中工作表 Sheet5 数据清单中的任一数据单元格，在"数据"选项卡的"排序和筛选"选项组中，单击"筛选"按钮，在婚否字段的筛选条件设置菜单中，勾选"已婚"复选框，如图 6.40 所示，单击"确定"按钮。

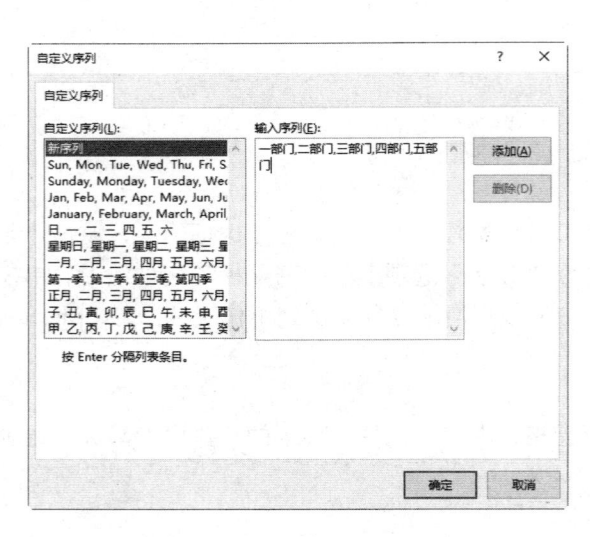

图 6.39 "自定义序列"对话框

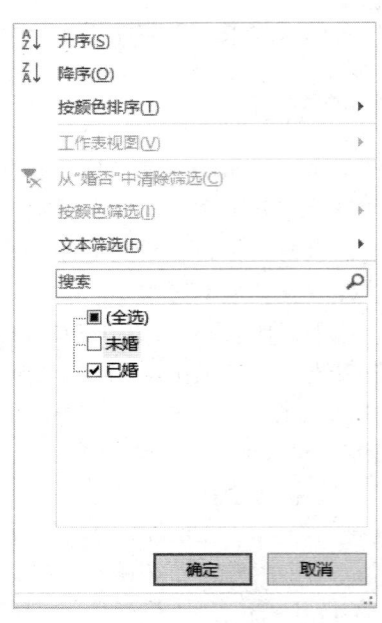

图 6.40 勾选"已婚"复选框

② 设置工资字段的筛选条件，选择"数字筛选"选项，在"数字筛选"子菜单中选择"前 10 项"选项（见图 6.41），在"自动筛选前 10 个"对话框中设置如图 6.42 所示的参数，单击"确定"按钮完成筛选。

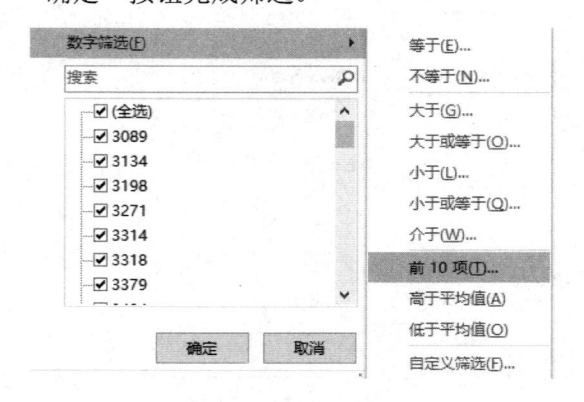

图 6.41 "前 10 项"选项

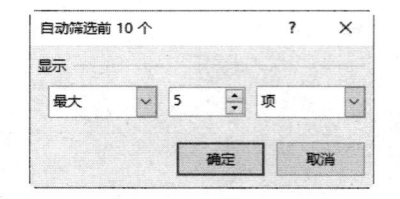

图 6.42 "自动筛选前 10 个"对话框

（7）利用自动筛选，筛选出二部门和五部门中姓李或姓王的记录

① 选中工作表 Sheet6 数据清单中的任一数据单元格，在"数据"选项卡的"排序和筛选"

选项组中，单击"筛选"按钮，设置部门字段的筛选条件，勾选"二部门""五部门"复选框，单击"确定"按钮。

② 设置姓名字段的筛选条件，选择"文本筛选"选项，在"文本筛选"子菜单中选择"开头是"（见图6.43）选项，在"自定义自动筛选方式"对话框中设置参数，如图6.44所示，单击"确定"按钮完成筛选。

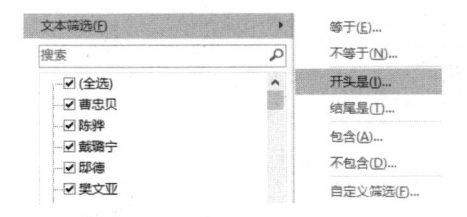

图 6.43 选择"开头是"选项

图 6.44 "自定义自动筛选方式"对话框

（8）利用高级筛选，筛选出姓李或工资大于 4000 元且小于 4200 元的记录

在工作表 Sheet7 的空白区域设置好条件区域（见图 6.45），单击工资表数据清单中的任一单元格，在"数据"选项卡的"排序和筛选"选项组中，单击"高级"按钮，在"高级筛选"对话框中设置好列表区域和条件区域（见图 6.46），单击"确定"按钮完成筛选。

姓名	工资	工资
李*		
	>4000	<4200

图 6.45 "姓李或工资大于 4000 元且小于 4200 元"的条件区域

图 6.46 "高级筛选"对话框中设置的参数

（9）利用分类汇总命令，统计出各部门及所有部门的平均工资，结果显示为第 2 级

① 对在工作表 Sheet8 的数据清单按部门列数据进行排序（如升序排序）。

② 单击数据清单的任一单元格，在"数据"选项卡的"分级显示"选项组中，单击"分

类汇总"按钮，在"分类汇总"对话框中设置好分类字段、汇总方式、选定汇总项（见图6.47），单击"确定"按钮。

③ 单击左上角的级别"2"按钮，结果如图6.48所示。

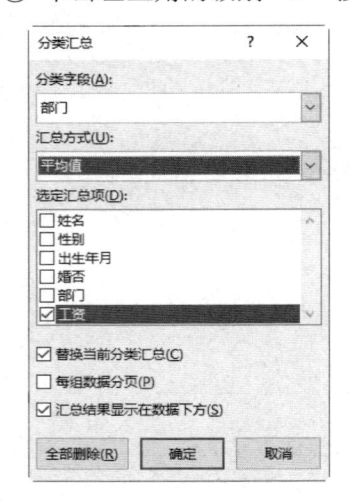

图6.47 "分类汇总"对话框中设置的参数

图6.48 各部门及所有部门平均工资的分类汇总结果

（10）保存文件并打印统计后的数据清单

至此，电子表格已按要求统计完成，单击"保存"按钮将文件及时保存。

要打印统计后的数据清单，只需在工作表中选中需打印的数据清单，在"文件"菜单中选择"打印"选项，设置好打印参数，单击"打印"按钮即可。

拓展训练

制作公务员考试成绩表的过程如下。

1．在素材文件夹中找到并打开"公务员考试成绩表.xlsx"。

2．在工作表Sheet1后插入7张工作表Sheet2、Sheet3、Sheet4、Sheet5、Sheet6、Sheet7、Sheet8，并把工作表Sheet1中的数据清单分别复制到各新工作表中。

3．对工作表Sheet2中的数据清单按排名的升序排序。

4．对工作表Sheet3中的数据清单按自定义序列"博士、硕士、学士、无"进行排序。

5．对工作表Sheet4中的数据清单利用自动筛选功能，筛选出博士且排名在前10的记录。

6．对工作表Sheet5中的数据清单利用自动筛选功能，筛选出姓"肖"的男考生记录。

7．对工作表Sheet6中的数据清单利用高级筛选功能，筛选出博士或总成绩大于或等于80分的记录。

8．对工作表Sheet7中的数据清单利用分类汇总命令，统计出男考生、女考生的人数及总人数，人数显示在"出生年月"列。

9．对工作表Sheet8中的数据清单利用分类汇总命令，分类统计出每种学位考生的平均总成绩及所有考生的平均总成绩。

任务 4　创建生产统计图表

任务描述

本任务通过利用 Excel 2019 创建生产统计图表，学习图表的创建与编辑方法。其中一个图表的显示效果如图 6.49 所示。

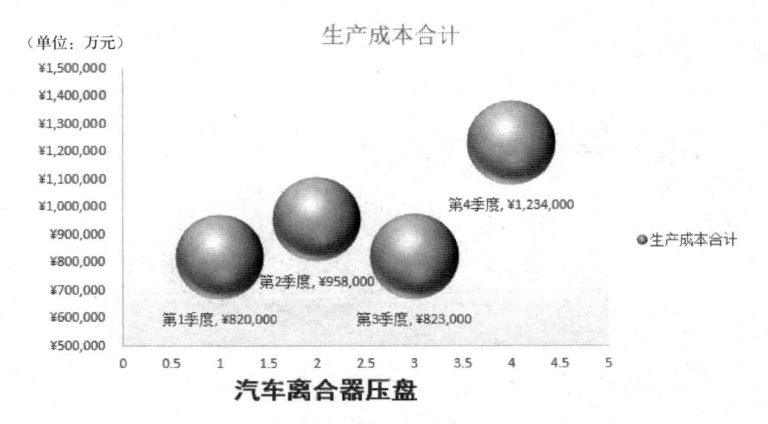

图 6.49　根据数据清单生成的气泡图

任务分析

为了完成本任务需要熟练掌握 Excel 2019 图表的功能及其创建与编辑的操作方法。
完成本项任务的具体操作如下。
① 打开素材文件夹中的工作簿文件"生产成本统计表.xlsx"。
② 根据工作表 Sheet1 中数据清单的季度、生产成本合计两列数据创建三维气泡图。
③ 设置该三维气泡图的图表布局为"布局 8"，图表样式为"样式 4"。
④ 在该三维气泡图下方添加标题"汽车离合器压盘"，文字格式为"黑体，加粗，16 磅，蓝色"，并设置图例位置显示在右侧。
⑤ 对该三维气泡图设置数据标签，使标签包括 X 值、Y 值，且标签位置靠下。
⑥ 取消该三维气泡图的网络线，设置垂直轴的最小值为 500000、最大值为 1500000。
⑦ 保存文件。

知识准备

在 Excel 2019 中可以方便地实现数据的图表化。通过图表能将单调的数据直观地显示出来。

6.4.1　创建图表

创建图表是将单元格区域中的数据以图表的形式加以显示，从而可以更直观地分析数据。例如，根据图 6.50 所示的产品销量的月份、销售比例两列数据生成三维饼图。
同时选中月份列（A2:A8）、销售比例列（C2:C8）两列数据，在"插入"选项卡的"图表"

选项组中，单击"插入饼图或圆环图"按钮，选择"三维饼图"（见图 6.51）选项，即可在当前工作表中生成如图 6.52 所示的图表。

图 6.50　图书销量表

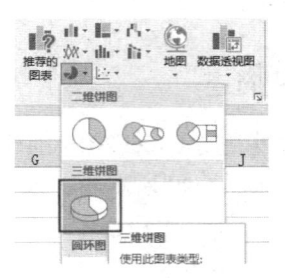

图 6.51　"三维饼图"选项

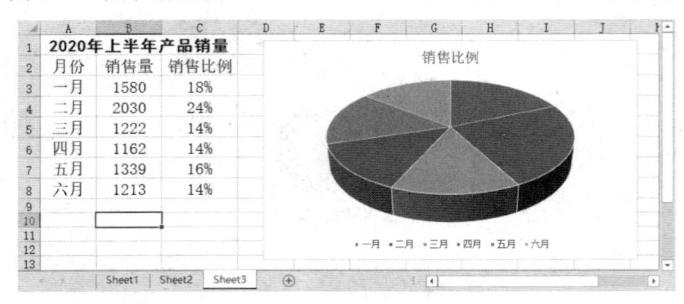

图 6.52　三维饼图效果

6.4.2　编辑图表

创建图表之后，为了使图表更具有美观和实用的效果，往往需要对图表进行编辑修改，如调整图表大小、为图表添加数据标签及改变图表布局、图表样式、文字格式、坐标轴刻度等，也可更改图表类型。例如，要对所生成的图 6.52 所示的图表进行修改。要求图表布局使用"布局 2"，图表样式使用"样式 8"，并使最大比例的颜色块单独显示。

单击图表，在"图表工具"的"设计"选项卡中，单击"图表布局"选项组的"快速布局"按钮，选择"布局 2"（见图 6.53）选项，在"设计"选项卡"图表样式"选项组中选择"样式 8"选项，双击三维饼图中最大的颜色块并拖离饼图，最后效果如图 6.54 所示。

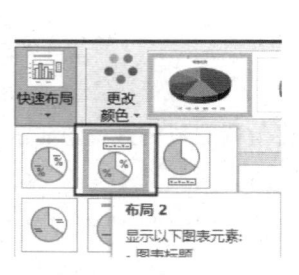

图 6.53　"布局 2"选项

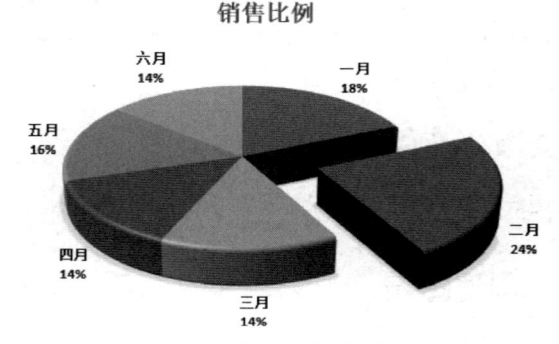

图 6.54　修改后的三维饼图

当数据图表生成之后，若修改了原数据清单中的数据，则图表中的相应对象会自动修改；反之，若修改了图表中的对象，数据清单中的相应数据也会自动更新。

要清除或删除图表，只需选中图表后，按【Delete】键即可，也可以用鼠标右键单击图表，在快捷菜单中选择"清除"或"剪切"选项。

任务实施

创建生产统计图表的操作过程如下。

（1）打开工作簿文件"生产成本统计表.xlsx"

在素材文件夹中找到文件"生产成本统计表.xlsx"并双击即可打开。

（2）创建三维气泡图

同时选中工作表 Sheet1 数据清单中的"季度"列（A2:A6）、"生产成本合计"（F1:F6），在"插入"选项卡中，单击"图表"选项组的"插入散点图或气泡图"按钮，选择"三维气泡图"（见图 6.55）选项，结果如图 6.56 所示。

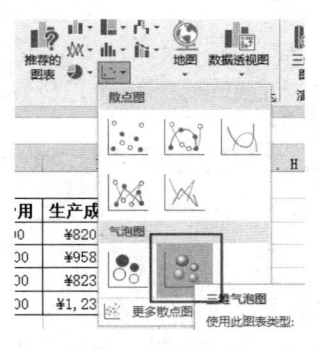

图 6.55 "三维气泡图"选项　　　　图 6.56 三维气泡图

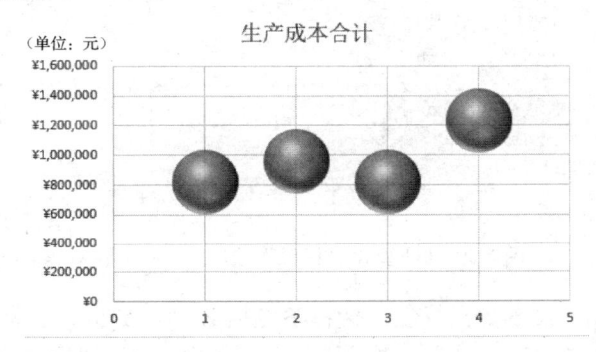

（3）设置图表布局、图表样式

① 选中三维气泡图，在"图表工具"的"设计"选项卡中，单击"图表布局"选项组的"快速布局"按钮，选择"布局 8"（见图 6.57）选项。

② 在"图表工具"的"设计"选项卡中，选择"图表样式"组的"样式 4"选项，如图 6.58 所示。

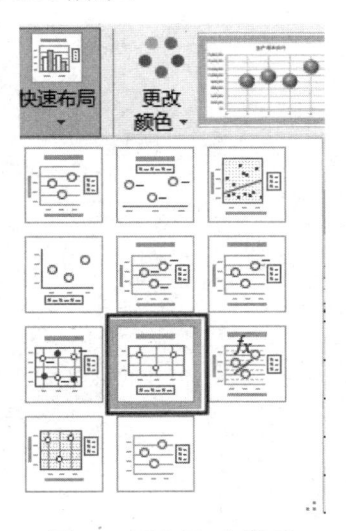

图 6.57 "布局 8"选项　　　　图 6.58 "样式 4"选项

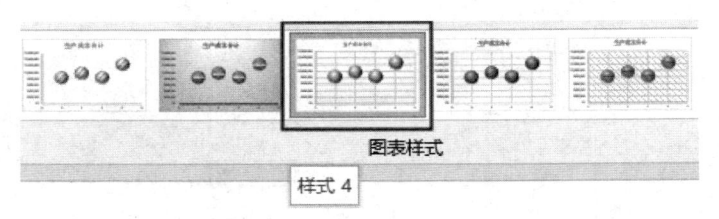

（4）添加标题，设置图例位置

① 选中三维气泡图，在"图表工具"的"设计"选项卡中，单击"图表布局"选项组的"添加图表元素"按钮，选择"坐标轴标题"的"主要横坐标轴"（见图6.59）选项，输入标题"汽车离合器压盘"并设置文字格式"黑体，加粗，16磅，蓝色"。

② 在"图表工具"的"设计"选项卡中，单击"图表布局"选项组的"添加图表元素"按钮，选择"图例"的"右侧"选项，如图6.60所示。

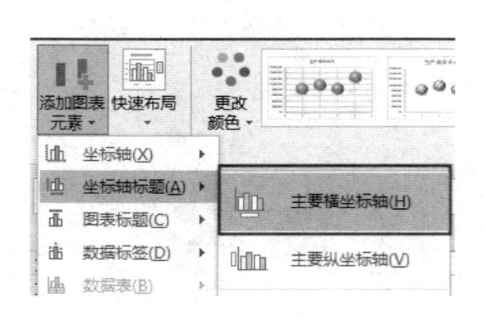

图6.59 "主要横坐标轴"选项　　　　　　图6.60 "右侧"选项

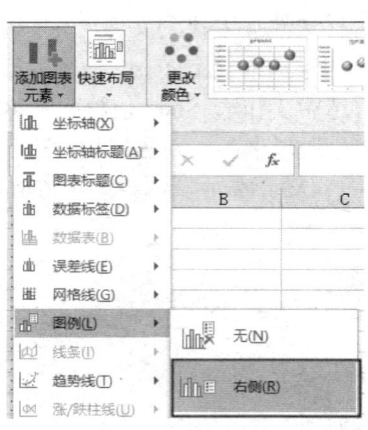

（5）设置数据标签，使标签包括X值、Y值，且标签位置靠下

在"图表工具"的"设计"选项卡中，单击"图表布局"选项组的"添加图表元素"按钮，选择"数据标签"的"其他数据标签选项"选项；在"设置数据标签格式"窗格中勾选"X值""Y值"复选框，并选中"靠下"（见图6.61）单选项，单击"关闭"按钮。

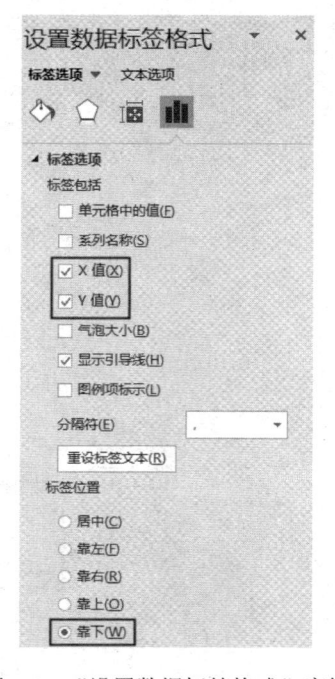

图6.61 "设置数据标签格式"窗格

（6）取消网络线，设置垂直轴的最大刻度

① 在"图表工具"的"设计"选项卡中，单击"图表布局"选项组的"添加图表元素"按钮，选择"网格线"的"主轴主要水平网格线"（见图6.62）选项。使用类似方法再选择"主轴主要垂直网格线"选项。

② 双击三维气泡图的"垂直（值）轴"，在"设置坐标轴格式"窗格中设置最小值为"500000"，最大值为"1500000"（见图6.63），单击"关闭"按钮，最终结果如图6.64所示。

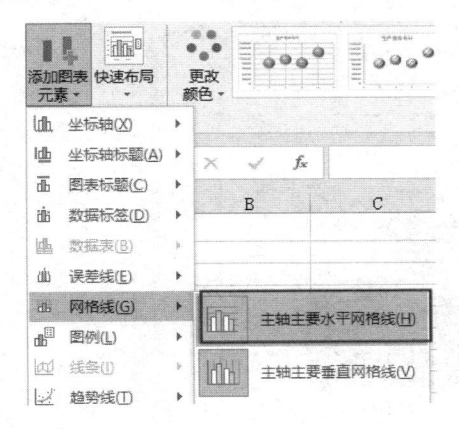

图6.62 "主轴主要水平网格线"选项

图6.63 "设置坐标轴格式"窗格

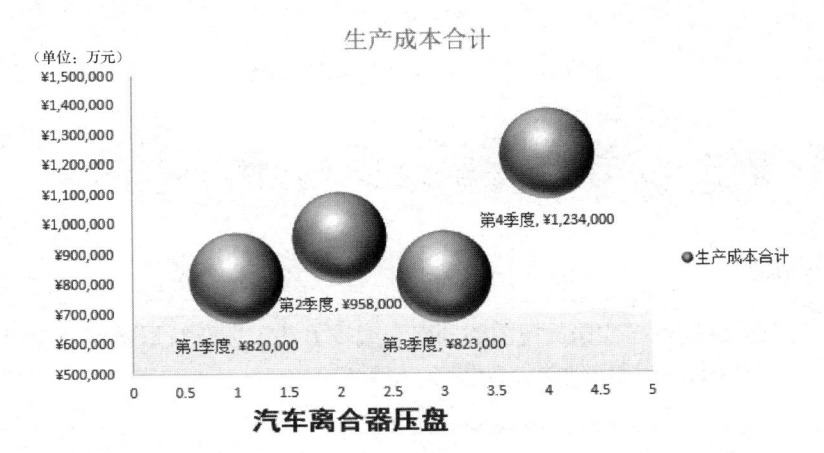

图6.64 设置垂直轴最大值、最小值后的三维气泡图

（7）保存文件

至此，电子表格已按要求操作完成，单击"保存"按钮将文件及时保存。

拓展训练

创建书籍销售周报图表的过程如下。

1．在素材文件夹中找到并打开"书籍销售周报图表.xlsx"。

2．将工作表"销售清单"中数据清单的第 2 行和"合计"行复制到工作表"汇总"中，并删除"类别"列及"小计"列。

3. 根据工作表"汇总"中的数据清单生成二维"簇状柱形图"。
4. 设置图表的图例项为"星期一、星期二、星期三、星期四、星期五",图例位置位于底部。
5. 图表标题改为"图书合计",设置垂直轴的最小值为5000。
6. 设置图表数据标签,数据标签格式为值和类别名称、分隔符用空格。
7. 设置图表的图表样式为"样式26"。
8. 将图表置于 A4:G18 的区域,效果如图 6.65 所示。

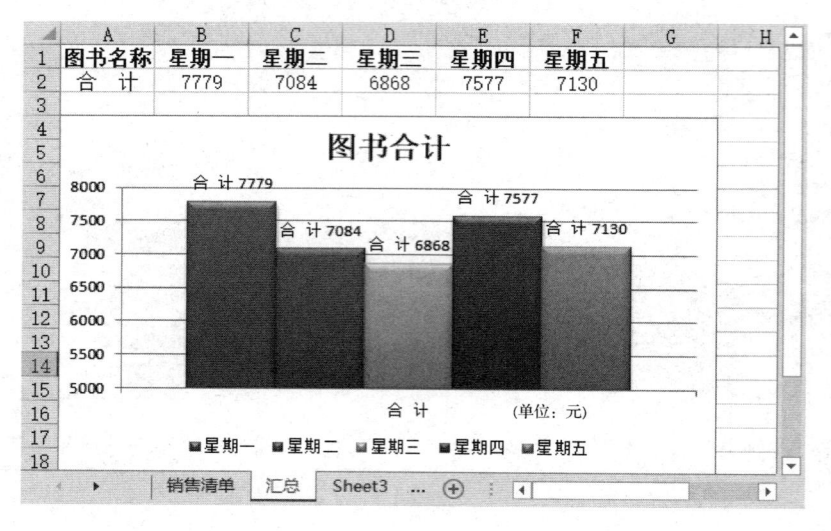

图 6.65　二维"簇状柱形图"的效果

任务5　制作生产费用数据透视表与数据透视图

任务描述

本任务学习数据透视表与数据透视图的创建与编辑方法,以及数据透视表中切片器的使用。
本任务其中一个图表的显示效果,如图 6.66 所示。

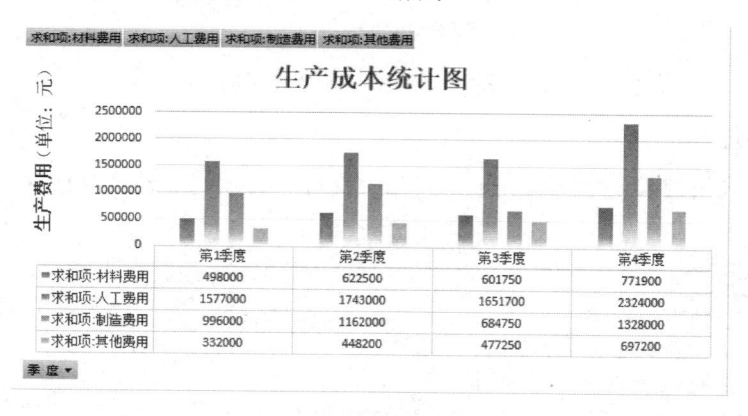

图 6.66　根据数据清单生成的数据透视图

任务分析

为了完成本任务需要熟练掌握 Excel 2019 的数据透视表和数据透视图的功能，以及其创建与编辑的操作方法，明确什么效果该采用哪种图表。

完成本项任务的具体操作如下。

① 打开素材文件夹中的工作簿文件“所有产品生产费用汇总表.xlsx”。

② 根据工作表 Sheet2 中的数据清单创建数据透视图及数据透视表，存放在工作表“生产成本数据透视表”中，要求显示各季度所有产品生产费用的全年汇总情况。

③ 设置所生成的数据透视图的图表布局为“布局 5”，图表样式为“样式 9”，图表标题改为“生产成本统计图”，坐标轴标题改为“生产费用”。

④ 给所生成的数据透视表与数据透视图添加切片器，用于显示不同季度、不同产品的生产费用汇总数据图表。

⑤ 保存文件。

知识准备

在 Excel 2019 中可以方便地实现数据的图表化。通过图表能形象地表示出数据的组成情况，可显示出不同数据间的差异。

6.5.1　数据透视表及数据透视图的创建

数据透视表是对数据清单中的数据进行汇总、统计的数据分析工具，是一种交互式的分析表格。数据透视图是以图表的形式直观地显示出数据透视表中的数据，以方便对数据进行分析。例如，根据如图 6.67 所示的停车收费数据清单创建数据透视表及数据透视图，以便显示每种车型、每种单价的收费汇总情况。

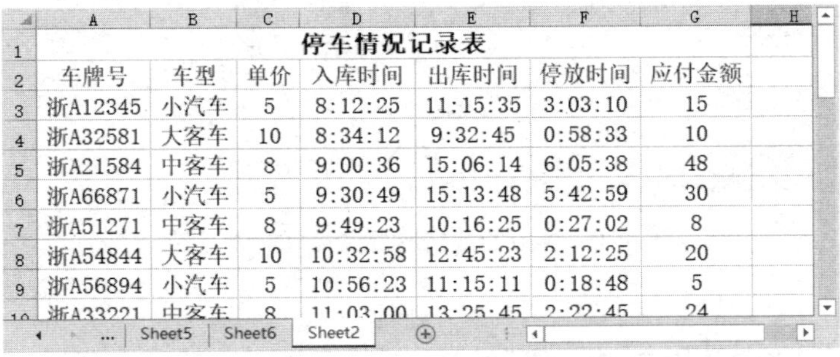

	A	B	C	D	E	F	G	H
1	停车情况记录表							
2	车牌号	车型	单价	入库时间	出库时间	停放时间	应付金额	
3	浙A12345	小汽车	5	8:12:25	11:15:35	3:03:10	15	
4	浙A32581	大客车	10	8:34:12	9:32:45	0:58:33	10	
5	浙A21584	中客车	8	9:00:36	15:06:14	6:05:38	48	
6	浙A66871	小汽车	5	9:30:49	15:13:48	5:42:59	30	
7	浙A51271	中客车	8	9:49:23	10:16:25	0:27:02	8	
8	浙A54844	大客车	10	10:32:58	12:45:23	2:12:25	20	
9	浙A56894	小汽车	5	10:56:23	11:15:11	0:18:48	5	
10	浙A33221	中客车	8	11:03:00	13:25:45	2:22:45	24	

图 6.67　停车收费表数据清单

单击数据清单中的任一数据单元格，在“插入”选项卡中，单击“图表”选项组的“数据透视图”按钮，在“创建数据透视图”对话框中设置“表/区域”参数和数据透视图存放位置（见图 6.68），单击“确定”按钮。在“数据透视图字段”窗格中，将“车型”字段拖到“轴（类别）”框中，将“单价”字段拖到“图例（系列）”框中，将“应付金额”字段拖到“值”框中，如图 6.69 所示。所生成的数据透视表及数据透视图如图 6.70 所示。

图 6.68 "创建数据透视图"对话框 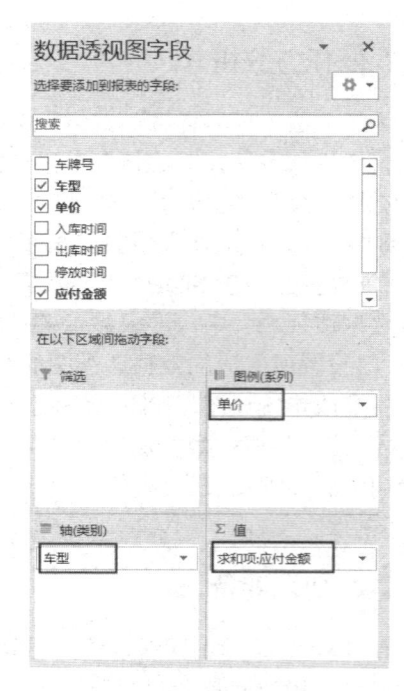 　　图 6.69 "数据透视图字段"窗格

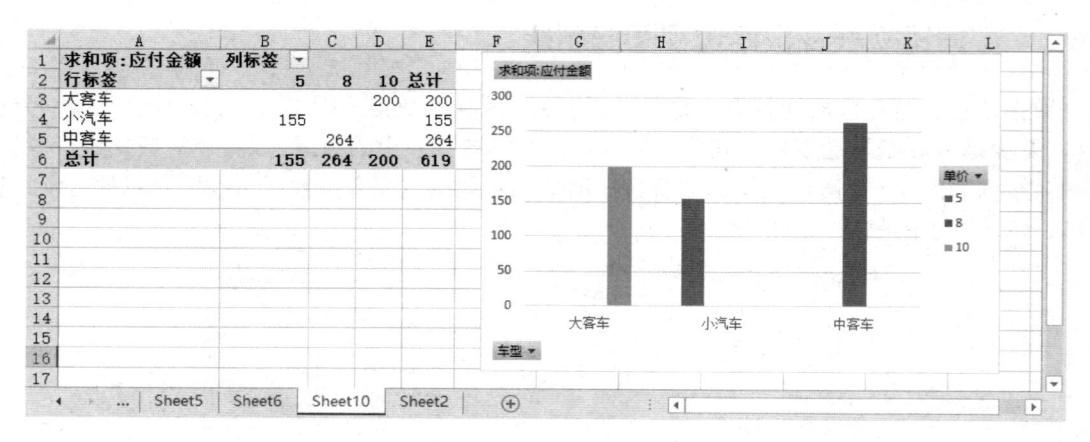

图 6.70 　生成的数据透视表及数据透视图

6.5.2 　数据透视表中切片器的使用

　　切片器是 Excel 2019 数据透视表功能的延伸和补充，它是数据透视表的一种筛选组件，能够快速筛选出数据透视表中的所需数据。例如，给所生成的数据透视表及数据透视图添加一个"车型"切片器，以便能分别显示每种车型的数据透视表及数据透视图。

　　单击数据透视表中的任一单元格，在"数据透视表工具"的"分析"选项卡中，单击"筛选"选项组的"插入切片器"按钮（见图 6.71），在"插入切片器"对话框中选中字段"车型"，单击"确定"按钮，在"车型"切片器中选择"小汽车"选项，效果如图 6.72 所示。

项目6　数据统计与分析——Excel 2019

图 6.71　"插入切片器"按钮

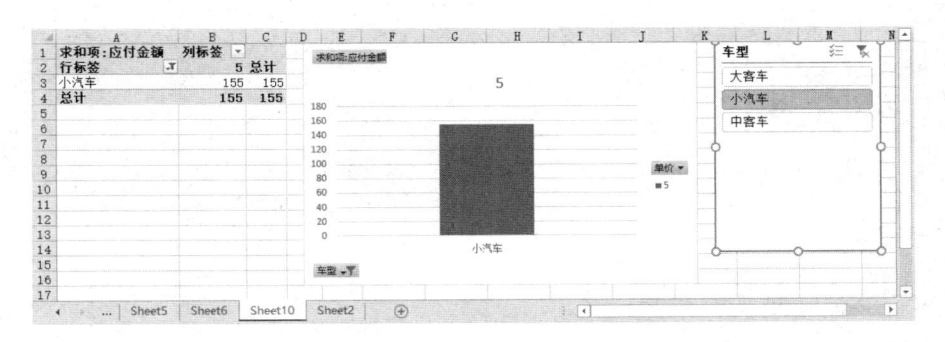

图 6.72　使用切片器后的效果

任务实施

在数据透视表中添加切片器的操作方法如下。
（1）打开工作簿文件"所有产品生产费用汇总表.xlsx"。
（2）创建数据透视表及数据透视图。
① 工作表 Sheet2 中的数据清单如图 6.73 所示。

图 6.73　工作表 Sheet2 中的数据清单

② 单击工作表 Sheet2 数据清单的任一单元格，在"插入"选项卡中，单击"图表"选项组的"数据透视图"按钮，在"创建数据透视图"对话框中设置"表/区域"和"位置"参数（见图 6.74），单击"确定"按钮。
③ 在"数据透视表字段"窗格中，将"季度"字段拖曳到"轴（类别）"框中，将"材料费用""人工费用""制造费用""其他费用"字段分别拖曳到"值"框中，如图 6.75 所示。所生成的数据透视表及数据透视图如图 6.76 所示。
（3）设置数据透视图的图表布局、图表样式，修改标题。
① 设置图表布局、图表样式的操作参照"任务4"中"任务实施"的（3）。
② 双击数据透视图的标题文字"图表标题"，把它改为"生产成本统计图"。

181

③ 双击数据透视图的坐标轴标题文字"坐标轴标题",把它改为"生产费用"(单位:元),效果如图 6.77 所示。

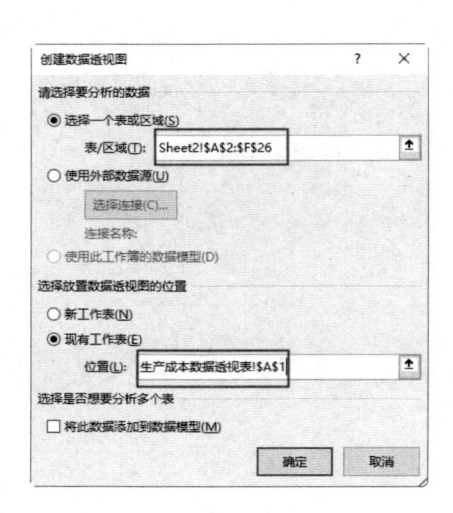

图 6.74　设置"表/区域"及"位置"参数 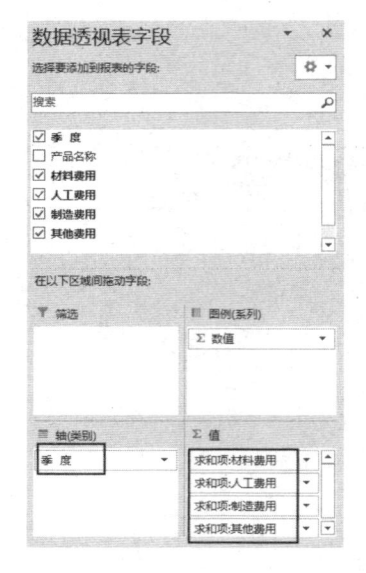　　　图 6.75　"数据透视表字段"窗格中拖曳字段后效果

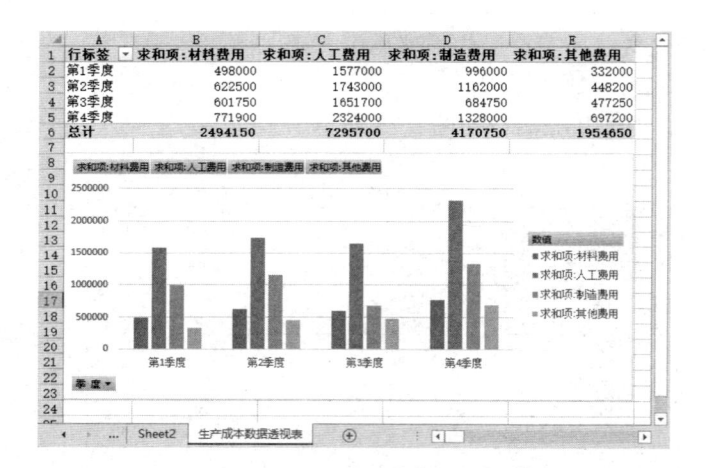

图 6.76　生成的数据透视表及数据透视图

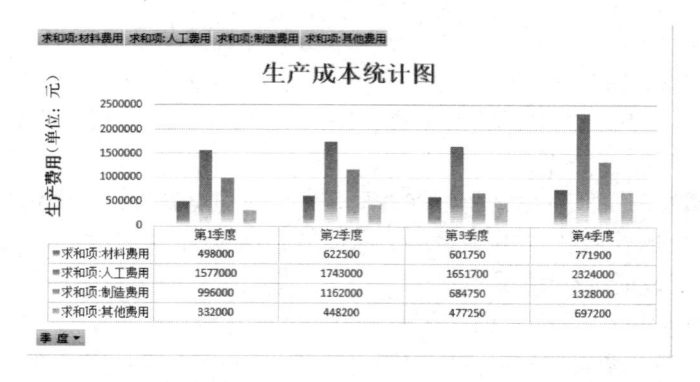

图 6.77　修改后的数据透视图

(4)给所生成的数据透视表与数据透视图添加切片器,可以显示不同季度、不同产品的生产费用汇总数据图表。

① 单击数据透视表中的任一单元格,在"数据透视表工具"的"分析"选项卡中,单击"筛选"选项组的"插入切片器"按钮,勾选字段"季度""产品名称"(见图 6.78)复选框,单击"确定"按钮,插入的切片器如图 6.79 所示。

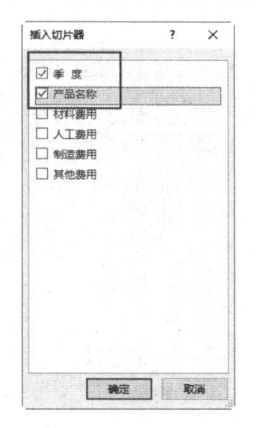

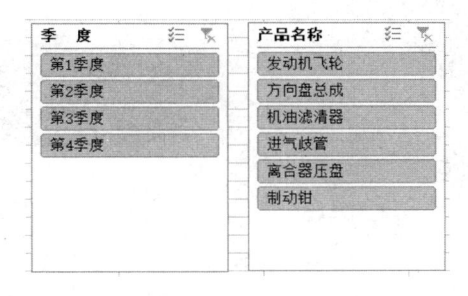

图 6.78　选择切片器字段　　　　图 6.79　插入的切片器

② 在"季度"切片器中选择"第 2 季度"选项,并在"产品名称"切片器中选择"方向盘总成"选项,结果如图 6.80 所示。

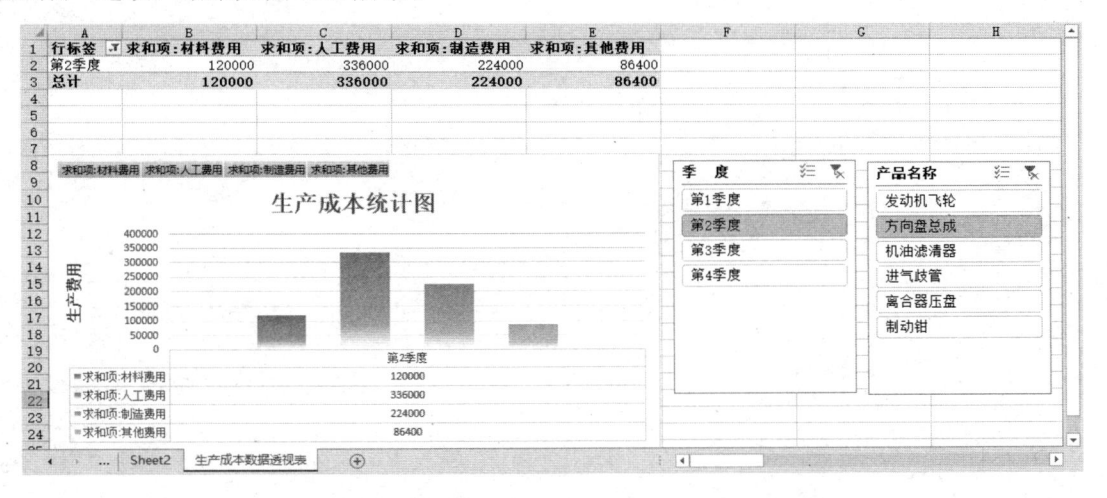

图 6.80　通过切片器显示的数据透视表与数据透视图

(5)保存文件。

至此,电子表格已按要求操作完成,单击"保存"按钮将文件及时保存。

拓展训练

创建书籍销售周报数据透视表的操作方法如下。

1．在素材文件夹中找到并打开"书籍销售周报表.xlsx"。

2．根据工作表"销售清单"中的数据清单创建数据透视图及数据透视表，存放在现有工作表 Sheet2 中，要求显示每种书籍类型的销售数据汇总情况。

3．把数据透视图的类型改为"三维饼图"，图表布局设为"布局1"。

4．给数据透视表与数据透视图添加切片器，以便显示不同书籍类型的销售数据汇总数据图表，效果如图 6.81 所示。

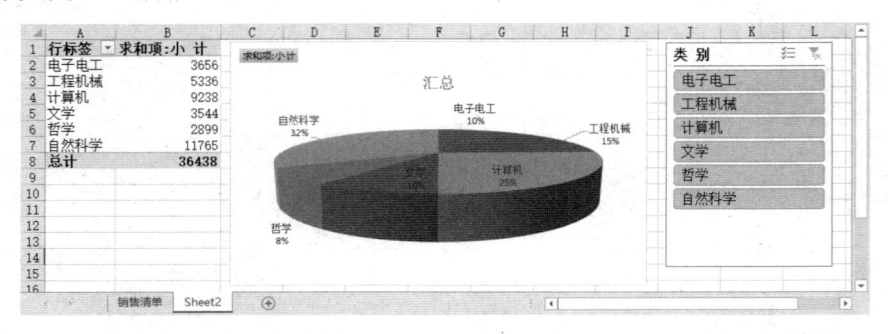

图 6.81 数据透视表、数据透视图、切片器的最终效果

项目 7

信息展示——PowerPoint 2019

项目介绍

PowerPoint 2019 是 Office 2019 的重要组件之一，是功能强大的演示文稿制作软件，利用它可方便地制作出集文字、表格、图片、图像、图表、声音、视频等多种元素于一体的演示文稿，被广泛应用于教学课件、工作报告、学术演讲、论文答辩、成果介绍、产品展示等领域中。本项目将介绍 PowerPoint 2019 的使用方法。

学习目标

- ✧ 熟悉 PowerPoint 2019 窗口的组成及视图模式
- ✧ 学会在 PowerPoint 2019 中创建新的演示文稿
- ✧ 掌握基本的演示文稿编辑操作
- ✧ 学会对文本和标题进行格式化操作
- ✧ 熟悉设计模板、母版、配色方案的使用
- ✧ 掌握幻灯片背景的设置
- ✧ 掌握页眉和页脚的设置
- ✧ 学会在幻灯片中绘制图形，了解形状的格式设置
- ✧ 掌握在演示文稿中插入艺术字、图片、剪贴画和声音文件的操作
- ✧ 了解在演示文稿中添加影片和图表等操作
- ✧ 学会为幻灯片的文本、图形、图表等对象添加动画效果
- ✧ 掌握幻灯片切换效果的设置
- ✧ 学会演示文稿的超链接技术

计算机信息素养

✧ 了解演示文稿的放映设置
✧ 学会自定义幻灯片放映

任务 1　制作企业宣传演示文稿

➡ 任务描述

企业为了提高自身的知名度，经常会制作宣传文稿、宣传片和宣传动画等，用于介绍企业的业务、产品、企业规模及人文历史等。除了在常见媒体中投放广告，通常还要制作企业的宣传演示文稿。本例将以使用 PowerPoint 2019 制作企业宣传演示文稿为例，介绍其使用方法。

"企业宣传"演示文稿制作完成后的效果如图 7.1 所示。

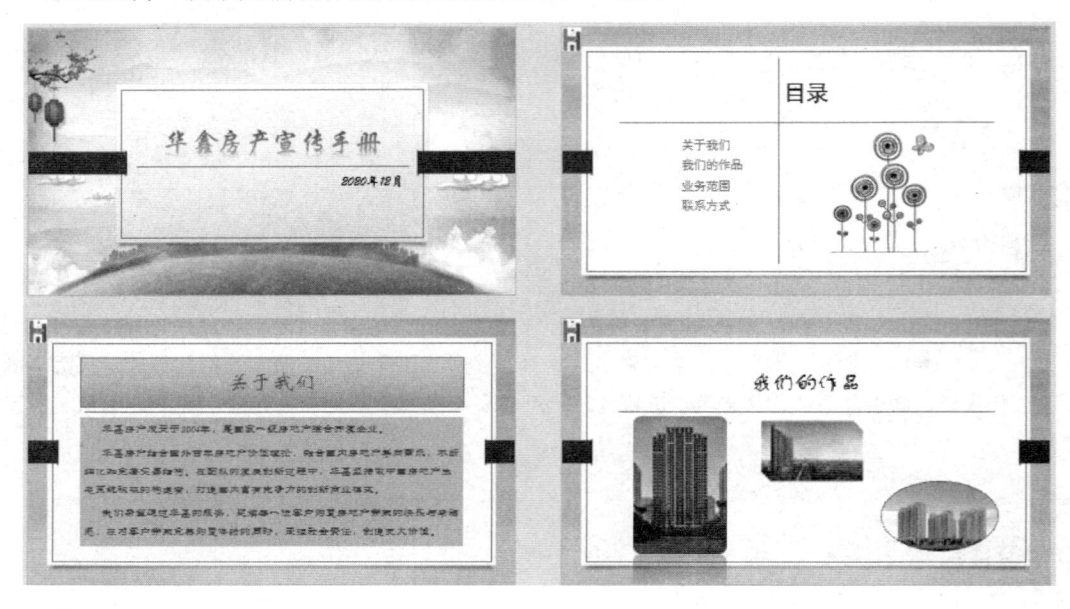

图 7.1　"企业宣传"演示文稿的完成效果

➡ 任务分析

通过这个例子用户能够掌握图形化应用的基本操作方法，如启动 PowerPoint、操作菜单、工具栏、快捷方式等，以及 PowerPoint 的基本操作，如插入一张新幻灯片、幻灯片的应用版式、插入图片并设置图片格式、更改幻灯片母版等。

完成本任务的具体操作如下。

① 利用"环保"主题，新建演示文稿；
② 应用大纲视图添加主要内容；
③ 编辑与修饰"标题"幻灯片；
④ 编辑"目录"幻灯片；
⑤ 编辑与修饰"关于我们"幻灯片；
⑥ 编辑与修饰"我们的作品"幻灯片；

⑦ 设置项目符号，修饰"业务范围"和"联系方式"幻灯片；
⑧ 设置幻灯片母版，在幻灯片左上角插入公司 Logo；
⑨ 将演示文稿保存为"企业宣传演示文稿.pptx"。

知识准备

7.1.1　PowerPoint 2019 的工作界面

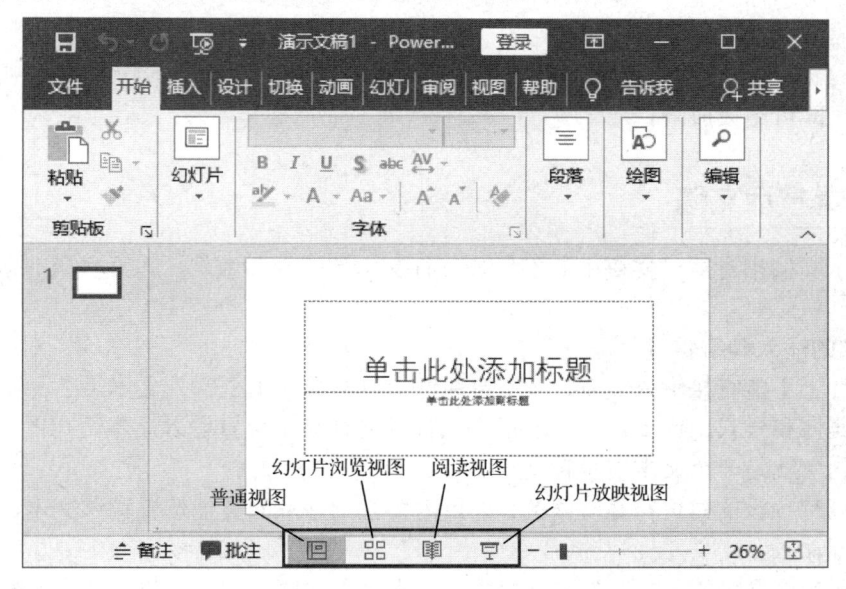

PowerPoint 2019 的工作界面和 Word 2019、Excel 2019 类似，包括快速访问工具栏、标题栏、功能区和状态栏等部分，但是 PowerPoint 2019 的工作区与 Word 2019、Excel 2019 的区别较大。在 PowerPoint 2019 窗口右下角的状态栏中有视图控制栏，其中包含普通视图、幻灯片浏览视图、阅读视图、幻灯片放映视图 4 个按钮，如图 7.2 所示。

图 7.2　PowerPoint 2019 的工作界面

1．普通视图

普通视图是 PowerPoint 2019 默认的视图，在普通视图中不仅可以进行文本和图形的编辑工作，还可以在幻灯片中插入声音、视频，添加动画和其他特殊效果。

普通视图的工作区分为如下 3 个部分。

左边是"大纲窗格"，在此处可以轻松地重新排列、添加或删除幻灯片。

右边部分是"幻灯片窗格"，用于显示当前幻灯片的大视图。在此可以对幻灯片进行各种编辑，如添加文本，插入图片、表格、SmartArt 图形、图表、图形等各种对象，制作超链接，设置动画等。

单击"视图控制栏"左边的"备注"按钮，可打开"备注"窗格，可用于输入对当前幻灯片的备注文字。

2．幻灯片浏览视图

在幻灯片浏览视图中，可以浏览幻灯片在演示文稿中的整体结构和效果。这些幻灯片以缩略图的方式整齐地显示在同一窗口中。在该视图中可以看到改变幻灯片的背景设计、配色方案或更换模板后演示文稿发生的整体变化，检查各幻灯片是否前后协调、图标的位置是否合适等问题；同时在该视图中也可以改变幻灯片的版式和结构，如更换演示文稿的背景，添加、删除或移动幻灯片、隐藏幻灯片等，但不能对单张幻灯片的具体内容进行编辑。

3. 阅读视图

阅读视图仅显示标题栏、阅读区和状态栏，主要用于查看和浏览幻灯片的内容，不能对幻灯片进行更改。

4. 幻灯片放映视图

在创建演示文稿的过程中，用户可以随时通过单击"幻灯片放映视图"按钮 启动幻灯片放映和预览演示文稿。在幻灯片放映视图下，演示文稿中的幻灯片将以全屏动态放映。该视图方式主要用于预览幻灯片在制作完成后的放映效果，以及测试插入的动画、声音等效果。在放映的过程中还可以标出重点，观察幻灯片的切换效果，以便及时对放映过程中不满意的地方进行更改。

按【Esc】键，或者用鼠标右键单击正在放映的幻灯片，在弹出的快捷菜单中选择"结束放映"选项，即可结束放映。

7.1.2 编辑演示文稿

编辑演示文稿指对演示文稿中的幻灯片进行文本的输入和编辑，以及插入、复制、删除、移动等操作。

1. 文本的输入和编辑

在幻灯片上不能直接输入文本，而是要通过占位符或文本框输入文本。在占位符中已经预设了文字的属性和样式，单击占位符即可在鼠标的光标显示位置输入文本。在图 7.2 中"单击此处添加标题"就是一个文本占位符。

每张幻灯片预设的占位符是有限的，如果需要在幻灯片的其他位置输入文本，可以通过插入文本框进行输入。

在"插入"选项卡的"文本"选项组中，单击"文本框"下拉按钮，选择"绘制横排文本框"或"竖排文本框"选项，在幻灯片的适当位置单击鼠标即可输入文本。

2. 新建幻灯片

演示文稿是由多张幻灯片组成的，用户可以根据需要在演示文稿的任意位置插入幻灯片。在"开始"选项卡的"幻灯片"选项组中，单击"新建幻灯片"按钮 即可。

3. 选择幻灯片

在对幻灯片进行操作前要先选择幻灯片。选择一张幻灯片的方法是在"大纲"或"幻灯片"窗格中单击幻灯片即可。

（1）选择多张连续的幻灯片

在"大纲"、"幻灯片"窗格或"幻灯片浏览视图"中，用鼠标选择第一张幻灯片后，按住【Shift】键不放，再选择最后一张幻灯片即可。

（2）选择多张不连续的幻灯片

在"大纲"、"幻灯片"窗格或"幻灯片浏览视图"中，用鼠标选择第一张幻灯片后，按住【Ctrl】键不放，再依次选择其他幻灯片即可。

4. 为幻灯片应用版式

幻灯片版式包含要在幻灯片上显示内容的格式设置、位置和占位符，用于定义幻灯片中待显示内容的位置信息。为幻灯片应用版式的方法：选中幻灯片后在"开始"选项卡的"幻灯片"选项组中，单击"版式"下拉按钮，选择所要使用的幻灯片版式即可，如图 7.3 所示。

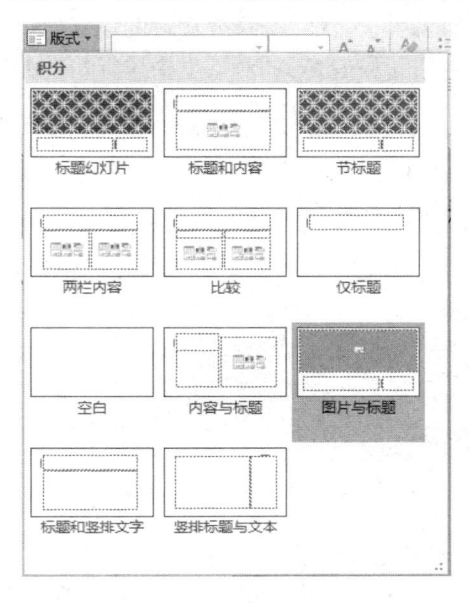

图 7.3　幻灯片版式

5. 幻灯片的删除、移动、复制

幻灯片的删除、移动和复制操作在"幻灯片浏览视图"或"普通视图"中实现较为方便。

（1）删除幻灯片

对于演示文稿中多余的幻灯片可将其删除，方法是在"普通视图"或"幻灯片浏览视图"中选择需删除的一张或多张幻灯片，按【Delete】键即可。

（2）移动幻灯片

在制作演示文稿的过程中，有时需要调整演示文稿中各个幻灯片的顺序，需要对相应的幻灯片进行移动调整到所需的位置。移动幻灯片的方法是选择幻灯片后，按鼠标左键不放，将其拖曳到目的位置再释放鼠标即可。

（3）复制幻灯片

复制幻灯片的操作与移动幻灯片的操作类似，只需在移动的过程中按住【Ctrl】键即可。

7.1.3　幻灯片的修饰

要使演示文稿突出主题就要对幻灯片进行修饰。

1. 文字和标题的格式化

（1）设置文本格式

通过设置文本格式可使演示文稿焕然一新，包括字体、字号、颜色、特殊效果等。设置文本格式的方法：选中要设置的文本，在"开始"选项卡的"字体"选项组中进行相应的设置即可。

（2）设置段落格式

段落格式指为输入的文字段落设置对齐方式、间距、行距、缩进、项目符号和编号等效果。设置合适的段落格式可使文本的观赏性更强。

① 设置行间距和段落间距。适当调整行距和段落间距，可让演示文稿的内容更加紧凑，具有层次感。设置行间距和段落间距的方法：选择要设置的段落后，在"开始"选项卡的"段落"选项组中，单击"段落"对话框，并在打开的对话框中进行相应的设置即可，如图7.4所示。

图 7.4　"段落"对话框

② 设置对齐方式。设置对齐方式可使文本内容更加整齐，有利于阅读。PowerPoint 2019 提供了 5 种对齐方式，即"左对齐"、"居中对齐"、"右对齐"、"两端对齐"和"分散对齐"。设置对齐方式的方法：选择要设置的段落后，在"开始"选项卡的"段落"选项组中进行相应的设置即可。

③ 设置项目符号。项目符号是放在文本前面的引导符，可起到强调作用，在演示文稿中使用较多。设置项目符号的方法：选择要设置的段落，在"开始"选项卡的"段落"选项组中，单击"项目符号"右侧的下拉按钮，并在弹出的下拉列表中选择需要的项目符号样式即可，如图 7.5 所示。

④ 设置编号。当幻灯片中的段落具备先后顺序的关系时，可添加编号，使内容的条理性更强。设置编号的方法：选择要设置的段落，在"开始"选项卡的"段落"选项组中，单击"编号"右侧的下拉按钮，并在弹出的下拉列表中选择需要的编号样式即可，如图 7.6 所示。

图 7.5　项目符号列表　　　　　　图 7.6　编号列表

2. 幻灯片主题选用

使用 PowerPoint 2019 创建演示文稿的时候，可以通过使用主题功能来快速美化和统一每张幻灯片的风格。幻灯片主题选用的方法：用鼠标右键单击"设计"选项卡的"主题"选项组中某种主题方案，在弹出的菜单中选择"应用于所有幻灯片"或"应用于选定幻灯片"选项，如图 7.7 所示。

图 7.7　应用幻灯片主题

3. 母版

幻灯片母版用于存储有关演示文稿的主题和幻灯片版式等信息，包括背景、颜色、字体、效果、占位符大小和位置等。PowerPoint 2019 中的母版有幻灯片母版、备注母版和讲义母版。每个演示文稿至少包含一个幻灯片母版。幻灯片母版是一组特殊的幻灯片，包含了每张幻灯片版式的设置区域，通过它可以快速设置统一的幻灯片风格。例如，需要在所有幻灯片中都包含同一个标志或应用同一种字体、项目符号时，就可以通过幻灯片母版来实现。

更改幻灯片母版会影响所有基于母版的幻灯片。如果要使个别幻灯片的外观与母版不同，则应直接修改幻灯片而不是修改母版。

（1）进入幻灯片母版

对幻灯片母版进行编辑，必须先进入幻灯片母版的编辑状态。

打开需要编辑的演示文稿，在"视图"选项卡的"母版视图"选项组中，单击"幻灯片母版"按钮，在打开的幻灯片编辑窗格中对母版的版式、主题和背景等进行设置。

（2）退出幻灯片母版

设置完幻灯片母版后应退出编辑状态，这样才能将幻灯片母版中设置的效果应用于当前演示文稿中的所有幻灯片。

在"幻灯片母版"选项卡的"关闭"选项组中，单击"关闭母版视图"按钮即可。

4. 幻灯片背景

用户可以更改幻灯片背景，通过背景的设置可更改其颜色、图案或纹理。也可以使用图片作为幻灯片背景。设置幻灯片背景的方法：在"设计"选项卡中单击"背景"选项组的对话框启动器，在打开的"设置背景格式"窗格中进行相应的设置即可，如图 7.8 所示。

5. 设置页眉和页脚

页眉和页脚指显示在幻灯片下方的编号、日期和时间、页脚等信息。通过添加页眉和页脚，可以在当前演示文稿的所有幻灯片的相应位置显示该内容。

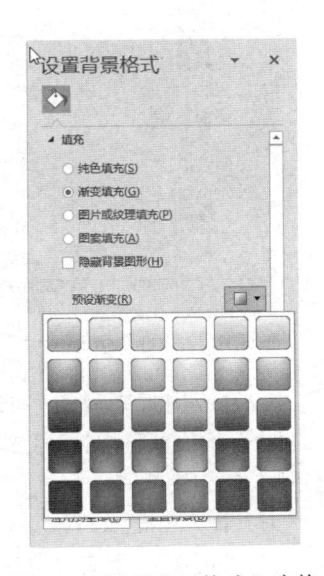

图 7.8　"设置背景格式"窗格

在"插入"选项卡的"文本"选项组中,单击"页眉和页脚"按钮,在打开的"页眉和页脚"对话框中进行相应的设置即可,如图7.9所示。

图7.9 "页眉和页脚"对话框

任务实施

制作企业宣传演示文稿的操作方法如下。

(1)利用"环保"主题,新建演示文稿

单击"开始"按钮,选择"PowerPoint"程序启动 PowerPoint 2019,如图 7.10 所示。单击"新建"选项,在右侧选择需要的模板样式,如"环保"模板,如图 7.11 所示。打开"模板预览"对话框后,单击"创建"按钮,即可新建演示文稿。

图 7.10 启动 PowerPoint 2019

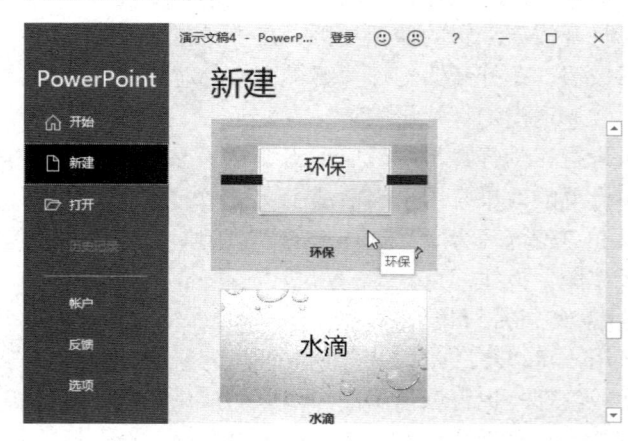

图 7.11 "环保"模板

(2)应用大纲视图添加主要内容

在制作幻灯片时,可先将演示文稿的内容添加到大纲视图中,然后在大纲视图中创建多张不同主题的幻灯片。

① 输入标题文字

在"视图"选项卡中,单击"大纲视图"按钮,如图 7.12 所示。此时页面切换到大纲视图，在左侧的"大纲"窗格中输入第 1 张幻灯片的标题"华鑫房产宣传手册"文字内容后，按【Enter】键，即可创建第 2 张幻灯片。按照相同的方法分别输入其他幻灯片的标题内容，包括"目录""关于我们""我们的作品""业务范围""联系方式"，完成后的效果如图 7.13 所示。

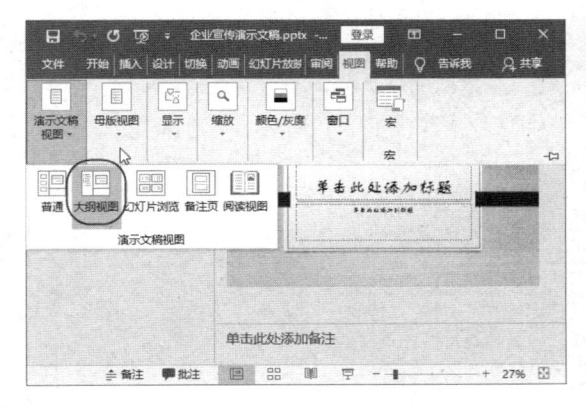

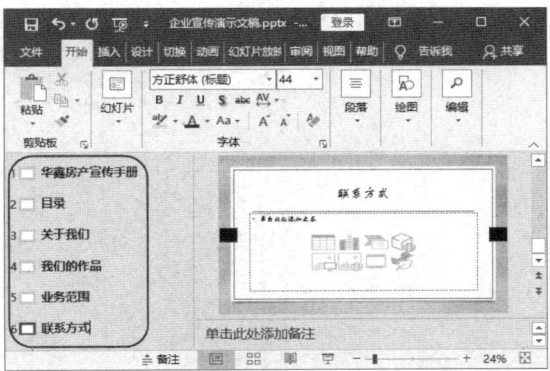

图 7.12　切换"大纲视图"　　　　　图 7.13　所有幻灯片标题内容输入后的效果

② 输入幻灯片内容

在"大纲"视图下还可以输入幻灯片的内容，只需要在各标题后添加一个二级标题，该内容将被自动作为幻灯片的内容。

将鼠标的光标定位在"大纲"窗格的第 1 张幻灯片"华鑫房产宣传手册"文字后，按【Enter】键插入一行，单击鼠标右键，在弹出的快捷菜单中选择"降级"选项，如图 7.14 所示。输入副标题内容为"2020 年 12 月"，效果如图 7.15 所示。

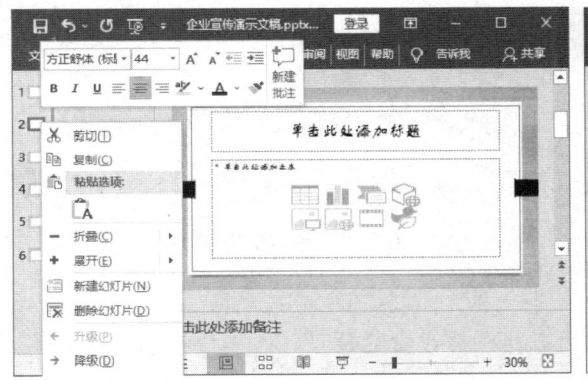

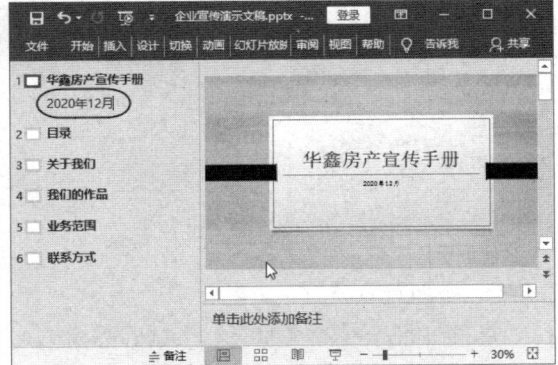

图 7.14　选择"降级"选项　　　　　图 7.15　输入副标题内容

在第 2 张幻灯片的"目录"文字后，按【Enter】键插入一行，然后按【Tab】键降低内容的大纲级别，分别输入"关于我们""我们的作品""业务范围""联系方式"4 个目录项。使用相同的方法输入其他幻灯片的内容文本，最终效果如图 7.16 所示。

（3）编辑与修饰"标题"幻灯片

幻灯片标题是整个幻灯片给人的第一印象，所以需要对该页添加修饰，如艺术字、背景图片等。

① 设置文字格式

选择主标题文字，设置字体格式为"华文行楷，54 号"，单击"字符间距"下拉按钮，在弹出的下拉菜单中选择"稀疏"选项，如图 7.17 所示。在"绘图工具/格式"选项卡的"艺术字样式"组中，选择"快速"样式中的一种艺术字样式，如"渐变填充:橙色，主题色 5:映像"，如图 7.18 所示。把副标题占位符中的日期文本格式设置为"华文行楷，28 号，蓝色"，在"开始"选项卡的"段落"组中，单击"右对齐"按钮，设置日期为靠右对齐。

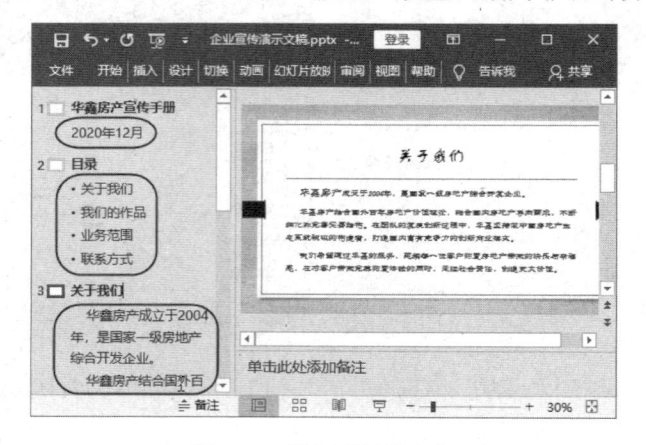

图 7.16　输入副标题内容

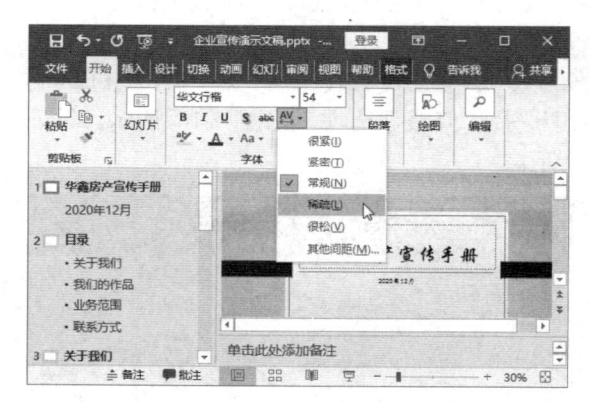

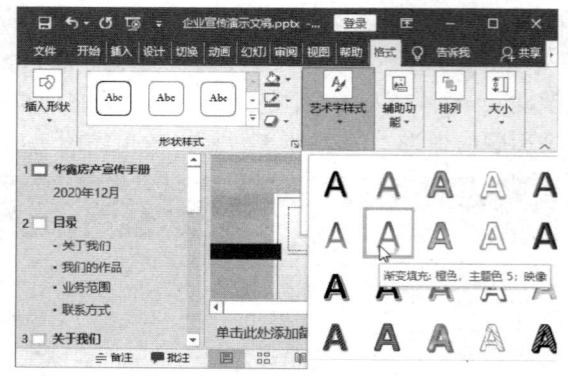

图 7.17　字符间距设置　　　　　图 7.18　艺术字样式设置

② 添加背景图片

美丽的图片可以增加演示文稿的吸引力，可以将图片设置为背景，以美化演示文稿。

在"设计"选项卡的"自定义"组中，选择"设置背景格式"选项，并在右侧弹出的"设置背景格式"窗格的"填充"栏中，选中"图片或纹理填充"单选项，单击"插入"按钮，如图 7.19 所示。在弹出的"插入图片"窗口中选择"来自文件"选项，并在打开的"插入图片"对话框中，选择要插入的图片"首页背景.jpg"，单击"插入"按钮，如图 7.20 所示。

（4）编辑"目录"幻灯片

条理清晰的目录可以更好地将幻灯片的内容展示出来，所以还需要对目录进行编辑。

将鼠标的光标定位到第 2 张"目录"幻灯片，在幻灯片编辑区中，选择"目录"标题下方的 4 行文本，在"开始"选项卡的"段落"组中，单击"项目符号"按钮，取消自动添加的项目符号。

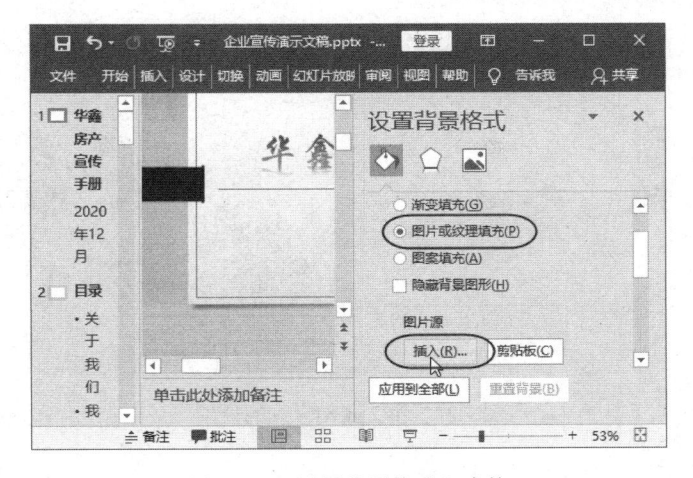

图 7.19 "设置背景格式"窗格

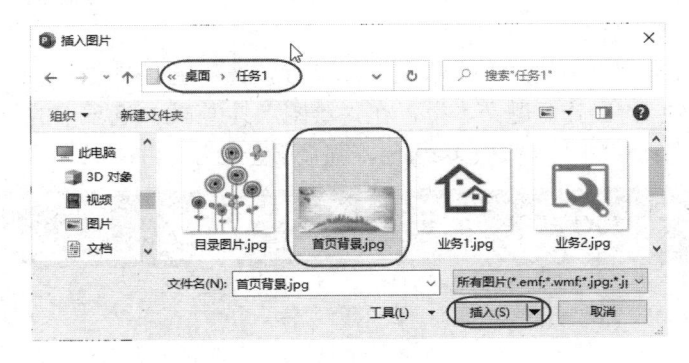

图 7.20 "插入图片"对话框

在"插入"选项卡的"形状"下拉菜单中,选择"直线"选项,并在适合位置绘制一条竖直的直线,可在"绘图工具/格式"选项卡的"形状样式"组中设置直线的形状样式。

添加图片以美化目录页。在"插入"选项卡的"图像"组中,单击"图片"按钮,并在弹出的下拉框中选择"此设备"选项,在打开的"插入图片"对话框中,选择要插入的图片"目录图片.jpg",单击"插入"按钮,如图 7.21 所示。图片插入后,通过四周的控制点调整图片大小,并将其拖曳到合适的位置,第 2 张幻灯片设置后的效果如图 7.22 所示。

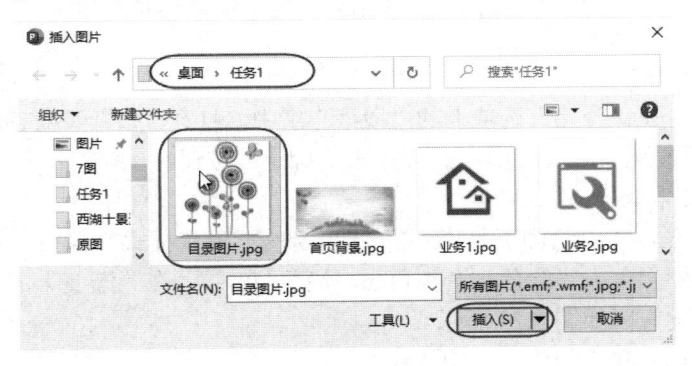

图 7.21 插入目录图片

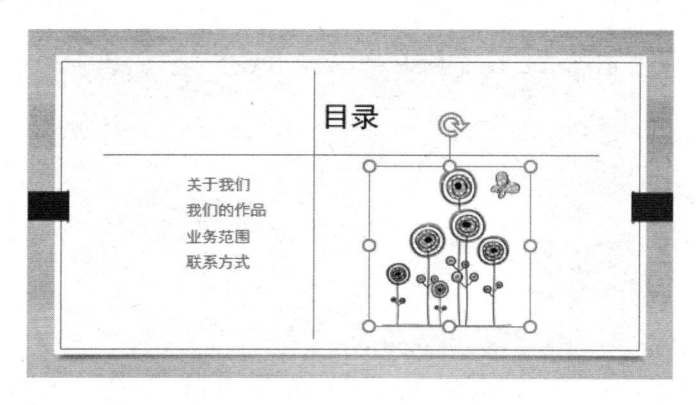

图 7.22　第 2 张幻灯片的效果

（5）编辑与修饰"关于我们"幻灯片

在修饰"关于我们"幻灯片时，除修改文本样式外，还可以为标题文本框设置快速样式。

① 设置标题文本框样式

将鼠标的光标定位到第 3 张"关于我们"幻灯片，选择主标题文字，设置字体格式为"华文新魏，44 号，绿色"；选择标题文本框，在"绘图工具/格式"选项卡的"形状样式"组中，选择一种快速主题样式，如"细微效果-绿色，强调颜色 1"，如图 7.23 所示。

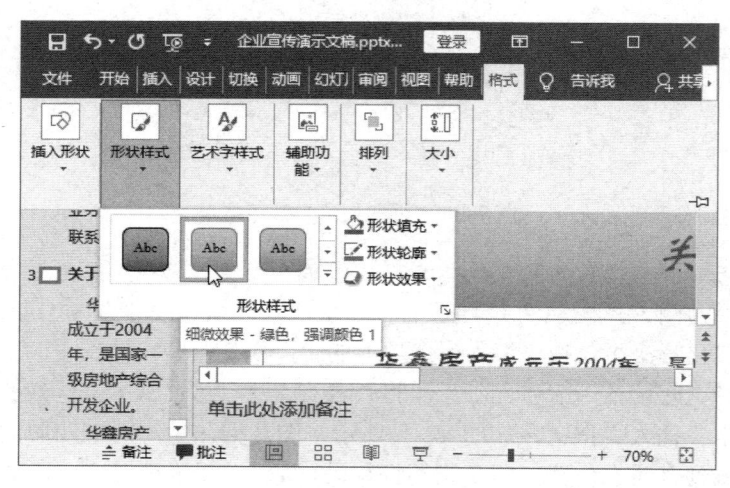

图 7.23　设置标题文本框样式

② 设置段落格式

选择正文文本，在"开始"选项卡的"段落"组中，打开"段落"对话框，设置特殊格式为"首行缩进"，行距为"多倍行距 1.4"，单击"确定"按钮。

③ 设置正文文本框样式

选择正文文本框，在"绘图工具/格式"选项卡的"形状样式"组中，单击"形状填充"下拉按钮，设置主题颜色为"绿色，个性色 6，淡色 40%"，在"渐变"的子菜单中选择一种渐变样式，如线性向右，如图 7.24 所示。

（6）编辑与修饰"我们的作品"幻灯片

将鼠标的光标定位到第 4 张"我们的作品"幻灯片，在"插入"选项卡的"图像"组中，单击"图片"按钮，并在打开的"插入图片"对话框中，按住【Ctrl】键不放，依次选择需要插入的图片（作品 1 号.jpg、作品 2 号.jpg、作品 3 号.jpg），然后单击"插入"按钮，如图 7.25 所示。3 张图片插入后，通过图片四周的控制点调整图片大小，并分别将其拖曳到合适的位置；依次选择插入的图片，在"图片工具/格式"选项卡的"图片样式"组中设置合适的快速样式，效果如图 7.26 所示。

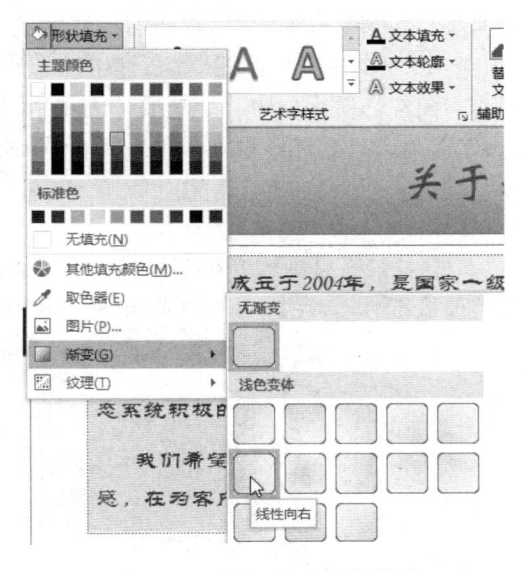

图 7.24　设置正文文本框样式

图 7.25　插入 3 张图片

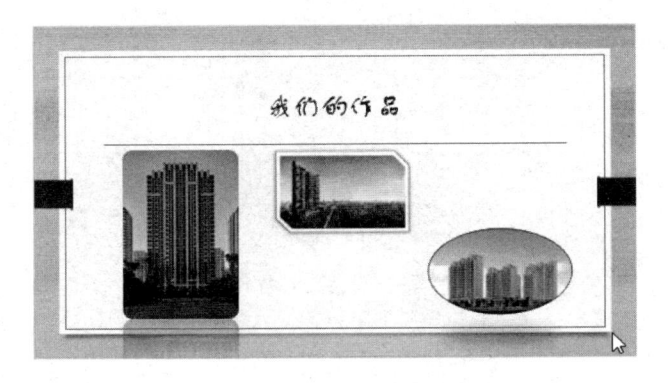

图 7.26　"我们的作品"幻灯片效果

(7) 设置项目符号,修饰"业务范围"和"联系方式"幻灯片

为了使文本看起来错落有致,可以为其添加项目符号。

① 修饰"业务范围"幻灯片

选择第 5 张"业务范围"幻灯片,将鼠标的光标定位到正文文本第 1 行前,在"开始"选项卡的"段落"组中,单击"项目符号"按钮 ,选择"项目符号和编号"选项,在打开的"项目符号和编号"窗口中单击"图片"下拉按钮,在弹出的"插入图片"窗口中选择"来自文件"选项,在打开的"插入图片"对话框中,选择要作为项目符号的图片(业务 1.jpg),单击"插入"按钮,依次为第 2 行、第 3 行文本设置"业务 2.jpg""业务 3.jpg"为其项目符号,设置后的效果如图 7.27 所示。

② 修饰"联系方式"幻灯片

选择第 6 张"联系方式"幻灯片,将鼠标的光标定位到正文文本第 1 行前,用前面类似的方法为其设置"加粗空心方形项目符号",设置后的效果如图 7.28 所示。

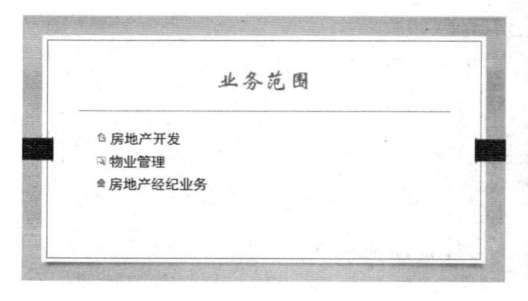

图 7.27 "业务范围"幻灯片效果

图 7.28 "联系方式"幻灯片效果

(8) 设置幻灯片母版,在幻灯片左上角插入公司 Logo

在"视图"选项卡的"母版视图"选项组中,单击"幻灯片母版"按钮,进入幻灯片母版。选中左侧窗格中的第 1 个缩略图。在"插入"选项卡的"图像"组中,单击"图片"按钮,并在弹出的下拉框中选择"此设备"选项,插入素材文件夹中的图片"logo.png",把图片移动到幻灯片左上角,如图 7.29 所示。单击"幻灯片母版"选项卡中的"关闭幻灯片母版"按钮,退出母版的编辑。

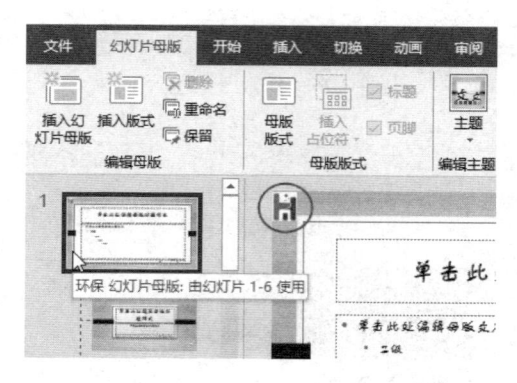

图 7.29 设置幻灯片母版

(9) 保存文件

将演示文稿保存为"企业宣传演示文稿.pptx",至此,该任务已完成。

拓展训练

颐和园公园管理处职员小张正在准备有关颐和园 PPT 宣传片，按照下列要求帮助小张完成该 PPT 的整合制作，完成后的部分幻灯片参考效果如图 7.30 所示，具体操作如下。

1. 打开素材文件夹下的 "PPT 素材.pptx"，将其另存为 "颐和园 PPT 宣传片.pptx"。
2. 按照下列要求对演示文稿内容进行整体设计。
① 为整个演示文稿应用设计主题 "龙腾"。
② 将所有幻灯片右上角的龙形图片统一替换为 Logo.jpg，并将其水平翻转、设置图片底色透明，并对齐至幻灯片的底部及右侧。
③ 将所有幻灯片中标题的字体修改为 "华文中宋，黄色"，其他文本的字体修改为 "楷体，两端对齐"。
④ 设定除标题幻灯片外的其他幻灯片的底部中间位置显示幻灯片编号。
⑤ 为所有幻灯片应用新背景图形 "Background.png"。
3. 对第 1 张幻灯片进行下列操作。
① 将版式设为 "标题幻灯片"，取消标题文本加粗。副标题字体颜色修改为 "浅蓝" 色。
② 在母版中隐藏标题幻灯片的背景图形。
③ 将标题幻灯片上的图片替换为 "颐和园.jpg"，应用 "柔化边缘椭圆" 样式。
4. 将第 2 张幻灯片的文本内容分为 3 栏，在文本框的垂直方向上中部对齐。取消第一级文本数字序号前的项目符号。
5. 将第 7 张幻灯片的版式设为 "两栏内容"，在右侧栏中插入图片 "宿云檐城关.jpg"，并为其应用 "纹理化" 艺术效果。
6. 将第 11 张幻灯片的版式设为 "标题和竖排文字"，文本在文本框中水平垂直均居中显示。将图片 "十七孔桥.jpg" 以 75% 的透明度作为该张幻灯片的背景格式。

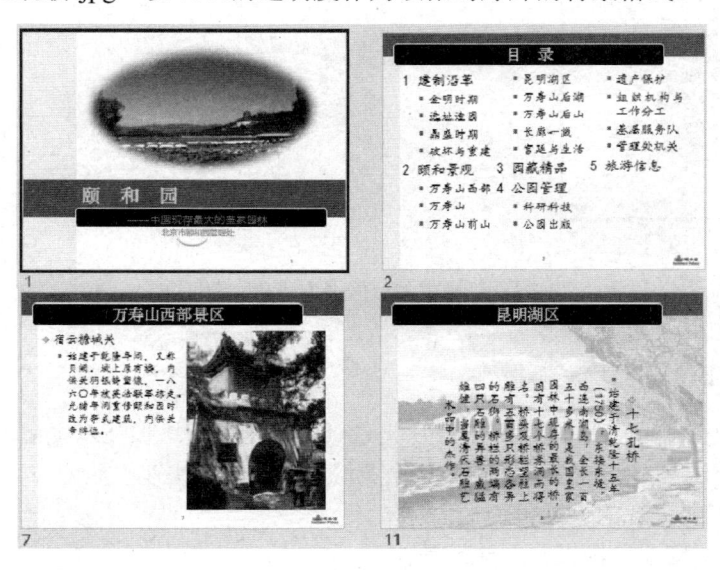

图 7.30 "颐和园 PPT 宣传片" 部分效果

任务 2　制作员工入职培训演示文稿

▶ 任务描述

员工入职培训是员工进入企业的第一个环节，是帮助新入职员工尽快适应工作环境，掌握现代职场所需要的知识和技能。一般来讲，经过有效培训，新员工都能很快地融入这个团队并进入工作角色。

"员工入职培训"演示文稿制作完成后的效果如图 7.31 所示。

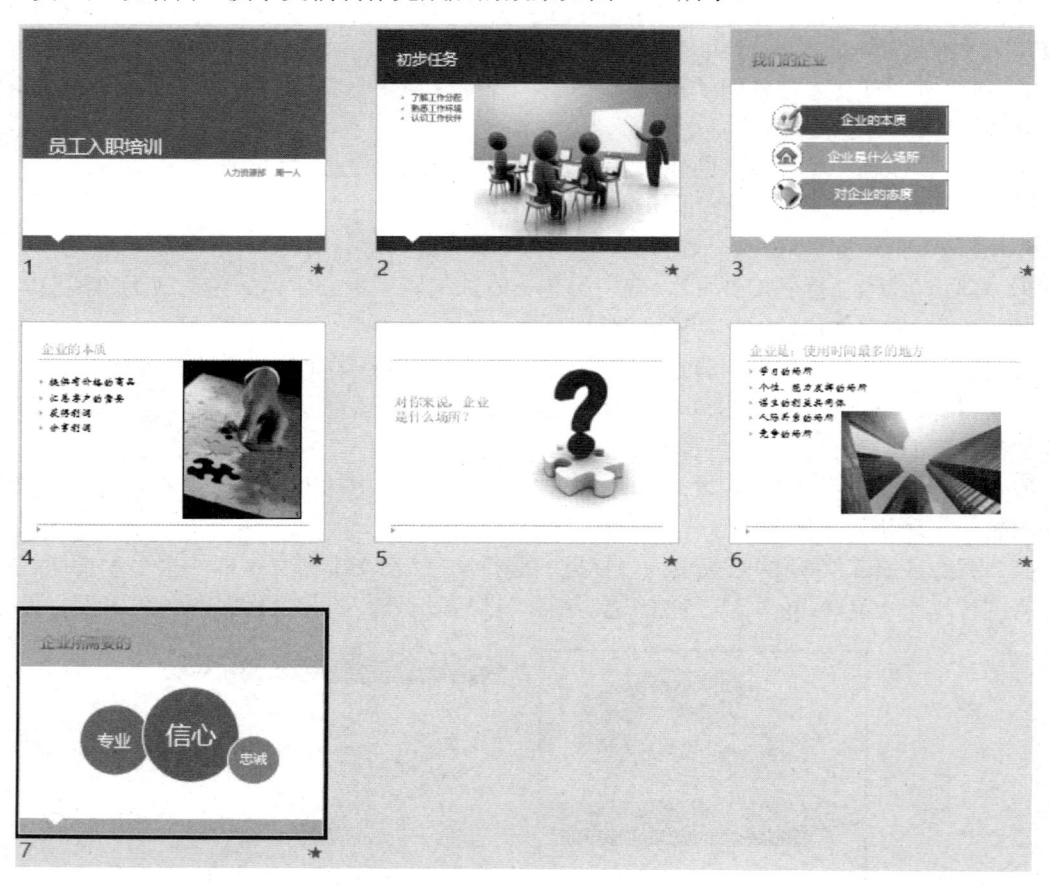

图 7.31　"员工入职培训"演示文稿效果

▶ 任务分析

本例将使用文本、图片、图形等幻灯片元素制作员工入职培训演示文稿，通过对幻灯片的文本、SmartArt 图形、动画等对象的应用，使企业培训人员能够快速掌握培训类演示文稿的制作。

完成本任务需要进行如下操作。

① 根据"员工培训"模板，新建演示文稿；

② 插入图片并设置图片格式；

③ 转换幻灯片版式；
④ 插入 SmartArt 图形；
⑤ 绘制并编辑形状；
⑥ 删除多余幻灯片；
⑦ 设置幻灯片切换效果；
⑧ 导出幻灯片。

> 知识准备

7.2.1 添加常用对象

用户在建立幻灯片时常常要插入图片、声音、视频、Flash 动画和图表等对象。

1．添加图片和艺术字

添加本地图片的方法：在"插入"选项卡的"图像"选项组中，单击"图片"的"此设备"按钮，在弹出的"插入图片"窗口中选择需要插入的图片即可。

插入艺术字的方法：在"插入"选项卡的"文本"选项组中，单击"艺术字"按钮，并在弹出的下拉列表中选择一种艺术字样式，幻灯片中便会自动插入一个艺术字框，输入需要的文字即可。

2．添加图表

（1）插入表格

当需要在幻灯片中展示一系列文本或数据时，可以利用表格来实现。在"插入"选项卡的"表格"选项组中，单击"表格"按钮，并在弹出的下拉列表中选择"插入表格"选项，在弹出的对话框中输入列数和行数，单击"确定"按钮即可，如图 7.32 所示。

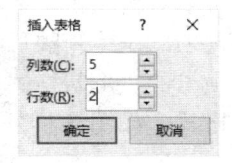

图 7.32　插入表格

（2）插入图表

图表是以数据对比方式显示出的数据，可直观地体现数据之间的关系。在"插入"选项卡的"插图"选项组中，单击"图表"按钮，并在弹出的对话框中选择图表类型，单击"确定"按钮，系统会自动启动 Excel，在蓝色框线内的相应单元格中输入需要在图表中表现的数据，单击"关闭"按钮即可在幻灯片中插入图表，如图 7.33 所示。

3．插入声音和影片

在制作的幻灯片中添加各种多媒体元素，会使幻灯片的内容更加富有感染力。

（1）添加音频

PowerPoint 2019 中可以插入多种格式的声音文件，包括来自文件、剪贴画音频和自己录制的音频。

在"插入"选项卡的"媒体"选项组中，单击"音频"下拉按钮，在弹出的下拉列表中进行选择即可。

（2）添加视频

单击"插入"选项卡的"视频"按钮，在弹出的下拉列表中进行选择即可。

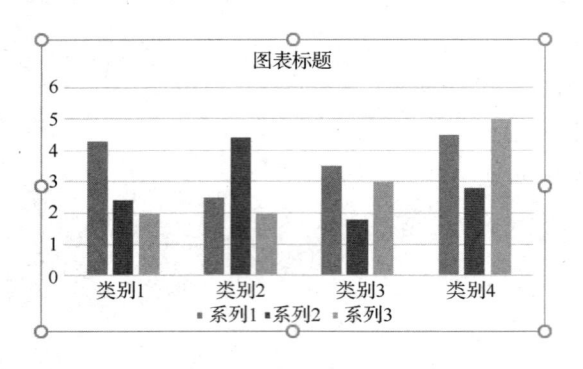

图 7.33　插入图表

7.2.2　绘制图形

1. 绘制与编辑形状

形状是 PowerPoint 2019 中预先设计好的绘图插件，使用它们可以快速绘制出简单图形，包括线条、矩形、箭头和稍微复杂的流程图、星与旗帜、标注等图形。

打开演示文稿，选择需要添加形状的幻灯片，在"插入"选项卡的"插图"选项组中，单击"形状"按钮，并在弹出的下拉列表中选择需要的形状，将鼠标移至幻灯片，此时鼠标呈十字形状，在需绘制形状的位置单击并拖曳鼠标进行绘制即可。用户也可在"开始"选项卡的"绘图"选项组中，单击"形状"按钮进行绘制。绘制后可以对所绘形状设置样式、填充颜色，还可以对其添加文字。选择绘制的形状，右键单击鼠标，在弹出的快捷菜单中选择"编辑文字"选项，在绘制的形状中出现鼠标插入点处，直接输入文字即可；选择形状后，在"格式"选项卡的"形状样式"选项组中，单击右下角对话框启动器，在右侧弹出的窗格中设置形状的格式，如图 7.34 所示。

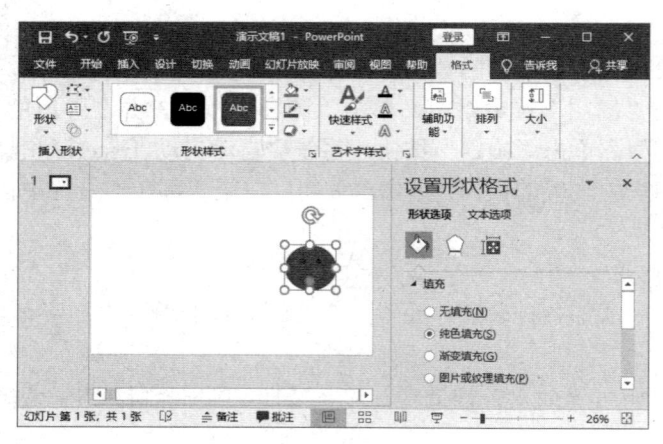

图 7.34　"设置形状格式"窗格

2. 创建 SmartArt 图形

SmartArt 图形是 PowerPoint 2019 内建的逻辑图表，主要用于表达文本之间的逻辑关系。运用逻辑图表可以将大段的文字关系描述转为简单的逻辑关系图，使信息更简洁易懂。

在"插入"选项卡的"插图"选项组中，单击"SmartArt"按钮，在"选择 SmartArt

图形"对话框中提供了多种 SmartArt 图形类型，如"流程""层次结构""循环""关系"等。每种类型的 SmartArt 图形都包含多个不同的布局，如图 7.35 所示。

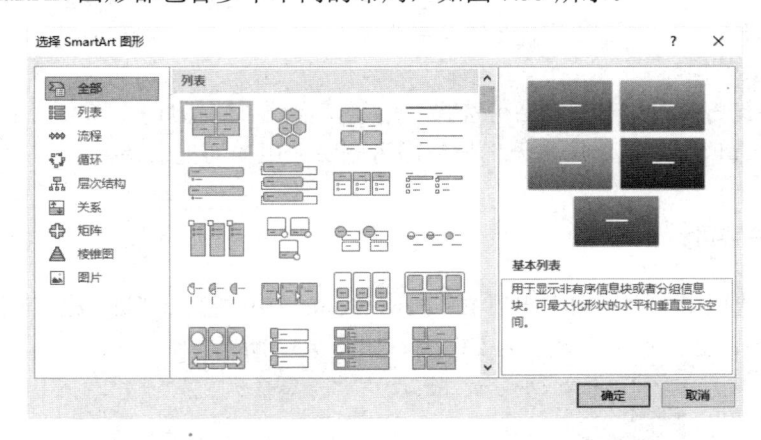

图 7.35 "选择 SmartArt 图形"对话框

选择一个布局后，就会在幻灯片中显示所选的 SmartArt 图形，同时还会出现相应的文本占位符，在其中添加和编辑内容时，SmartArt 图形中会自动更新。

我们还可以将文本框（占位符）中的文本转换为 SmartArt 图形。单击包含要转换的幻灯片文本的占位符，在"开始"选项卡的"段落"组中，单击"转换为 SmartArt 图形"按钮，然后选择所需的 SmartArt 图形布局即可。

7.2.3 幻灯片切换

1．添加切换效果

幻灯片切换是从一张幻灯片变换成另一张幻灯片时的过渡动画设置。选择需要设置切换效果的幻灯片，单击"切换"选项卡的"切换到此幻灯片"选项组下拉按钮，在弹出的下拉列表中选择所需的切换效果即可，如图 7.36 所示。

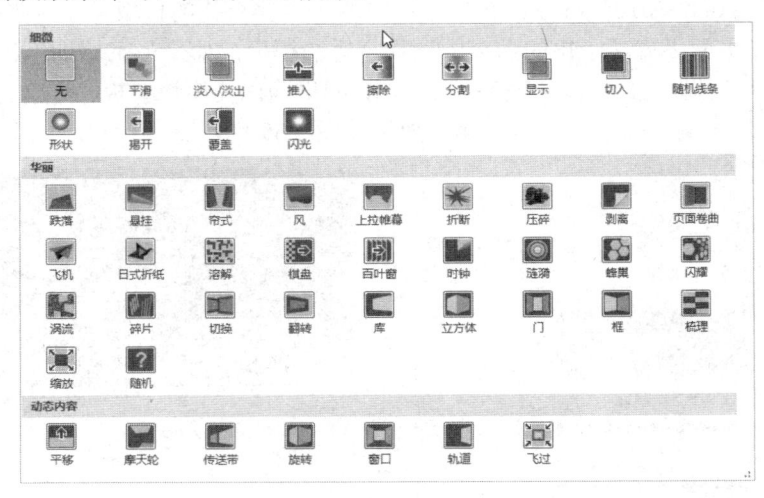

图 7.36 添加切换效果

2. 设置切换效果

为幻灯片添加切换效果后，可以设置切换效果的持续时间、添加声音换片方式等选项。在"切换"选项卡的"计时"选项组中进行设置即可。

3. 删除切换效果

如果要删除幻灯片的切换效果，可选择应用了切换效果的幻灯片。在"切换"选项卡的"切换到此幻灯片"选项组中，单击"无"按钮即可删除应用的切换效果。

7.2.4 幻灯片导出

在"文件"选项卡的"导出"选项中，PowerPoint 2019 提供了多种文件输出格式，可以创建 PDF/XPS 文档，将演示文稿打包为 CD 等，如图 7.37 所示。

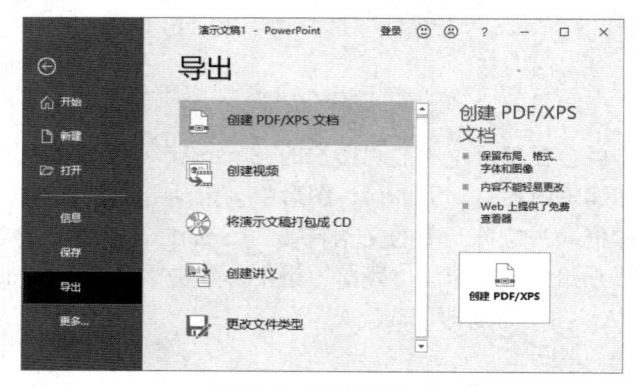

图 7.37 "导出"选项

➡ 任务实施

制作员工入职培训演示文稿的操作过程如下。

（1）根据"员工培训"模板，新建演示文稿

启动"PowerPoint 2019"程序，在搜索框中输入需要查找的模板类型，如"培训"。单击"搜索"按钮，在页面下方显示出的结果中选择合适的模板，如"员工培训"模板，如图 7.38 所示。在打开的对话框中会显示该模板的预览图，如果确认使用该模板，可单击"创建"按钮，并在第 1 张幻灯片中输入需要的文本内容，效果如图 7.39 所示。

图 7.38 搜索"员工培训"模板　　　　　图 7.39 第 1 张幻灯片的效果

（2）插入图片并设置图片格式

在第 2 张幻灯片中输入如图 7.40 所示的标题、内容文本，然后插入素材文件夹中的图片"培训.jpg"，调整图片大小与位置。如果由于图片过大而遮住文字，可右键单击图片选择"置于底层"选项即可。

（3）转换幻灯片版式，添加内容

右键单击第 4 张幻灯片，在弹出的菜单中选择"版式"→"两栏内容"修改其幻灯片版式，如图 7.41 所示。

图 7.40　第 2 张幻灯片的效果

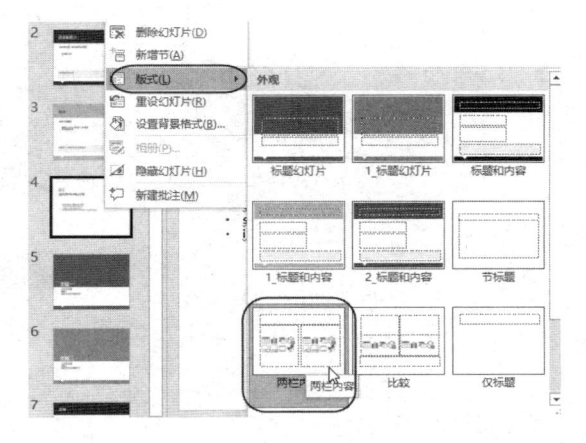

图 7.41　设置幻灯片版式

在第 4 张幻灯片中输入如图 7.42 所示的相关文字内容，然后单击右侧占位符中的图片按钮，插入素材文件夹下的图片"图片 1.jpg"，适当调整其大小与位置。

使用类似的方法为第 5 张和第 6 张幻灯片设置文本与图片，效果如图 7.43 所示。

（4）插入 SmartArt 图形

SmartArt 图形以不同形式和布局的图形代替枯燥的文字，从而能够快速、有效地传达信息。

图 7.42　添加图片

图 7.43　第 4～6 张幻灯片的效果

① 插入图形

在第 3 张幻灯片中输入幻灯片标题"我们的企业",并在下方文本区输入如图 7.44 所示的相关文本,然后选中,在"开始"选项卡的"段落"组中,单击"转换为 SmartArt"按钮,在弹出的下拉框中选择"垂直图片重点列表"选项,即可把文本转换为形状。

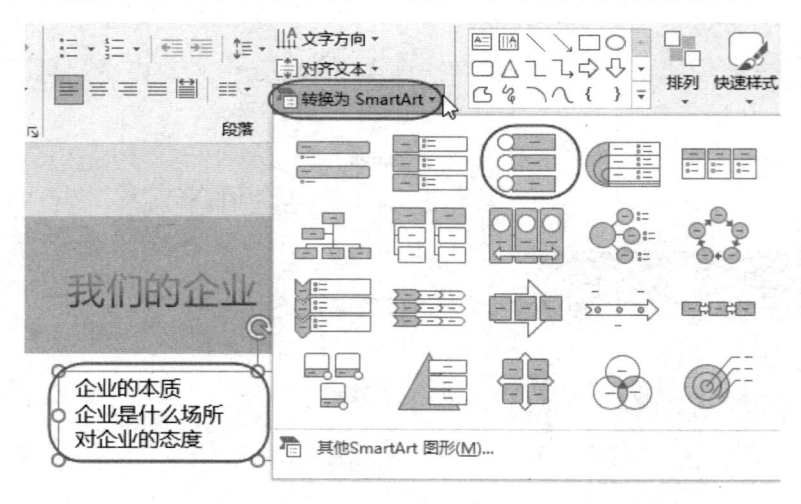

图 7.44 插入 SmartArt 图形

用鼠标拖曳形状边框调整该形状到合适大小,单击图形中的按钮,如图 7.45 所示。在打开的"插入图片"对话框中单击"来自文件"按钮,弹出的窗口中选择要插入的图片"项目符号 1.png",然后单击"插入"按钮。使用相同的方法插入所有图片,插入完成后的效果如图 7.46 所示。

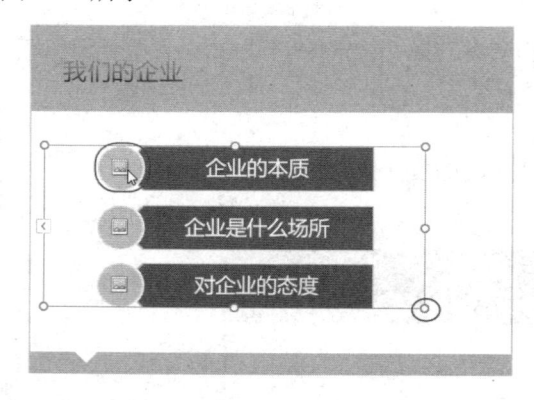

图 7.45 设置 SmartArt 图形

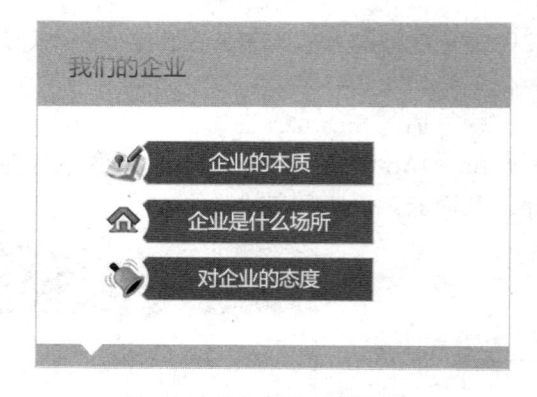

图 7.46 插入图片后的效果

② 美化图形

在插入 SmartArt 图形之后,如果对默认的颜色、样式不满意,可以随时更改。

选中形状,在"SmartArt 工具/设计"选项卡的"SmartArt 样式"组中,单击"快速样式"下拉按钮,在弹出的下拉菜单中选择一种图形样式,如"卡通",如图 7.47 所示。

保持形状的选中状态,在"SmartArt 工具/设计"选项卡的"SmartArt 样式"组中,单击"更改颜色"下拉按钮,在弹出的下拉菜单中选择一种颜色方案,如"彩色范围-个性色 3 至 4",如图 7.48 所示。

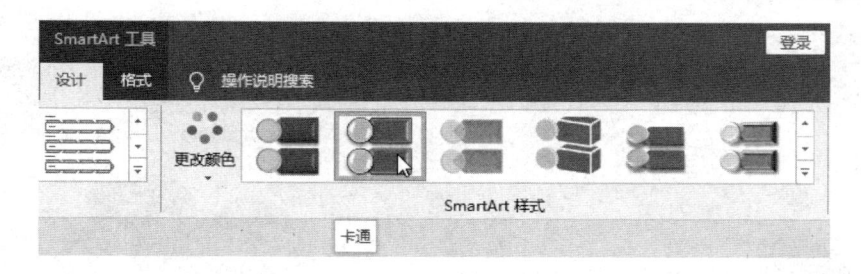

图 7.47　更改 SmartArt 样式

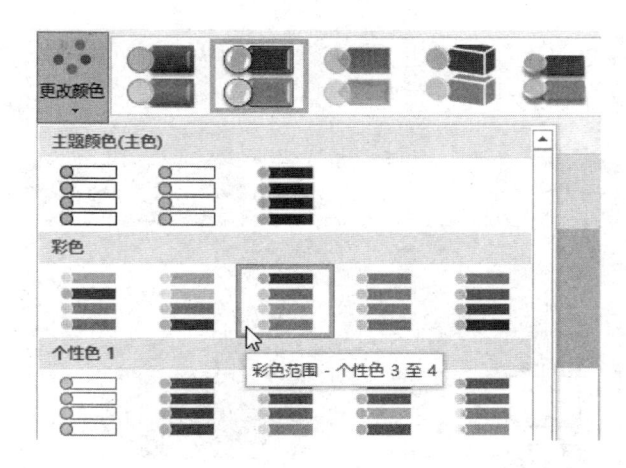

图 7.48　更改 SmartArt 颜色

（5）绘制并编辑形状

在演示文稿中绘制图形的方法与在 Word 中一样，绘制完成后，还可以执行美化形状、添加文字、组合形状等操作。

① 绘制形状

光标定位到第 7 张幻灯片，在"插入"选项卡的"插图"组中，选择"形状"下拉列表中的椭圆工具，然后按住【Shift】键不放，用鼠标拖曳至合适大小，即可绘制出正圆形。在"绘图工具/格式"选项卡的"形状样式"组中为其设置形状样式。

② 在形状中添加文字

在形状中添加简明文字可以突出幻灯片的主题。在形状上单击鼠标右键，并在弹出的快捷菜单中选择"编辑文字"选项，如图 7.49 所示。

在形状中直接输入文字，并设置文字格式。复制多个形状，修改形状中的文字和形状样式，并通过鼠标拖曳控制点调整形状大小。当多个形状处于同一页面时，会出现后插入的形状遮挡先插入的形状的情况，此时可以在形状上单击鼠标右键，选择"置于底层/置于顶层"选项来调整形状之间的层次关系。设置后的效果如图 7.50 所示。

（6）删除多余幻灯片

使用模板创建幻灯片时，会创建多张幻灯片模板，如果用户不需要这么多则可以执行删除操作。按住【Ctrl】键后依次单击左侧窗格中需要删除的幻灯片，然后在选中的幻灯片上单击鼠标右键，并在弹出的快捷菜单中选择"删除幻灯片"选项即可，如图 7.51 所示。

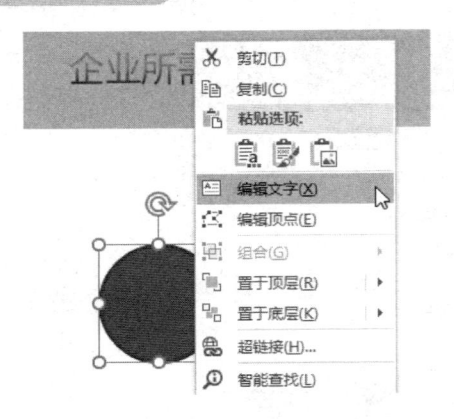

图 7.49 添加形状文字　　　　　　　　图 7.50 第 7 张幻灯片效果

图 7.51 删除多余幻灯片

(7) 设置幻灯片切换效果

将鼠标的光标定位到第 2 张幻灯片,在"切换"选项卡的"切换到此幻灯片"组中,单击"其他"按钮,并在弹出的列表中选择一种切换样式,如"揭开"。单击"计时"组中的"应用到全部"按钮,即可将此切换效果应用到所有的幻灯片上,如图 7.52 所示。

图 7.52 设置幻灯片切换效果

（8）导出幻灯片

有时需要将 PPT 分享出去，一般就会将 PPT 生成 PDF 文件。选择"文件"→"导出"，在列表框中选择"创建 PDF/XPS 文档"选项，单击右侧的"创建 PDF/XPS"按钮，如图 7.53 所示。在弹出的"发布为 PDF 或 XPS"窗口中选择要导出的位置，并给 PDF 文件命名。单击右下角的"发布"按钮即可成功导出 PDF 文件。

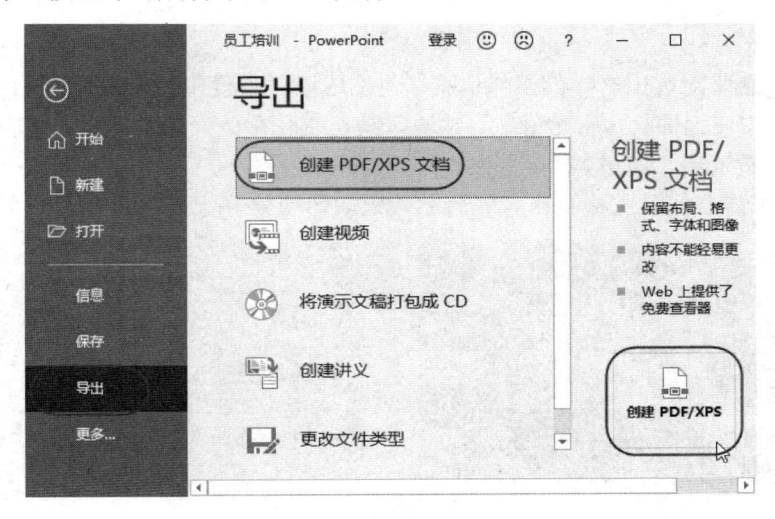

图 7.53　导出 PDF 文件

拓展训练

为了更好地控制教材编写的内容、质量和流程，小李负责起草了图书策划方案（请参考素材文件夹中的"图书策划方案.docx"文件）。他需要将图书策划方案（Word 文档）中的内容制作成可以展示的 PowerPoint 演示文稿。

现在，请你根据图书策划方案中的内容，按照如下要求完成演示文稿的制作。

1．创建一个新演示文稿，包含"图书策划方案.docx"文件中所有讲解的要点。

（1）演示文稿中的内容编排，需要严格遵循 Word 文档中的内容顺序，并仅需要包含 Word 文档中应用了"标题 1""标题 2""标题 3"样式的文字内容。

（2）Word 文档中应用了"标题 1"样式的文字，需要成为每张幻灯片的标题文字。

（3）Word 文档中应用了"标题 2"样式的文字，需要成为每张幻灯片的第 1 级文本内容。

（4）Word 文档中应用了"标题 3"样式的文字，需要成为每张幻灯片的第 2 级文本内容。

2．将演示文稿中的第 1 张幻灯片，调整为"标题幻灯片"版式。

3．为演示文稿应用一个美观的主题样式。

4．在标题为"2020 年同类图书销量统计"的幻灯片页中，插入一个 6 行×5 列的表格，列标题分别为"图书名称""出版社""作者""定价""销量"。

5．在标题为"新版图书创作流程示意"的幻灯片页中，将文本框中包含的流程文字利用 SmartArt 图形进行展现。

6．利用所学知识为整个演示文稿做进一步的美化。

7. 把该演示文稿导出为"图书策划方案汇报 PPT.pdf"文件。

任务 3　制作年终总结报告

➡ 任务描述

年终工作总结是对过去一年的工作情况（包括成绩、经验和存在的问题）的总回顾、评价和结论。在总结中应全面、深入地回顾、检查，找出工作中的经验与教训，任何一项工作只有通过总结才会不断发展、前进。

"年终总结报告"演示文稿制作完成后的效果如图 7.54 所示。

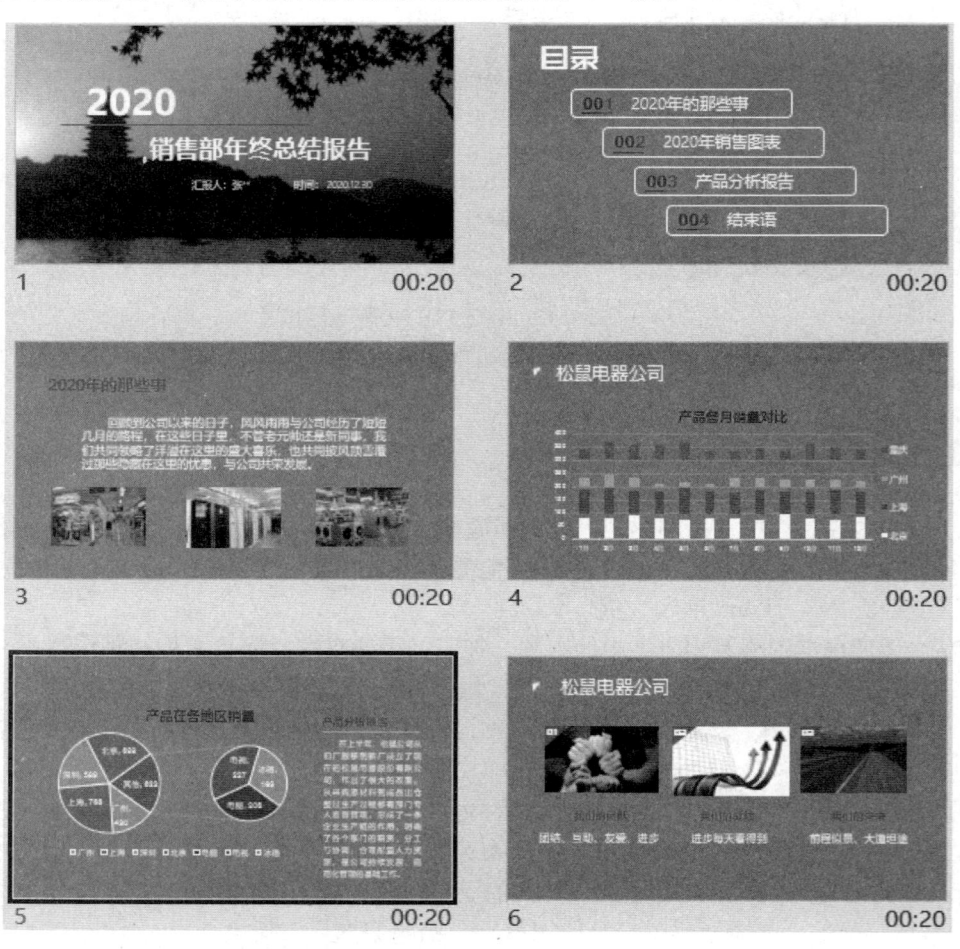

图 7.54 "年终总结报告"演示文稿制作完成后的效果

➡ 任务分析

为了使幻灯片更具有吸引力，通常需要在幻灯片中加入各种动画效果，本任务以某公司销售部的年终总结报告为例，介绍在幻灯片中添加各类动画的方法和放映技巧。

完成本任务需要进行如下操作。
① 设置各幻灯片的切换动画及音效；
② 设置幻灯片的动画内容；
③ 添加幻灯片的交互功能；
④ 幻灯片的放映设置；
⑤ 排练计时和保存放映文件。

知识准备

7.3.1 幻灯片的动画设计

在演示文稿中，添加适当的动画可以使演示文稿的播放效果更加形象。给 PowerPoint 2019 演示文稿中的文本、图片、形状、表格等对象设置动画效果，可以赋予它们进入、强调、退出、移动等视觉效果。

1. 动画类型

在 PowerPoint 2019 中可以为图形、文字、图表等对象添加的基本动画效果有 4 种类型，分别是进入动画、强调动画、退出动画和动作路径动画。

（1）进入动画

进入动画指为对象设置动画后，放映对象从其他位置进入幻灯片的动画效果。

选择要添加动画效果的对象，在"动画"选项卡的"高级动画"选项组中，单击"添加动画"按钮，并在弹出的下拉列表中选择"进入"选项，或者单击"更多进入效果"按钮，如图 7.55 所示，在弹出的对话框中选择即可。

图 7.55 添加进入动画

添加动画效果后，对象前面会显示一个动画编号标记，但在幻灯片放映时不显示也不会被打印出来。

（2）强调动画

强调动画指在放映过程中能引起观众注意的一种动画。

选择要添加动画效果的对象，在"动画"选项卡的"高级动画"选项组中，单击"添加动画"按钮，并在弹出的下拉列表中选择"强调"选项中的效果，或者单击"更多强调效果"按钮，在弹出的对话框中选择即可。

（3）退出动画

退出动画指为对象设置动画后，放映动画时对象已在幻灯片中，然后以指定方式从幻灯片消失的动画。

选择要添加动画效果的对象，在"动画"选项卡的"高级动画"选项组中，单击"添加动画"按钮，在弹出的下拉列表中选择"退出"选项中的效果，或者单击"更多退出效果"按钮，在弹出的对话框中选择即可。

（4）动作路径动画

动作路径动画指为对象设置动画后，放映时对象将沿着指定的路径进入幻灯片的相应位置的动画。

选择要添加动画效果的对象，在"动画"选项卡的"高级动画"组中，单击"添加动画"按钮，在弹出的下拉列表中选择"动作路径"选项中的效果，或者单击"其他动作路径"按钮，在弹出的对话框中选择即可。下面通过实例说明该动画效果的设置方法。

① 在幻灯片上绘制一个笑脸图形，选中该对象。

② 在"动作路径"动画组中，选择"心形"选项，设置后的效果如图7.56所示。

③ 该幻灯片播放后，将看到笑脸图形沿着心形边框线运动的动作路径动画效果。

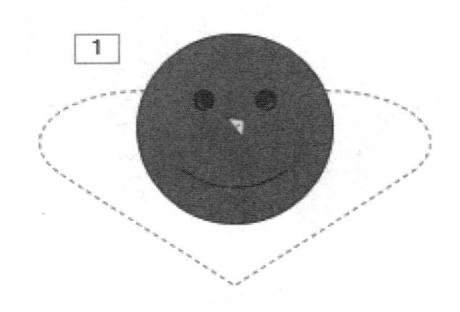

图 7.56　设置"心形"动作路径后的效果

2．叠加动画

叠加动画可以为幻灯片中的同一对象添加多个动画效果，使动画效果更漂亮。下面通过实例说明叠加动画效果的设置方法。

（1）在幻灯片上插入艺术字"快乐周末"，并设置"玩具风车"的进入动画效果。

（2）选中该艺术字，单击"高级动画"选项组的"添加动画"按钮，设置"填充颜色"的强调动画效果。

（3）再次选中该艺术字，单击"添加动画"按钮，设置"弹跳"的退出动画效果，此时在艺术字的左侧会显示动画编号标记"1""2""3"，设置后的效果如图7.57所示。

图 7.57 设置叠加动画后的效果

3. 设置动画基本参数及播放顺序

一张幻灯片中往往会有多个对象设置了动画效果，或者同一对象设置了多个动画效果，当添加动画效果后，还要设置动画的播放参数，以便确定动画的播放方式或效果。通过"动画"选项卡的"时间"选项组可设置动画的开始、持续时间、延迟、对动画重新排序，如图 7.58 所示。

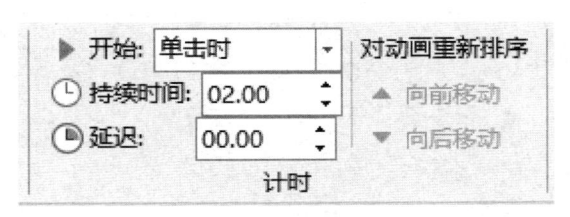

图 7.58 "时间"选项组

（1）设置动画的开始

动画的开始默认为"单击时"，即幻灯片播放时需单击鼠标才会开始。

单击"开始"后的下拉列表按钮，则会出现"与上一动画同时"和"上一动画之后"选项。如果选择"与上一动画同时"选项，那么此动画就会和同一张幻灯片中的前一个动画同时播放，若选择"上一动画之后"选项，则表示在上一动画播放结束后再播放该动画。

（2）设置持续时间

通过调整"持续时间"可以控制动画播放的速度。

（3）设置延迟时间

通过调整"延迟时间"可以让动画在设置的时间到达后才开始播放。这样可以控制动画之间的衔接，便于看清楚每一个动画的内容。

（4）对动画重新排序

如果需要调整一张幻灯片里多个动画的播放顺序，则可以单击对象或动画编号标记选中动画，通过"对动画进行重新排序"的"向前移动"或"向后移动"命令按钮来改变动画播放的先后顺序。

4. 动画窗格

在"动画"选项卡的"高级动画"组中单击"动画窗格"按钮打开"动画窗格"窗格，其中按照动画的播放顺序列出了当前幻灯片中的所有动画效果，单击"播放"按钮将播放幻灯片中的所有动画效果，如图 7.59 所示。

在"动画窗格"窗格中按住鼠标左键拖曳动画选项可以改变其在列表中的位置，进而改变动画在幻灯片中播放的顺序。

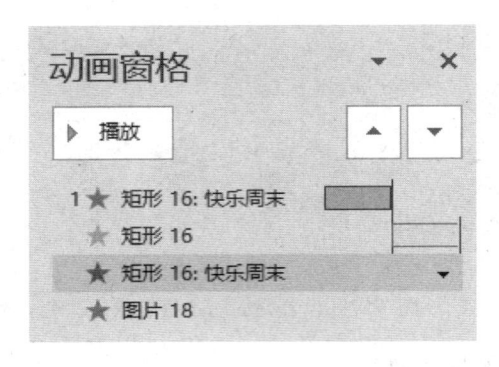

图 7.59 "动画窗格"窗格

使用鼠标按住左键拖曳时间条左右两侧的边框可以改变时间条的长度,长度的改变意味着动画播放时长的改变。将鼠标的光标放置在时间条上,将会提示动画开始和结束的时间,拖曳时间条改变其位置能够改变动画开始的延迟时间,如图 7.60 所示。

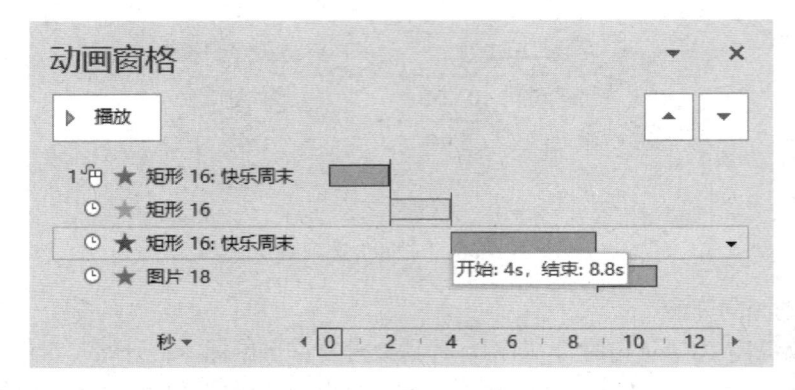

图 7.60 拖曳鼠标设置动画播放时长和延迟时间

单击"动画"选项右侧的按钮将打开下拉菜单,选择"弹跳"选项,打开"弹跳"对话框,可对动画效果进行更详细地设置,如图 7.61 所示。

图 7.61 "弹跳"对话框

用户还可以根据需要删除幻灯片中不需要的动画效果。

打开"动画窗格"窗格，在动画效果列表中选择要删除的动画选项，单击右侧的下拉按钮，在弹出的下拉列表中选择"删除"选项即可。或者单击要删除动画效果对象左上角的数字按钮，直接按【Delete】键即可快速删除。

5. 动画触发器

当给幻灯片中的对象设置了动画效果后，还可以通过触发器来控制动画效果的启动或停止，实现动画的人机交互。不但可以将幻灯片中的按钮、文本框、图片等作为触发器，还可以将音频或视频的书签作为触发器。

下面通过实例说明触发器的使用方法。

（1）在幻灯片上分别插入文本"我国的首都""A.上海""B.北京"，再插入 2 个文本框，分别为"错误""正确"，效果如图 7.62 所示。

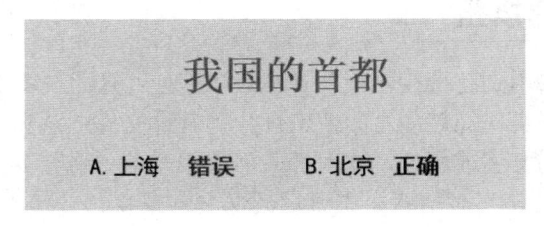

图 7.62　幻灯片文字效果

（2）给文本框"错误""正确"分别设置"出现"的进入动画效果。

（3）在"动画窗格"窗格中单击动画选项"错误"右侧的按钮打开下拉菜单，选择"效果"选项打开"出现"对话框，在"计时"选项卡中单击"触发器"按钮，选中"单击下列对象时启动动画效果"单选框，在右侧列表框中选择"TextBox2：A.上海"作为触发器，如图 7.63 所示。

图 7.63　选择触发器

（4）同样的方法设置动画选项"正确"的触发器为"TextBox3：B.北京"。

（5）该幻灯片播放后将先不启动"正确""错误"的进入动画效果，当单击触发器"A.上海"后才显示"错误"，单击触发器"B.北京"后才显示"正确"，效果如图 7.64 所示。

我国的首都

A. 上海　　错误　　　　B. 北京

图 7.64　单击触发器 "A.上海" 后的效果

7.3.2　超链接与动作按钮

在演示文稿中经常要用到超链接功能，放映幻灯片时可以通过单击幻灯片中的文字、图形或 "动作按钮" 等对象来实现幻灯片之间或幻灯片到其他文件的跳转。

选中要添加超链接的文字或图片，在 "插入" 选项卡的 "链接" 选项组中，单击 "链接" 按钮，打开 "插入超链接" 对话框，在该对话框左侧有 4 种链接类型供选择，如图 7.65 所示。使用 "现有文件或网页" 选项可以跳转到现有的文件或网页；使用 "本文档中的位置" 选项可以跳转到本演示文稿中的其他幻灯片；使用 "新建文档" 选项可以新创建一个文档；使用 "电子邮件地址" 选项可以给某电子邮箱写一封电子邮件。按照需求选择并设置好具体链接位置即可。

图 7.65　"插入超链接" 对话框

另外也可以使用动作按钮来实现超链接。这时就需要在幻灯片中先绘制 "动作按钮"。

在 "插入" 选项卡的 "插图" 选项组中，单击 "形状" 按钮，在下拉列表的 "动作按钮" 形状中有多种动作按钮供选择，如图 7.66 所示。

选择需要的动作按钮，在幻灯片中合适的位置拖曳鼠标左键画出该动作按钮，释放左键后，会弹出一个 "操作设置" 对话框，如图 7.67 所示，在对话框中设置好链接位置即可。

图 7.66　插入动作按钮　　　　　　　　图 7.67　"操作设置"对话框

7.3.3　设置放映方式

根据需要可以设定不同的幻灯片放映方式。设定从头开始放映的方法是在"幻灯片放映"选项卡的"开始放映幻灯片"选项组中，单击"从头开始"按钮即可。也可以从特定幻灯片开始放映，在"幻灯片放映"选项卡的"开始放映幻灯片"选项组中，单击"从当前幻灯片开始"按钮即可。

PowerPoint 2019 中提供了放映类型、幻灯片放映范围和幻灯片的换片方式等操作。

在"幻灯片放映"选项卡的"设置"选项组中，单击"设置幻灯片放映"按钮，并在弹出的"设置放映方式"对话框中进行相应的设置即可，如图 7.68 所示。

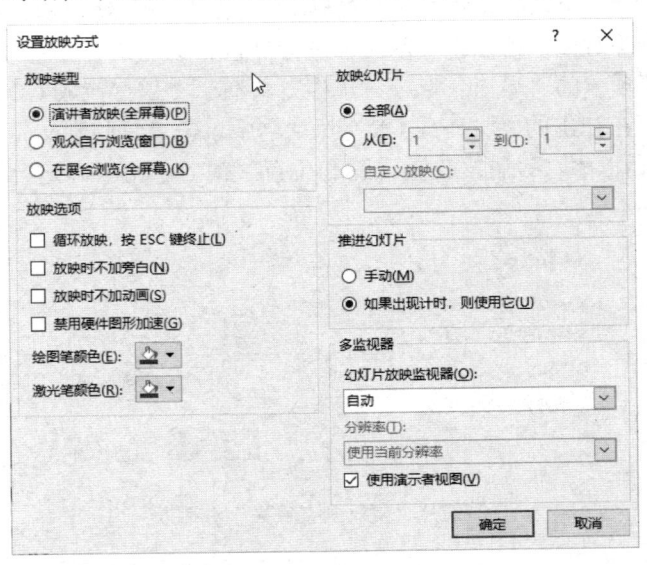

图 7.68　"设置放映方式"对话框

217

7.3.4 放映幻灯片

在完成一系列的设置后，就可以准备放映幻灯片了。

1. 排练计时

为演示文稿设置排练计时可以让演示文稿按预先排练的时间进行播放，无须人为操作。

在"幻灯片放映"选项卡的"设置"选项组中，单击"排练计时"按钮，此时会切换到幻灯片放映状态，在屏幕右上方有一个"录制"对话框，在这个对话框中可以看到当前幻灯片放映的时间，如图7.69所示。

在当前幻灯片播放的时间达到要求后，单击鼠标切换到下一张幻灯片，"录制"对话框中的时间就会从"0"开始计时，以此类推，直到放映结束时，弹出如图7.70所示的对话框，单击"是"按钮即可看到每张幻灯片的排练时间。

图 7.69 "录制"对话框

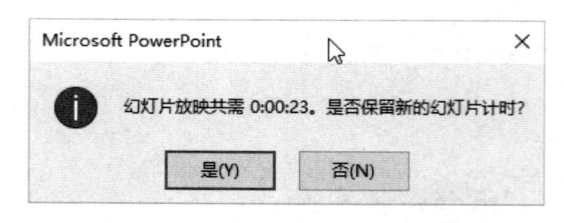

图 7.70 排练结束对话框

2. 隐藏幻灯片

放映幻灯片时，系统自动按设置的方式依次显示每张幻灯片。当不需要放映某些幻灯片时，就可以将这些幻灯片隐藏。

选择需要隐藏的幻灯片，在"幻灯片放映"选项卡的"设置"选项组中，单击"隐藏幻灯片"按钮即可。再次单击"隐藏幻灯片"按钮可将隐藏的幻灯片显示出来。

3. 打包演示文稿

演示文稿制作好后，如果需要在其他计算机上放映，且为了使演示文稿在其他计算机中能正常播放声音、视频等对象，可以将演示文稿进行打包。

选择"文件"选项卡的"导出"选项，选中"将演示文稿打包成CD"单选项，单击右侧"打包成CD"按钮，在弹出的"打包成CD"对话框中单击"复制到文件夹"按钮。在打开的"复制到文件夹"对话框中，设置文件夹名称和位置，最后单击"确定"按钮，即可打包成文件夹，如图7.71所示。

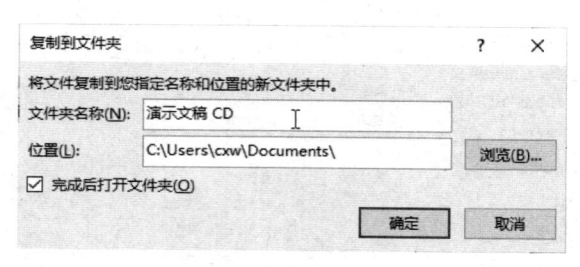

图 7.71 "复制到文件夹"对话框

任务实施

制作年终总结报告的操作方法如下。

（1）设置各幻灯片的切换动画及音效

在演示文稿中对幻灯片添加动画时，可以为各幻灯片添加切换动画及音效。

① 设置所有幻灯片的切换动画及音效

在"切换"选项卡的"切换到此幻灯片"选项组中，选择要应用的幻灯片切换效果，如"蜂巢"。在"声音"下拉列表框中选择要应用的音效，如"风铃"，单击"应用到全部"按钮，如图 7.72 所示。

图 7.72　切换动画与音效

② 设置标题幻灯片的切换动画及音效

对于标题幻灯片，可以单独设置幻灯片的切换动画及音效，下面将为标题幻灯片重新应用一种切换动画。

选择第 1 张幻灯片，在"切换"选项卡的"切换到此幻灯片"选项组中，选择要应用的幻灯片切换效果，如"帘式"。在"声音"下拉列表框中选择要应用的音效，如"鼓声"，即可成功地为第 1 张幻灯片设置动画和音效。

③ 设置个别幻灯片的切换动画效果

除了标题幻灯片，其他幻灯片都采用了相同的动画效果，为了使动画效果更加丰富，同时保持动画风格的统一，可以为不同的幻灯片设置不同的效果。

选择第 3 张幻灯片，在"切换"选项卡的"切换到此幻灯片"选项组中，单击"效果选项"下拉按钮，并在弹出的下拉菜单中选择"自左侧"选项。

用相同的方法为第 4 张幻灯片设置"自右侧"选项；第 5 张幻灯片设置"自顶部"选项。设置完成后，按【F5】键播放幻灯片可查看效果。

（2）设置幻灯片的动画内容

在制作幻灯片时，除设置幻灯片的切换动画效果外，还需要为幻灯片中的内容添加不同的动画效果。下面将在幻灯片中应用丰富的动画效果。

① 制作"目录"幻灯片的动画

目录类型的幻灯片主要用于开篇对幻灯片的整体内容进行简介，常以项目列表的方式列出。为强调该内容可以应用动画使各项目逐个显示出来。

将鼠标的光标定位到第 2 张"目录"幻灯片，在"动画"选项卡的"动画"选项组中设置幻灯片的动画样式，如"飞入"。选择其他几条目录，使用相同的方法为其设置动画的样式，效果如图 7.73 所示。

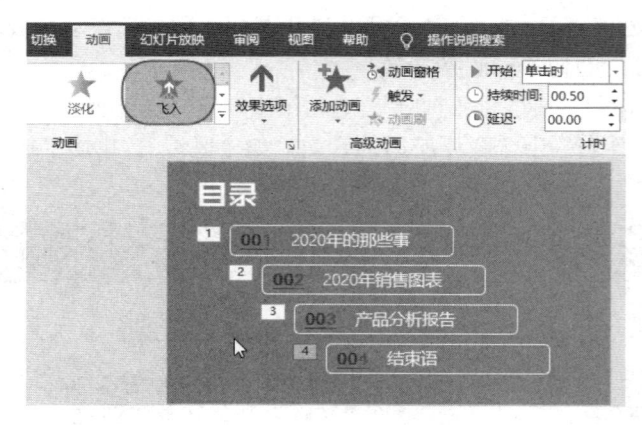

图 7.73 设置目录"飞入"动画

为目录的每一条动画设置动画效果。在"动画"选项卡的"动画"选项组中，单击"效果选项"下拉按钮，并在弹出的下拉菜单中选择动画飞入的方向，如"自左侧"，在"动画"选项卡的"计时"选项组中设置"持续时间"为"01.00"，如图 7.74 所示。完成动画设置后，按【Shift+F5】组合键即可放映当前幻灯片，预览其动画效果。

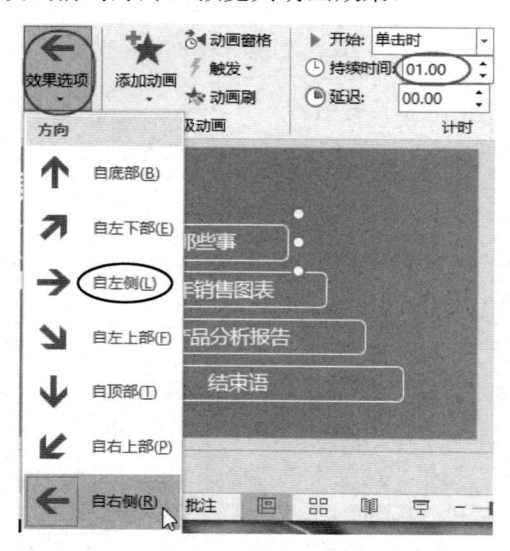

图 7.74 设置"飞入"动画的效果选项

② 制作"2020 年的那些事"幻灯片的动画

在以文字为主的幻灯片中，为了使页面效果不那么单调，可以为文字加上一些动画效果，如进入动画、强调动画和退出动画等。下面将对第 3 张幻灯片中的文字内容添加多种动画效果。

将鼠标的光标定位到要添加文字动画的占位符中，在"动画"选项卡的"动画"选项组中，单击"动画样式"下拉按钮，并在弹出的下拉菜单中选择"更多进入效果"选项，在打开的"更改进入效果"对话框中选择一种动画效果，如"挥鞭式"，单击"确定"按钮，如图 7.75 所示。

在"动画"选项卡的"高级动画"选项组中，单击"添加动画"下拉按钮，并在弹出的下拉菜单中选择"强调"选项中的动画效果，如"画笔颜色"，并在"计时"选项组中设置开始时间为"上一动画之后"，如图 7.76 所示。

图 7.75　更多"进入"动画　　　　　图 7.76　设置"高级动画"

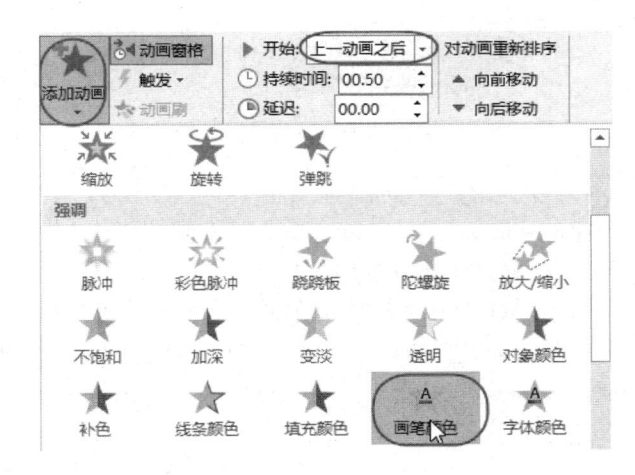

在"动画"选项卡的"高级动画"选项组中，单击"添加动画"下拉按钮，在弹出的下拉菜单中选择"退出"选项中的退出动画效果，如"收缩并旋转"，并在"计时"组中设置开始时间为"上一动画之前"。

③ 制作"2020 年销量图表"幻灯片的动画

在"2020 年销量图表"幻灯片中包含图表元素，为了使图表元素更具吸引力，可以为其添加动画效果，使图表在显示时各分类系列的数据逐一进行显示。

将鼠标的光标定位到第 4 张幻灯片，选中图表对象，在"动画"选项卡的"动画"选项组中，单击"动画样式"下拉按钮，并在弹出的下拉菜单中选择"更多进入效果"选项，在打开的"更改进入效果"对话框中选择一种动画效果，如"切入"，单击"确定"按钮。

在"动画"选项卡的"动画"选项组中，单击"效果选项"下拉按钮，在弹出的下拉菜单中选择 "按系列"选项，如图 7.77 所示。设置完成后，按【Shift+F5】组合键即可放映当前幻灯片，预览动画效果。

④ 制作"结束语"幻灯片的动画

在最后一张幻灯片中，可以为其设置退出动画，让图片和文字缓缓退去。

选择最后一张幻灯片中的各个项目，在"动画"选项卡的"动画"选项组中设置其退出动画样式，如"浮出"。

为各个动画设置播放顺序。在"动画"选项卡的"高级动画"选项组中，单击"动画窗格"按钮，在"动画窗格"窗格中选择"组合 6"选项，并在"动画"选项卡的"计时"选项组中，单击"向前移动"按钮调整其播放顺序，如图 7.78 所示。

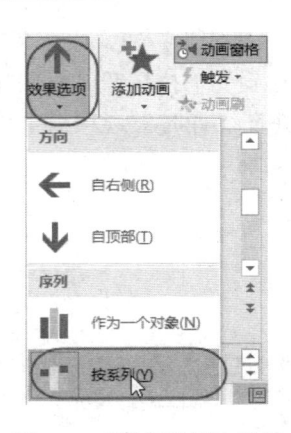

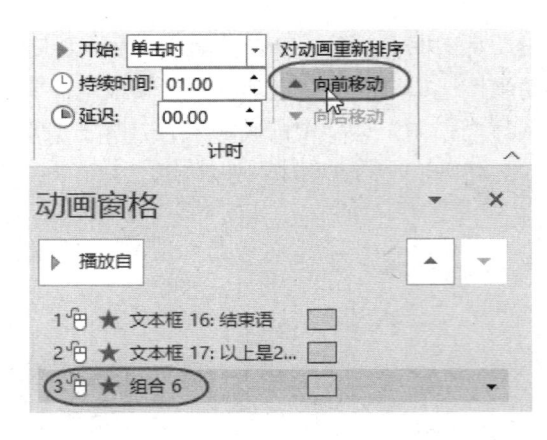

图 7.77 "效果选项"设置　　　　　图 7.78 设置动画播放顺序

（3）添加幻灯片的交互功能

在放映演示文稿的过程中，为了方便对幻灯片进行操作，可以在幻灯片中添加一些交互功能。

① 在目录中添加动作按钮

要使幻灯片中的元素具有交互功能，需要为元素添加相应的动作。

将鼠标的光标定位到第 2 张"目录"幻灯片，先选择第 1 条项目的组合形状，再选择组合内部的圆角矩形形状，并在"插入"选项卡的"链接"选项组中，单击"动作"按钮，如图 7.79 所示。

在弹出的"操作设置"对话框中，选中"超链接到"单选按钮，在下拉列表框中选择"幻灯片"选项，如图 7.80 所示。在打开的"超链接到幻灯片"对话框中选择"3.幻灯片 3"选项，单击"确定"按钮，返回"操作设置"对话框。勾选"单击时突出显示"复选框，单击"确定"按钮即可完成一条超链接动作的设置。使用相同的方法将幻灯片 4、幻灯片 5、幻灯片 7 分别链接到目录中。

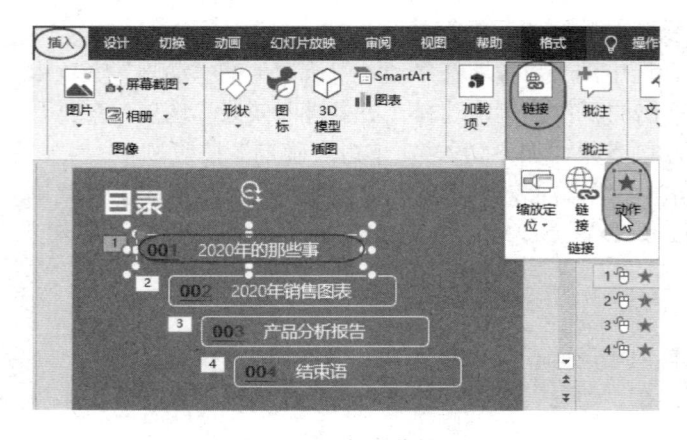

图 7.79 添加动作按钮　　　　　图 7.80 超链接动作的设置

② 添加"返回目录"按钮

在放映幻灯片时，为使用户可以快速切换到"目录"幻灯片，需要在各幻灯片中添加"返回目录"按钮，使其能跳转至目录页。

在第 3 张幻灯片的右上角绘制一个圆角矩形，在圆角矩形中添加文字内容"返回目录"，并为其设置一种形状样式和艺术字样式，效果如图 7.81 所示。

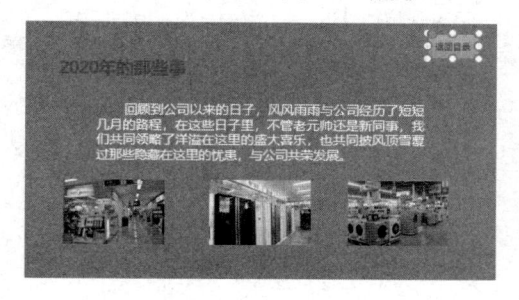

图 7.81 "返回目录"按钮

保持圆角矩形为选中状态，在"插入"选项卡的"链接"选项组中，单击"动作"按钮，并在弹出的"操作设置"对话框中，选中"超链接到"单选项，在下拉列表框中选择"幻灯片"选项，并在打开的"超链接到幻灯片"对话框中选择"2.幻灯片 2"选项，单击"确定"按钮返回"操作设置"对话框，再单击"确定"按钮，完成"返回目录"动作的设置。

复制添加动作的"返回目录"按钮，并将其粘贴于第 4 张、第 5 张幻灯片和第 7 张幻灯片中。

（4）设置放映幻灯片

演示文稿中的幻灯片制作完成后，在实际演讲或应用时需要用各种不同的方式进行放映。除直接按【F5】键"从头开始"放映幻灯片，以及使用【Shift+F5】组合键从"当前幻灯片开始"放映外，还可设置其他方式的幻灯片放映。

① 设置放映类型

在不同的情况下放映幻灯片，可设置不同的放映类型，如演讲者演讲时自行操作放映，通常适合全屏方式放映；如果由观众自行浏览，则通常使用窗口方式放映，以便观众应用相应的浏览功能。下面将设置幻灯片的放映方式为观众自行浏览，并使幻灯片循环放映，操作方法如下。

在"幻灯片放映"选项卡的"设置"选项组中，单击"设置幻灯片放映"按钮，在打开的"设置放映方式"对话框中选中"观众自行浏览（窗口）"单选项，勾选"循环放映，按 ESC 键终止"复选框，单击"确定"按钮，如图 7.82 所示。

② 播放幻灯片时的播放控制

在放映幻灯片的过程中，有时演示者需要选择幻灯片进行放映，此时可应用幻灯片放映状态下的控制功能。在幻灯片放映窗口中单击鼠标右键，并在弹出的快捷菜单中选择相应的幻灯片放映控制操作即可。

（5）排练计时和保存放映文件

在制作演示文稿时，如果要使整个演示文稿中的幻灯片自动播放，且各幻灯片播放的时间与实际需要的时间大致相同，则可以应用排练计时功能。当幻灯片制作完成后，可以将幻灯片存储为放映文件，以实现直接打开文件，幻灯片可立即开始播放的目的。

① 使用排练计时录制放映过程

在"幻灯片放映"选项卡的"设置"选项组中，单击"排练计时"按钮，此时，在幻灯片放映过程中将根据实际情况进行放映预演，排练计时功能将自动记录下各幻灯片的显示时间及动画的播放时间等信息。

223

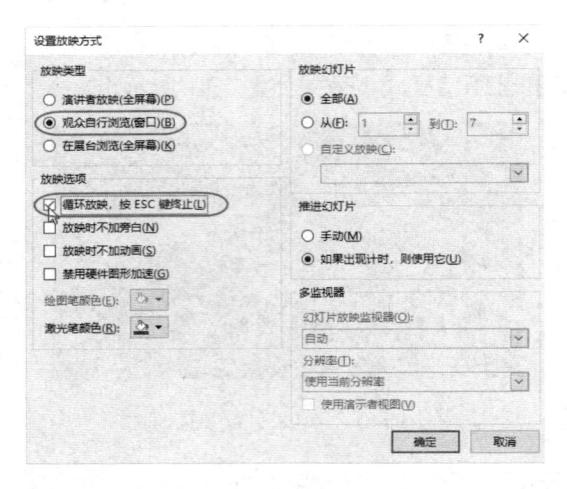

图 7.82　设置放映方式

② 另存为放映文件

单击"文件"→"另存为"→"浏览"按钮，在打开的"另存为"对话框中，设置好保存文件路径和名称，保存类型为"PowerPoint 放映（*.ppsx）"，单击"保存"按钮。

拓展训练

小慧是新起点学校环境科学与工程系的老师，最近，她应北京节水展馆的邀请，将为展馆进行宣传水知识及节水工作重要性的讲座，请为她设计一个讲座 PPT。节水展馆提供的文字资料及素材参见"水资源利用与节水（素材）.docx"，操作要求如下。

1. 标题页包含演示主题、制作单位（北京节水展馆）和日期（××××年×月×日）。
2. 演示文稿须指定一个主题，幻灯片不少于 15 张，且版式不少于 3 种。
3. 演示文稿中除文字外还要有 10 张以上的图片，并设置超链接进行幻灯片之间的跳转。
4. 动画效果要丰富，幻灯片切换效果应风格统一。
5. 演示文稿播放的全程需要有背景音乐。
6. 将制作完成的演示文稿以"水资源利用与节水"为名打包成 CD。